特色经济林
优质轻简高效栽培技术

◎ 岳华峰　赵　罕　刘海艳　著

中国农业科学技术出版社

图书在版编目（CIP）数据

特色经济林优质轻简高效栽培技术 / 岳华峰，赵罕，刘海艳著. --北京：中国农业科学技术出版社，2023. 8

ISBN 978-7-5116-6382-5

Ⅰ. ①特…　Ⅱ. ①岳…②赵…③刘…　Ⅲ. ①经济林－高产栽培－栽培技术　Ⅳ. ①S727.3

中国国家版本馆CIP数据核字（2023）第142601号

责任编辑　姚　欢
责任校对　王　彦
责任印制　姜义伟　王思文

出 版 者　中国农业科学技术出版社
北京市中关村南大街12号　　邮编：100081
电　　话　（010）82106631（编辑室）　（010）82109702（发行部）
（010）82109709（读者服务部）
网　　址　https: // castp.caas.cn
经 销 者　各地新华书店
印 刷 者　北京建宏印刷有限公司
开　　本　185 mm × 260 mm　1/16
印　　张　16.5
字　　数　460千字
版　　次　2023年8月第1版　　2023年8月第1次印刷
定　　价　80.00元

《特色经济林优质轻简高效栽培技术》
著者委员会

主　　著： 岳华峰　赵　罕　刘海艳

副 主 著： 张少伟　徐照领　蒋　曼　李海涛　赵广杰
袁红霞　郭秀丽　谷景敏　徐衬英　王香敏
伊　焕　刘晓辉　林　垚　魏焕丽　臧明杰

著者成员： 曹东伟　王娅蕾　马艳丽　许贺晓　袁　征
王青红

前　言

特色经济林是一种高收益、多功能的经济作物。果品市场需求空间大，是高效农业的典范，在推进生态文明建设，践行“绿水青山就是金山银山”理念，改善城乡生态环境，促进农业结构调整，转变农业经济增长方式，建设现代农业，促进农民增收、农业增效中作用巨大。

本著作受“十四五”国家重点研发计划“主要经济林优质高产新品种创制与精准栽培技术”项目（2022YFD2200400）和“十三五”国家重点研发计划“特色经济林优质轻简高效栽培技术集成与示范”项目（2020YFD1000700）资助。

“特色经济林优质轻简高效栽培技术”课题是“十三五”国家重点研发项目“特色经济林优质轻简高效栽培技术集成与示范”的课题之一，依托项目的实施，从而达到特色经济林轻简化田间管理，把农民从劳动中解放出来。该技术具有五大优势：一是栽培模式的改变，以放为主，减少修剪的强度，充分利用果树的各类枝条；二是优化栽培方式，以大行距，小株距为特点，充分利用空间，便于机械化作业；三是合理轻简化栽培，减少人为的抹芽、修枝、摘心等繁重劳动；四是机械化作业，采取以机器换人推动产业转型，采用机械化控草、绿肥还田，以鹅控草、防草布和以草控草等措施有效控制杂草的生长；五是优质高效栽培，通过绿色高效施肥技术，如品质提升施用有机肥、生物肥、叶面肥等技术，节约成本，科学防病治虫，从而达到优质高效的目的。

《特色经济林优质轻简高效栽培技术》在编写过程中理论方面始终坚持以“必需、通俗、易懂、够用”为原则，栽培技术方面突出地域性、适用性、实用性，力求阐明特色经济林生产中的基本理论和基本生产技术，紧密联系生产实际，从而体现可操作性的特点。

本书在编写过程中参考了许多与本专业有关的教材和相关文献，同时得到了中国农业科学院、中国农业大学、北京林业大学、华中农业大学、南京林业大学、中国林业科学院、河南农业大学、河南省农业科学院、河南科技大学、河南省林业调查规划院、河南农业职业学院等院校专家学者的大力支持，谨在此一并表示感谢。

由于编者水平有限，疏漏和欠妥之处在所难免，恳请读者提出宝贵意见。

著 者

2023年6月

目　录

第一章　基本知识

第一节　发展特色经济林生产的意义及建议

原产我国的特色经济林木种类很多，各地都有自己的特产，驰名国内外的名、特、优、稀、新树种和新品种是我国果品出口创汇的大宗商品。新中国成立以来，我国特色经济林发展很快，尤其近20多年发展迅速，栽培面积和果品产量成倍增长。

一、发展特色经济林生产的意义

经济林是以生产果品、食用油料、饮料、调料、工业原料和药材等为主要目的的林木，是森林资源的重要组成部分。经济林产业，是集生态、经济、社会效益于一身，融一二三产业为一体的生态富民产业，是生态林业与民生林业的最佳结合。我国经济林树种资源丰富、产品种类多、产业链条长、应用范围广，发展经济林产业有利于有效利用国土资源，促进林业“双增”目标早日实现。经济林在集体林中占有较大比重，发展特色经济林的重点在集体林。通过在集体林中大力发展以木本粮油、干鲜果品、木本药材和香辛料为主的特色经济林，有利于挖掘林地资源潜力，为城乡居民提供更为丰富的木本粮油和特色食品；有利于调整农村产业结构，促进农民就业增收和地方经济社会全面发展。同时，对改善人居环境，推动绿色增长，维护国家生态和粮油安全，都具有十分重要的意义。

（一）提高生活质量

它能为人们提供色香味俱佳、营养丰富的干鲜果品，有利于改善食物结构，促进人体健康，提高生活质量。

（二）出口换取外汇

在我国，果品是出口创汇的大宗商品，如柑橘、苹果、香蕉、梨、枣等果品及其加工品，每年都有大量出口，换取巨额外汇。

（三）促进产业发展

它推动了以特色经济林为原料的相关工业及第三产业的发展。

（四）增加农民收入

它能促进农业生产，有利于增加农民收入。

（五）改善生态环境

通过开发山地、荒地等发展果树生产，不仅提高了土地资源利用率，而且有利于保持水土、改善生态环境和维持生态平衡。

（六）绿化美化环境

在公园里、街道旁和庭院内栽植特色经济林木，可起到绿化、美化生活环境、净化空气，改善小气候的作用。

（七）提供就业岗位

它为农村的大量剩余劳动力提供了广阔的就业天地。

（八）促进新农村建设

它为社会主义新农村建设和乡村振兴起到积极推动作用，实现一乡一业、一村一品，发展农村经济，美化家园。

（九）很多果品具有医疗效能

山楂是50多种中成药的原料，核桃、红枣、龙眼、荔枝等是良好的滋补品，杏仁、桃仁、枳壳、枇杷等都是重要的中药材，梨膏、柿霜也常入药。

综上所述，因地制宜发展特色经济林，具有显著的生态效益、社会效益、经济效益和景观效果，意义十分重大。

二、我国特色经济林生产现状

（一）特色经济林栽培面积

根据国家统计局发布数据，2020年我国果园（园林果树）面积1 264.63万公顷，同比增长3.01%。2018年我国苹果种植面积2 907.8万亩（1亩≈667米^2）。其中，陕西种植面积1 087.85万亩，甘肃445.42万亩，山东387万亩，山西228.09万亩，河南221.09万亩，云南106.05万亩，新疆82.5万亩。2018年我国梨种植面积1 415.1万亩。其中，河北297万亩，辽宁151万亩，四川117.45万亩，新疆110.85万亩，河南95万亩，云南86.25万亩，贵州71万亩，陕西70万亩，安徽60万亩，江苏60万亩，山西59万亩，山东52.5万亩，湖南50万亩，重庆36.12万亩，湖北35.82万亩，广西34.2万亩，江西33.7万亩，浙江32.16万亩，甘肃30万亩。2017年我国桃树种植面积1 366.84万亩，主产区集中在山东、河北、河南等地，占到了我国的40%。其中，山东156万亩，河北128万亩，河南115万亩。2018年我国葡萄种植面积1 087.6万亩。主要集中在新疆、河北、陕西、山东、云南、辽宁、江苏、河南等地。其中，新疆种植面积214.2万亩，河北129万亩，陕西73万亩，山东64万亩，云南58万亩，辽宁57.6万亩，江苏57万亩，河南54.5万亩，广西49.5万亩，宁夏48.6万亩，浙江47.3万亩，四川44.7万亩，贵州43.1万亩，甘肃41.6万亩，湖南37.6万亩，安徽28.65万亩。2018年我国香蕉种植面积497.85万亩，主要分布在广东、云南、广西、海南、福建等地。其中，广东香蕉种植面积163.1万亩，云南128.6万亩，广西124万亩，海南52.1万亩，福建17万亩。2019年我国猕猴桃栽培面积436万亩，主要分布在陕西、四川、贵州、湖南、江西和河南等地，其中陕西猕猴桃产业规模约占全国的40%。2018年我国芒果种植面积417.34万亩，主要分布在海南、广西、四川、云南、广东、贵州、福建等地。2018年我国柑橘种植面积3 730万亩。主要分布在广西、四川、湖南、江西、湖北、福建、重庆、浙江、广东等地。

（二）水果产量

2021年我国水果产量为29 970.2万吨，同比增长4.45%，苹果、梨、桃/油桃、葡萄是我国北方地区栽培的主要果树，柑橘和香蕉是南方地区主要果树，年产量均在1 000万吨以上，种植面积及产量均居世界前列。据联合国粮食及农业组织统计数据表明，2021年我国柑橘收获面积300.71万公顷，产量4 620.71万吨，分别占全球的29.42%和28.56%；苹果收获面积209.23万公顷，产量4 598.34万吨，分别占全球的43.39%和49.37%；梨收获面积98.15万公顷，产量1 887.59万吨，分别占全球的73.57%和70.13%；桃/油桃收获面积82.31万公顷，产量1 600.00万吨，分别占全球的54.70%和64.01%；香蕉收获面积34.51万公顷，产量1 172.42万吨，分别占全球的64.65%和93.81%；葡萄收获面积58.03万公顷，产量1 120.00万吨，分别占全球的8.62%和15.23%。此外，年产100万吨以上的果树包括李子（661.55万吨）、芒果、番石榴、山竹（379.00万吨）、草莓（338.05万吨）、柿（335.68万吨）、猕猴桃（238.08万吨）、菠萝（189.90万吨）、板栗（170.37万吨）和核桃（110.00万吨）。

（三）出口创汇

2022年度我国水果出口额46.3亿美元，同比减少15%，出口量325.9万吨，同比减少8%。从出口金额看，主要出口品类为鲜苹果、鲜葡萄、其他柑橘（包括小蜜橘及萨摩蜜柑橘）、鲜梨、葡萄柚及柚等。主要出口市场为越南、泰国、印度尼西亚、中国香港、菲律宾等。2022年全国苹果和梨减产15%～20%，国内库存较低，国内销售价格持续在高位运行，出口出现明显下降。全年鲜苹果出口10.4亿美元，82.3万吨，同比减少27%和24%。印度尼西亚、越南、泰国、菲律宾、孟加拉国等主要出口市场同比均出现大幅下降。2022年，我国鲜葡萄出口金额7.3亿美元，同比减少4%，出口数量37.7万吨，同比增长8%；主要出口市场为泰国、越南、印度尼西亚、菲律宾、孟加拉国等。2022年，我国柑橘出口58.9万吨，金额7.2亿美元，同比下降12%和29%；主要出口市场为越南、印度尼西亚、泰国、马来西亚、菲律宾等。近年来我国柑橘种植面积稳定增长，到2022年约有270万公顷，主要市场需求逐渐回落至疫情前水平。2022年我国出口鲜梨（含鲜鸭梨、雪梨、鲜香梨）44万吨，出口额5亿美元，同比减少13%和18%。我国鲜梨主要出口市场为印度尼西亚、越南、泰国、中国香港、马来西亚、菲律宾等，多数市场同比出现下降。2022年出口葡萄柚及柚13.8万吨，金额1.2亿美元，同比增长26%和27%；主要出口市场为荷兰、俄罗斯、吉尔吉斯斯坦、罗马尼亚、中国香港等。

近年来，我国进口水果需求持续旺盛，根据弗若斯特沙利文数据预测，到2026年，我国水果零售市场的规模预计将增加至人民币17 752亿元。

（四）品质显著提高

全国苹果优质果率在30%以上，高档果率在10%以上。果品市场形势鼓励果农生产优质无公害果品，在改进传统技术基础上，采用高新配套技术（授粉，套袋，铺反光膜，喷高桩素、光洁剂，合理使用农药，冷链储运等），生产市场对路、经济价值高的果品，各地全力建设优质果品示范园，带动优质果品的大面积生产，实施名牌战略，抢占国内外市场，达到“两高一优”的目的。

三、特色经济林生产中存在的问题

多年来，特色经济林发展大起大落，尤其是平原农区，成功见效益的果园面积并不大。据估计，特色经济林栽植后，能见效益的占发展总面积的20%左右，而余下的80%，不是几年后拔树，就是荒芜，无人管理。究其原因，大概有以下5个方面。

（一）被动发展

前些年，在平原农区，部分领导为了政绩强迫性发展特色经济林生产，农民思想工作没做好，农户为了应付上级检查被迫在麦田里挖坑，将果苗草率浅埋，其结果是一部分果苗死亡，没死的那部分也长得细弱，等检查过后即拔树或放任不管。

（二）重栽轻管

有些地方只重视特色经济林的栽种而忽视后期管理或干脆不管理，其结果导致优良品种也结不出优质果实，效益很低，最终对果树栽培失去信心而拔树。

（三）技术措施得不到落实

不少地方果农缺乏栽培技术和管理经验，技术人员待遇落实不到位，出现技术“棚架”，导致果农虽下了不少工夫，但收效甚微，其结果是果树多年不挂果或挂果少。

（四）思想认识不到位

农民的普遍想法是等果树长大后或结果后才进行管理，殊不知这样的管理往往要比科学管理晚2～3年进入丰产期。果树能否早果丰产，其管理的关键时间恰恰为最易被农民忽视的栽植当年，特别是前半年的肥水管理尤为重要。

（五）不重视果品品质

有些果农不明白当前的果品市场是质量效益型，而不是过去的产量效益型，在生产中只重视产量，不注重果品质量，结果是产量不低，但效益一年不如一年，增产不增收。

四、今后发展特色经济林的几点建议

（一）以市场为导向

无论以乡村为单位，还是向“公司+农户”发展，首先要对果品市场进行调查，依据市场分析结果，再选择树种和品种。调查时要客观全面，不能受主观影响或偏听偏信，从而造成判断失误。此外，某种果树现在市场好并不意味着将来市场好，一定要考虑到3年以后的市场。

（二）发挥地理区位优势

譬如河南省处在北方落叶果树适宜区的最南沿，交通发达，运输极为便利。同样的品种，在河南省的成熟期比河北、山东要早上市7～15天，比北京、东北、西北早上市20天左右。河南就要抓住成熟早这一优势，抢占南方（长江以南对北方果品需求量极大）和北方的市场。

（三）选择适宜的发展模式

制约特色经济林发展的因素很多，但组织形式是主要因素之一。我国的农村土地虽分包给了农户，但种植规划比较困难，要在确保粮食生产的前提下，发展特色经济林生产，这是农民发家致富的有效途径。目前推行的土地流转制度（小块并大块，多块并一块）和集体林权制度改革，为特色经济林生产带来了机遇。而特色经济林是多年生植物，与当年种当年收的农作物和蔬菜有很大的不同。如果一块地里，既有葡萄，又有苹果、桃等多种果树混栽，其后果是病虫交叉为害，相互影响生长，管理不方便，难以形成大市场。所以，要想靠发展特色经济林发家致富，县乡村级的干部务必在组织方式上狠下功夫，兼顾集体和个人多方面的利益，充分做好农户的思想工作，调动农民的巨大潜能，实行合作化生产，建立特色经济林专业合作社，走统一规划、统一树种、统一技术指导、统一销售、统一储藏与加工这条路。只有这样，特色经济林生产才能健康高效地发展起来，这也是发展特色经济林生产最有效的途径。

（四）转变观念，依靠科技发展特色经济林

各地都在发展特色经济林，市场竞争更趋激烈，所以发展特色经济林的起点标准一定要高：一是要选择优良的树种和品种；二是栽培技术要先进，如优质轻简高效栽培技术的推广与应用，设施栽培、果实套袋、无公害等新技术的综合应用；三是果品质量一定要高。新品种只有与新技术配套才能发挥应有的作用。

（五）选择适合加工的树种品种

增加果品附加值，可采取田园综合体模式，建立果品采摘园也可进行深加工，要根据各种果树品种的加工生产要求，选择不同的品种有计划地发展，如建立起果汁加工生产的龙头企业，可适当发展制汁的桃、苹果、草莓、梨等品种，各地应根据当地的自然条件，有针对性地选择果树品种。

第二节 特色经济林的分类

一、栽培学分类

我国是世界栽培植物的八大原产中心之一，植物资源丰富，素有“世界园林之母”之称。我国是多种特色经济林的原产地，并有悠久的栽培历史，世界绝大部分特色经济林在我国均有分布。在长期的生产实践中，形成了众多的品种和类型。由于栽培历史和利用发展情况不同，品种数量差异甚大，品种间特征和特性的差异程度也不一致。一般说来，栽培历史越长，利用和发展越深的种类，品种越多，经济性状的分化越多样。对于较简单的种类，由于品种数量不多，在种的基础上，分为若干品种即可。但对于品种繁多的种类，还需要适当归类，既能反映自然发展规律和相互关系，又便于应用。栽培学按照生物学特性相似、栽培管理措施相近的原则进行综合分类。

（一）木本落叶果树

叶片在秋季和冬季全部脱落，翌年春季重新长出，有明显的生长期和休眠期。

1. 仁果类

苹果、沙果、海棠果、梨、木瓜等。主要食用部分为花托，心皮形成果心，包着种子或种子在花托顶端。

2. 核果类

桃、李、杏、梅、樱桃等。主要食用部分为果皮，包括外果皮、中果皮和内果皮，食用其中的一部分或全部，内果皮有时质地坚硬，形成果核，包着种子，有时整个果皮均为肉质，直接包着种子。

3. 坚果类

核桃、山核桃、长山核桃、板栗、阿月浑子、银杏、扁桃等。主要食用部分为种子，含水分较少，多含淀粉或脂肪。

4. 浆果类

可进一步分为灌木、小乔木、藤本和多年生草本四类。果实多汁或肉质，种子多数，分散于果肉中，或种子少数而较大，为果肉所包围。如葡萄、草莓、猕猴桃等。

5. 柿枣类

柿、枣、酸枣、君迁子等。

（二）常绿果树

树冠终年常绿，春季新叶长出后老叶逐渐脱落，无明显的休眠期。

1. 柑果类

柑橘、甜橙、酸橙、柠檬、柚、葡萄柚等。果皮厚薄不一，外果皮有多数油胞，中果皮呈海绵状，内果皮形成瓤囊，内有多数汁胞和种子，主要食用部分为汁胞或整个瓤囊。

2. 浆果类

杨桃、蒲桃、莲雾、番木瓜、人心果、番石榴、枇杷等。果实多汁或肉质，种子小而多，分散于果肉中。

3. 荔枝类

荔枝、龙眼、韶子等。主要食用部分为假种皮，果皮肉质或壳质，平滑或有突疣、肉刺。

4. 核果类

橄榄、杨梅、油梨、余甘等。外果皮肉质肥厚，内果皮骨质，形成果核，如橄榄；外果皮革质，中果皮和内果皮均为肉质，为食用部分，如油梨。

5. 坚（壳）果类

腰果、椰子、槟榔、澳洲坚果、香榧、巴西坚果等。主要食用部分为种子，含水分较少，多含淀粉或脂肪。

6. 荚果类

酸豆、角豆树等。果实为荚果，食用部分为肉质的中果皮，外果皮壳质，内果皮革质，包着种子。

7. 聚复果类（多果聚合成或为心皮合成的复果）

树菠萝、面包果、番荔枝、刺番荔枝等。果实由多花或多心皮组成，形成多花或多心皮果。

（三）多年生草本果树

香蕉、菠萝等。

（四）藤本果树（蔓生果树）

西番莲、南胡颓子等。

二、生态适应性分类

根据生态适应性，果树可分为寒带果树、温带果树、亚热带果树和热带果树四大类。

（一）寒带果树

耐寒性强，能抗-50～-40℃的低温，如山葡萄、秋子梨、榛子、醋栗等。

（二）温带果树

耐涝性较弱，喜冷凉干燥的气候条件，如苹果、梨、桃、李、核桃、枣等。

（三）亚热带果树

具有一定的抗寒性，对水分、温度变化的适应能力较强，可分落叶性亚热带果树（如扁桃、猕猴桃、无花果、石榴等）和常绿性亚热带果树（如柑橘类、荔枝、杨梅、橄榄、苹婆等）。

（四）热带果树

对短期低温有较好的适应能力，喜温暖湿润的气候条件，可分一般热带果树（如番荔枝、人心果、番木瓜、香蕉、菠萝等）和纯热带果树（如榴莲、山竹子、面包果、可可、槟榔等）。

第三节　特色经济林树体的形态构造及栽培生物学原理

一、树体的形态构造

特色经济林树体分地上部和地下部两大部分。地上部包括主干和树冠，地下部为根系。研究树体的组成及其相互间的关系，才能正确运用农业科学技术，控制特色经济林生长结果，获得高产稳产。

（一）地上部

1. 树干

树干是树体的中轴，分为主干和中心干两部分。从根颈以上到第一主枝之间的部分称为主干，它是特色经济林地上部分的主轴和支柱。其主要作用在于下接根系，上承树冠，是水分、养分上下运输的唯一通道。主干的高度叫干高。主干以上到树顶之间的部分称为中央领导干，简称中心干（图1-1）。有些树体虽有主干，但没有中心干（如开心形的桃树等）。

2. 树冠

主干以上由茎反复分枝构成树冠骨架。树冠由骨干枝、枝组等组成。

（1）骨干枝　树冠内比较粗大而起骨架作用的枝，称为骨干枝。骨干枝主要指中心干、主枝、侧枝（副主枝）等构成树冠骨架的永久性枝。直接着生在树干上的永久性骨干枝，称为主枝。根据产生的先后顺序，由下而上依次称为第一主枝、第二主枝、第三主枝等。主枝上的主要分枝称为侧枝。主枝是一级枝，侧枝是二级枝，以此类推。主枝的作用在于帮助主干和中央领导干做好养分和水分的运输工作，并分担树冠向外发展，起到扩大树冠的作用。由中央领导干、主枝、侧枝等各级骨干枝的先端向同一方向继续延长生长，进一步扩大树冠的一年生枝条，叫作延长枝或枝头。

（2）枝组　枝组亦称枝群、单位枝或结果枝组，它着生在各级骨干枝上，是构成树冠、叶幕和生长结果的基本单位。

（二）根系

1. 根系组成

林木根系通常由主根、侧根、须根三部分组成。主根由种子胚根发育而成。由主根上产生的各级粗大根，统称为侧根，直接着生在主根上的称为一级根，一级根上再发生的根称为二级根，其余依次类推。各级根上着生大量细小根称为须根。无性繁殖的植株则无主根。

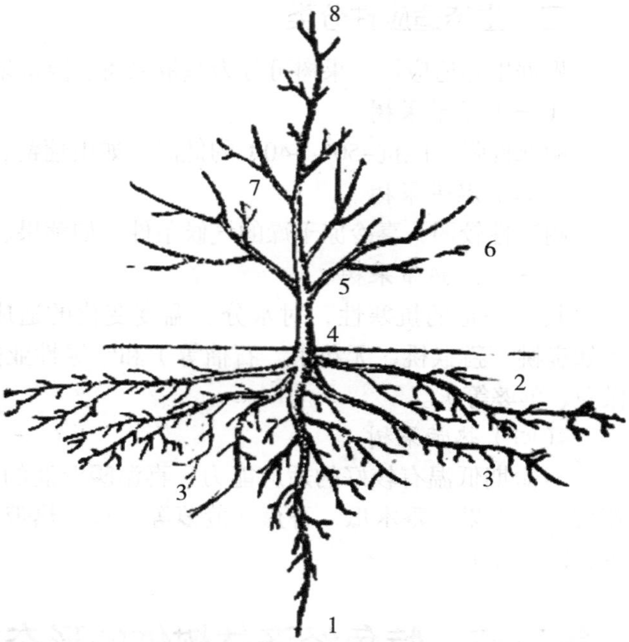

1—主根；2—侧根；3—须根；4—主干；5—主枝；6—副主枝（侧枝）；7—枝组；8—中央领导干

图1–1　树体结构示意图

2. 根系来源

（1）实生根系　由种子胚根发育而来的根，称为实生根系。实生根系主根发达，根生活力强。果树由于多采用嫁接栽培，如苹果、梨、桃、柑橘等栽培品种苗木，其砧木为实生苗，根系亦为实生根系。

（2）茎源根系　利用植物营养器官具有的再生能力，采用枝条扦插或压条繁殖，使茎上产生不定根，由此发育成的根系称为茎源根系。茎源根系无主根，生活力相对较弱，常为浅根。葡萄、石榴、无花果等用扦插繁殖，其根是茎源根系。

（3）根蘖根系　枣、山楂等的根系通过产生不定芽可以形成植株，其根系称根蘖根系。

二、生长发育

在林木的一生中，有两种基本的生命现象，即生长和发育。生长是指特色经济林个体器官、组织和细胞在体积、重量和数量上的增加。发育是指特色经济林细胞、组织和器官的分化形成过程，也就是果树发生形态、结构和功能上的变化。特色经济林的生长和发育是交织在一起的，没有生长就没有发育，没有发育也不会有进一步的生长。

（一）根的生长发育

根系是林木的重要器官，是其整体赖以生存的基础。土壤管理、灌水和施肥等重要的田间管理，都是为了创造根系生长发育的良好条件，以增强根系代谢活力，调节植株地上部、地下部平衡协调生长，从而实现优质、高产、高效的目的。因此，根系生长优劣是特色经济林能否发挥优质潜力的关键。

幼树期垂直根优先生长，当树冠达到一定大小时水平根迅速向外伸展，至树冠最大时根系分布范围达到最广。自春季气温回升至冬初地温下降，多年生果树的根系生长一般呈现出两个生长高峰。华北地区，第1次高峰出现在5—6月，是全年发根最多，根系生长时间最长、生长量最大的时期，也是一年生植物根系的生长盛期；第2次生长高峰发生在秋季。

多数植物的根系在夜间生长量大，新根发生也多，白天的生长量相对较小。

（二）茎的生长发育

1. 茎（枝）的雏形——芽

林木的芽是其茎或枝的原始体，芽萌发后可形成地上部的叶、花、枝、树干、树冠，甚至一棵新植株。因此，芽实际上是茎或枝的雏形，在果树生长发育上起着重要作用。

（1）芽的类型　根据位置不同可分为顶芽、侧芽及不定芽。

根据芽萌发后形成的器官不同可分为叶芽和花芽。在花芽中，萌芽后既开花又抽生枝和叶者称为混合芽，如苹果、梨、葡萄、柿等；与此相反，桃、梅、李、杏、杨梅等的花芽只开花，不抽生枝叶，称为纯花芽。

根据芽形成后的状态可分为休眠芽和活动芽。

（2）芽的特性　芽的异质性。枝条或茎上不同部位生长的芽由于其形成时期、环境因子及营养状况等不同，造成芽的生长势及其他特性上存在差异，称为芽的异质性。一般枝条中上部多形成饱满芽，其具有萌发早和萌发势强的潜力，是良好的营养繁殖材料；而枝条基部的芽发育度低，质量差，多为瘪芽。一年中新梢生长旺盛期形成的芽质量较好，而生长低峰期形成的芽多为质量差的芽。

芽的早熟性和晚熟性。有些果树的芽，当年形成，当年即可萌发抽梢，称为芽的早熟性，如柑橘、李、桃和大多数常绿果树等；具有早熟性芽的树种一年可抽生2～3次枝条，一般分枝多，进入结果期早。另外一些树种当年形成的芽一般不萌发，要到翌年春季才萌发抽梢，这种现象称为芽的晚熟性，如苹果、梨等果树。

萌芽力和成枝力。果树枝条上芽的萌发能力称为萌芽力。萌芽力的强弱一般用枝条上萌发的芽数占总芽数的百分率表示，萌芽力因果树种类、品种及栽培技术不同而异。如葡萄、桃、李、杏等萌芽力较苹果、核桃强。采用拉枝、刻伤、抑制生长的植物生长调节剂处理等技术措施均可不同程度地增强萌芽力。但实际生产中，不同果树对萌芽力有不同要求。果树萌芽力强的种类或品种，往往结果早。多年生果树，芽萌发后有长成长枝的能力，称为成枝力，常用长枝数占总萌发芽数的百分比来表示。

潜伏力。潜伏力包含两层意思：其一为潜伏芽的寿命长短，其二是潜伏芽萌芽力与成枝力的强弱。一般潜伏芽寿命长的果树寿命也长，植株易更新复壮。相反，萌芽力强，潜伏芽少且寿命短的植株易衰老。改善果树营养状况，调节新陈代谢水平，采取配套技术措施，能延长潜伏芽寿命，增强潜伏芽萌芽力和成枝力。

2. 茎的分枝

在果树中主要有单轴分枝、合轴分枝2种。单轴分枝（总状分枝）是从幼苗开始，主茎的顶芽活动始终占优势，形成一个直立的主轴，而侧枝不太发达，如苹果、梨、柿等。合轴分枝是顶芽活动到一定时间后死亡或分化为花芽，或发生变态，或生长极慢。而靠近顶芽的腋芽迅速发展成新枝，代替主茎的位置。不久，这条新枝的顶芽又同样停止生长，再由其侧边的腋芽所代替。如葡萄、李、枣等具有合轴分枝的特性。

（三）叶的生长发育

叶是最重要的营养器官。绿色植物的光合作用几乎全靠叶的功能。叶由叶片、叶柄和托叶三部分构成。

1. 叶幕的形成与叶面积指数

叶幕是指在树冠内集中分布并形成一定形状和体积的叶群体。叶幕形状有层形、篱形、开心形、半圆形等。果树常用树冠叶幕整体的光合效能来表示生产效能。对果树来讲，叶幕层次、厚薄、密度等直接影响树冠内光照及无效叶比例，从而制约着果实产量和质量。而落叶果树的叶幕在年周期中有明显的季节性变化，其受树种、品种、环境条件及栽培技术的影响。通常抽生长枝多的树种、品种、幼树、旺树，叶幕形成慢。

叶面积指数（LAI）是指果树的总叶面积与其所占土地面积的比值，即单位土地面积上的总叶面积。同单片叶子的生长过程类似，大田群体叶面积生长前期，新生叶多，衰老叶少。生长后期则相反，从而形成单峰生长曲线。叶面积指数大小及增长动态与果树种类、种植密度、栽培技术等有直接关系。LAI过高，叶片相互遮阴，植株下层叶片光照强度下降，光合产物积累减少；LAI过低，叶量不足，光合产物减少，产量也低。

2. 叶的类型

果树的叶按产生先后顺序分为子叶和营养叶（真叶）。子叶为原来胚的子叶，早期有贮藏养分的作用。营养叶主要进行光合作用。果树的叶还可分为单叶和复叶两种：每个叶柄上只有1个叶片的称为单叶，如苹果、葡萄、桃等；每个叶柄上有2个以上叶片的称为复叶，如枣、核桃、荔枝、草莓等。不同植物复叶类型各有不同。核桃、荔枝、杨桃为羽状复叶。

3. 叶片的衰老与脱落

落叶果树在冬季严寒到来前，大部分氮素和一部分矿质营养元素从叶片转移到枝条或根系，使树体贮藏营养增加，以备翌春生长发育所需，而叶片则逐渐衰老脱落。落叶现象是由于离层的产生。离层常位于叶柄的基部，有时也发生于叶片的基部或叶柄的中段。叶片脱落留下的疤痕，称为叶痕。落叶果树叶片感受日照缩短、气温降低的外界信号后，叶柄基部产生离层。叶片正常衰老脱落，是植物对外界环境的一种适应性，对植物生长有利。常绿树的叶片不是一年脱落一次，而是2～6年或更长时间脱落、更新一次，有的脱落、更新是逐步交叉进行的。

果树常因病虫害以及环境条件恶化、栽培管理不当等因素，导致树体内部生长发育不协调而引起生理性早期落叶现象。一般果树生理性早期落叶多发生在两个时期。一是5月底至6月初，植株旺盛生长阶段因营养优先供应代谢旺盛的新梢茎尖、花芽和幼果的种子，造成叶片内营养过剩向外输送引起早期落叶；二是秋季采果后落叶，多发生在盛果年龄树上。早落叶会减少果树体内养分积累，影响翌年果树新生器官的生长发育。由于采后落叶多在树势较弱、结果量过多时发生，因此必须增强树势，培养一定数目的长枝，改善根系生长条件，同时注意合理负荷，分批分次采收，以缓和采收造成的衰老，减少或防止采后落叶发生。

（四）花的生长发育

果树生长到一定阶段，就在一定部位形成花芽，先后开花、结果、产生种子。花是形成果实、种子的前提，花和果实、种子都是重要的园艺产品。

花芽分化是指植物生长锥由分化叶芽的生理和组织状态转向分化花芽的生理和组织状态的过程，是植物由营养生长转向生殖生长的标志。花芽分化主要包括生理分化和形态分化两个阶段。在生理分化初期，植物内外环境条件，如温度和光周期、植物体内的碳氮比、内源激素等都影响花芽分化。

1. 花的形态分化与发育

多年生木本果树在达到一定树龄后才开始花芽分化。对一朵花而言，一般经过花萼分化、花冠分化、雄蕊分化和雌蕊分化。花芽分化完成后，即进入花的发育期。

2. 影响花芽分化的条件

（1）遗传特性　受自身遗传特性的制约，不同植物种类、同一种类的不同品种的花芽分化各有特点：如苹果、龙眼等较难形成花芽，在结果上易出现大小年；而葡萄、桃较易形成花芽。

（2）营养条件　充足的营养是花芽分化的基础，植株生长健壮、营养充足，形成花芽的数量就多、质量也好。果树生产上的“小老树”均因营养不足，分化的花芽数量少、质量差。

（3）温度、光、水分等环境因素　在适宜温度范围内，较大的昼夜温差，花芽分化早、质量也好、光照条件好；叶片光合能力强，同化产物积累多，有利于花芽分化；适宜的水分条件、植株生长健壮，花芽分化早且质量好。

3. 果树花芽分化的调控

针对不同果树花芽分化的特点，采取相应的栽培技术措施，合理调控环境条件、植株营养条件及内源激素水平，协调其营养生长与生殖生长，从而达到调控花芽分化的目的。

（1）栽培技术措施　对多年生果树，要选用适宜砧木、适当控水和增施磷、钾肥，对幼树采取轻剪、长放、环剥、刻芽、拉枝等措施，可增加花芽分化的数量和质量；对生长过旺的树，在花诱导期间，喷施一定浓度的植物生长抑制物质，对大年果树采用疏花和疏果措施，均有利于提高花芽分化的数量和质量。

（2）环境调控措施　可运用光周期诱导理论，对长日照或短日照果树采取增补光或遮光措施，调节开花期。

（3）科学施用植物生长调节剂　一些果树喷施赤霉素能促进雄花分化，喷施乙烯利能促进雌花分化。

（五）开花坐果与果实发育

1. 开花与授粉

当花中雄蕊的花粉粒和雌蕊中的胚囊（或二者之一）已经成熟，花被展至最大时，称为开花。从一朵花开放到最后一朵花开毕所经历的时间，称为开花期。开花期的长短因果树种类而异，也受气候和植株营养状况的影响。开花后，花粉从花药散落到雌蕊柱头上的过程，称为授粉。授粉的方式可分为自花授粉、异花授粉和常异花授粉。

2. 受精与坐果

花粉粒落到柱头上，萌发形成花粉管并通过花柱到达胚囊，实现精卵结合的过程叫受精。不同植物实现这一过程的时间长短相差很大，受精快的植物，花粉寿命较短，授粉慢的植物则花粉寿命较长。例如：枣的花粉只能存活1～2天，苹果7天左右。植物开花完成授粉受精后，由于花粉的刺激作用，使受精子房可以连续不断地吸收外来同化产物，进行蛋白质的合成，加速细胞的分裂，开花后的幼果能正常发育而不脱落的现象，称为坐果。多数果树果实的形成需要授粉受精，受精后，随着胚的生长发育幼果迅速膨大并发育成熟。

一些果树的子房未经受精也能形成果实的现象，称为单性结实。单性结实又分为天然单性结实和刺激单性结实。香蕉、蜜柑、菠萝、柿、无花果等为天然单性结实；必须给予某种刺激才能产生无籽果实的现象，称为刺激单性结实。

3. 果实的发育

果树开花完成授粉受精后，由于细胞的分裂与膨大，从幼小的子房到果实成熟，其体积增加了30万～300万倍。果实的生长过程表现为细胞数目的增加和细胞体积的膨大。当果实细胞数目一定时，果实的大小主要取决于细胞体积的增大，而细胞体积增大主要取决于碳水化合物含量的增长。因此，果实膨大期大量光合产物积累与水分的充足供应，对细胞体积的增大十分重要。

（1）果实的生长动态　开花后，果实的体积或鲜重在不断增加，整个果实的生长过程常用生长曲线表示。果实生长曲线是以果实的体积、直径、鲜重或干重为纵坐标，时间为横坐标绘制的曲线。植物种类不同，其果实生长的曲线也不同，果实生长曲线有两种类型。一类是单“S”形曲线，其果实早期生长缓慢，中期生长较快，后期生长又较慢，草莓、苹果、梨、香蕉、菠萝、甜橙等属于此类。另一类是双“S”形曲线，其生长过程分为3个阶段：第一阶段是开花后，果实即进入迅速生长期，此期主要是果实的内果皮体积迅速增大；第二阶段是生长小期，果实体积增加缓慢，主要是内果皮的木质化，也称为硬核期；第三阶段是果实再次迅速生长期，此期主要是中果皮的细胞体积增大，果实体积迅速膨大，大部分核果类及葡萄、橄榄等均属此类。单“S”形生长曲线与双“S”形生长曲线的主要区别在于：前者只有1个快速生长期，后者则有2个快速生长期；前者果实的生长特点可归结为慢—快—慢，后者果实生长特点可归结为快—慢—快。

在果实体积的增大过程中，一般发育初期，纵径的增长速度大于横径，然后才是横径的快速增长。因此，生产上果实发育前期环境条件适宜，之后不适宜，则易形成长形果实；反之，则形成扁形果实。

（2）落花落果　从花蕾出现到果实成熟采收的整个过程中，会出现落花落果现象。落花不是指花瓣自然脱落的谢花，而是指未授粉受精的子房脱落。落果是指授粉受精后，一部分幼果因授粉受精及营养不良或其他原因而脱落的现象。有些品种在采收前也有落果现象。苹果、柑橘等的最终坐果率为8%～15%，桃和杏约10%，葡萄和枣只有2%～4%。

果树落花落果受其遗传特性、花芽发育状况、植株生长状况、授粉受精及花期气候条件等因素的影响。许多果树的落果持续时间长，落果的次数也多。仁果类和核果类一般发生4次落果高峰：第1次落果发生在开花后，子房尚未膨大时，以落蕾和落花为主，主要原因是花芽发育不良或开花前后环境条件恶劣（如干旱、低温、大风等），没有进行授粉或授粉不良而脱落。如果上年树体营养不好，落蕾和落花的机会就会增加；第2次落果发生在花后7～14天，不同果树均为带果柄的幼果脱落，主要原因是没有受精或受精不良；第3次落果，又称生理落果，大体发生在花后28～42天，在果树上称为6月落果，落果的主要原因是营养不良，如氮素供应不足、营养生长过旺或过弱、幼果因得不到大量营养，使幼胚发育停止，造成幼果萎缩脱落；第4次落果，指采前落果，多发生在采前20～30天，主要由自然灾害（风、雹、高温、低温、干旱等）或栽培管理不当造成。

（3）果实的成熟　当果实长到一定大小时，果肉中贮存的有机养料发生一系列的生理变化，逐渐进入成熟阶段。不同果树果实成熟的特征与表现不同。果树的成熟果实酸度下降，涩味消失，果实变甜，果肉变软，果皮中绿色逐渐消退，出现品种固有的色泽（红、橙、黄等）。根据不同的用途，果实的成熟度分为3种：可采成熟度、食用成熟度和生理成熟度。可采成熟度指果实大小已定型，但外观品质和风味品质尚未表现出来，肉质硬，需储运和罐藏、蜜饯加工的果实此时采收；达食用成熟度时，果实充分表现出其应有的色、香、味和营养品质，此时采收果实品质最佳，适于当地鲜食或制作果汁、果酒、果酱等；达生理成熟度时，水果类果实果肉松绵，风味淡薄，不宜食用，而核桃、板栗等干果粒大、饱满，营养价值高，品质最佳。

三、林木的生命周期

随着季节和昼夜的周期性变化，林木的生长发育也发生着节奏性的变化，这就是林木生长发育的周期性。林木从生到死生长发育的全过程称为生命周期。林木中有两种不同的生命时期：实生林木的生命时期和营养繁殖林木的生命时期。

（一）实生林木的生命周期

实生林木就是用种子繁殖的林木，在有性繁殖情况下，实生林木的生命周期可分为童期（幼年阶段）和成年期两个阶段。

1. 童期

指从种子播种后萌发开始，到实生苗具有分化花芽潜力和开花结实能力为止所经历的时间，是有性繁殖的林木必须经过的个体发育阶段；处于此期的林木，主要是营养生长，其特点是根系和树冠生长快，光合和吸收面积迅速扩大，光合产物集中用于根和枝梢的生长；童期的后期可形成少量花芽，但也多发生落花落果，童期长短因树种而异，枣、葡萄、桃、杏等童期较短，一般为2～4年；山核桃、荔枝、银杏等的童期则需9～10年或更长时间。

2. 成年期

从植株具有稳定持续开花结果能力时起，到开始出现衰老特征时结束为成年期。此期一般连续多年自然开花结果，成年期果树应加强肥水管理，合理修剪，适当疏花疏果，最大限度地延长盛果期年限，延缓树体衰老，实现丰产优质。

（二）营养繁殖林木的生命时期

营养繁殖林木即用扦插、压条、分株、嫁接等方法繁殖的林木。其繁殖材料和接穗取自成年阶段的优良母树，是母树枝芽发育的继续，已经度过了幼年阶段，它们已具备了开花能力，只要条件适当，便能开花结果。在实际生产中通常按林木生长和结果的明显转变，而划分为5个时期：生长期、结果初期、结果盛期、结果后期和衰老期。

1. 生长期

生长期一般来讲是指从苗木定植到首次开花结果为止的这一段时期。该期特点：只进行营养生长，树体迅速扩大，开始形成骨架；新梢生长量大，节间较长，叶片较大，一年之中有2次或多次生长，组织不够充实并因此而影响越冬能力；在幼树期根系生长均快于地上部分，即T/R值小。此期采取的技术措施：深翻扩穴，增施肥水，培养强大根系，轻修剪多留枝，适当使用生长调节剂等。

2. 结果初期

从第一次结果到有一定经济产量为止。该期特点：生长旺盛，离心生长强大，分枝大量增加并继续形成骨架；根系继续扩展，须根大量发生；由营养生长占绝对优势向与生殖生长调节，保持新梢生长、根系生长、结果和花芽分化的平衡。产量逐年上升，无大小年现象。此期采取的技术措施：应加强肥水的供应，实行细致的更新修剪，均衡分配营养枝、结果枝和育花枝，做到尽量维持较大的叶面积，控制适宜的结果量。

3. 结果盛期

从有经济产量起，经过高产稳产期，到产量开始连续下降的初期止。该期特点：此期出现大小年之分的情况较为频繁，高产稳产的能力有所下降；新梢生长量明显有所减少；果实的品质、形状、大小、色泽、含水量有所下降，而含糖量有所上升，体内的贮藏物质有所降低；虽可以萌发形成新梢枝，但形成量较少。此期采取的技术措施：大年要注意疏花疏果，配合深翻改土，增施水肥，适当利用重剪更新枝条；小年促进新梢生长和控制花芽形成量，从而平衡树势。

4. 结果后期

从产量明显下降到无经济效益为止。该期特点：产量明显下降，地上地下分枝太多，根叶距离相应拉长，输导组织衰老，末端枝条和根系大量死亡。根的生长也因土壤肥力降低和自身积累有毒物质而削弱，以致衰老枯死，根系缩小。果实基本没有什么品质可谈，骨干根生长逐步衰退，并逐步走向死亡，根系的分布范围逐渐缩小。此期采取的技术措施：以大年疏花疏果为重点，配合深翻改土，增施肥水和更新根系，适当重剪回缩和利用更新枝条，来复壮树势。小年促进新梢生长和控制花芽形成量。

5. 衰老期

从无经济产量到树体最终死亡为衰老期。该期特点：骨干枝和根大量死亡。更新复壮可能性较小，生产上计算林木寿命并不采用自然寿命，而是根据其经济效益状况，提前砍伐，需要重新建园。

（三）年生长周期

年生长周期是指每年随着气候变化，林木的生长发育表现出与外界环境因子相适应的形态和生理变化，并呈现出一定的规律性。在年生长周期中，这种与季节性气候变化相适应的器官的形态变化时期称为物候期。不同林木种类、不同品种物候期有明显的差异。环境条件、栽培技术也会改变或影响物候期。生产上常以此来调节控制植物生长发育向着人们期望的方向发展。

年生长周期变化在落叶果树中有明显的生长期和休眠期之分；常绿果树在年生长周期中无明显的休眠期。

1. 生长期

是指植物各部分器官表现出显著形态特征和生理功能的时期。落叶果树生长期自春季萌芽开始，至秋季落叶为止。主要包括萌芽、营养生长、开花坐果、果实发育和成熟、花芽分化和落叶等物候期。而常绿树木开花、营养生长、花芽分化及果实发育可同时进行，老叶的脱落又多发生在新叶展开之后，1年内可多次萌发新梢。有些树木可多次花芽分化，多次开花结果，其物候期更为错综复杂。尽管如此，同一植物年生长周期顺序是基本不变的，各物候期出现的早晚则受气候条件影响而变化，尤以温度影响最大。

2. 休眠期

是指植物的芽、种子或其他器官生命活动微弱、生长发育表现停滞的时期。植物的休眠器官主要是种子和芽。如苹果、桃、板栗等的种子须经低温层积处理，减少种皮及胚乳中抑制发芽物质后才能发芽，而芽的休眠则包括落叶果树越冬时的休眠。

（1）落叶果树的休眠　落叶果树的休眠期通常指秋季落叶后至翌年春季萌芽前的一段时期。休眠期长短因树种、品种、原产地环境及当地自然气候条件等而异。一般原产寒带的植物，休眠期长，要求温度也较低。当地气候条件中，尤以温度高低影响最大，直接左右休眠期的长短。通常温度越高，休眠时间越短；温度越低，休眠时间越长。落叶果树所需要的低温一般为0.6～4.4℃。

（2）常绿果树的休眠　常绿果树一般无明显的自然休眠，但外界环境变化时也可导致其短暂的休眠，如低温、高温、干旱等使树体进入被迫休眠状态。一旦不良环境解除，即可迅速恢复生长。

（四）昼夜生长周期

所有的活跃生长着的植物器官在生长速率上都具有生长的昼夜周期性。影响果树昼夜生长的因子主要有温度、植物体内水分状况和光照。其中，植物生长速率和湿度关系最密切。在水分供应正常的前提下，果树地上部在温暖白天的生长较夜间快，白天的生长速率有两个高峰，通常一个在午前，另一个在傍晚。与此相反，根系由于夜间地上部营养物质向地下运送较多，而且夜间土壤水分和湿度变化较小，利于根系的吸收、合成，因此生长量与发根量都多于白天。果实生长昼夜变化主要遵循昼缩夜胀的变化规律。其中光合产物在果实内的积累主要是前半夜，后半夜果实的增大主要是吸水。

四、器官生长发育的相关性

生长相关性是指同一果树的一部分或一种发育类型与另一部分成为一种发育类型的关系。果树的生长发育具有连贯性和整体性，其连贯性表现为各种果树的生长过程中，前一个生长期为后一个生长期打基础，后一个生长期是前一个生长期的继续和发展；其整体性主要表现在生长发育过程中各个器官的生长是密切相关、互相影响的，这种关系主要包括地上部与地下部的生长相关，营养生长与生殖生长的相关以及同化器官与贮藏器官的生长相关。

（一）地上部与地下部的生长相关性

地上部与地下部的生长相关性，主要表现在生长的相互依赖和相互促进作用。一方面，根吸收水分、矿质元素等，经根系运至地上部，供茎、叶、新梢等新生器官的建造和光合蒸腾的需要，促进芽的分化和茎的生长。另一方面，地上部叶片光合作用形成的同化产物、茎尖合成的生长素通过茎也被运往根系，为根系的生长和吸收功能的发挥提供了结构、能量和激素物质。即地上部只有在地下部提供充足营养和水分的同时，才能生长良好，同样，地下部的良好生长也必须依靠地上部营养物质的供给。但是，由于地上部和地下部要求的生长条件并不完全相同。当某些条件发生变化时，会使地上部和地下部的统一关系遭到破坏，而表现出生长的不均衡。如在土壤水分较少时，根系得到了优先生长，地上部的生长受到限制。反之，当土壤水分充足时，地上部可得到充足水分而生长加快，并且消耗大量碳水化合物，供给根系的营养就会减少，限制了根系的生长。磷肥对地上部的促进作用大于根部，能增加根的含糖量，促进根系的生长；强光条件有利于促进光合，抑制茎的伸长，根系发育也好。强大的根系是地上部旺盛生长的前提。

（二）营养生长与生殖生长的相关性

营养生长是生殖生长的基础，没有良好的营养生长，就没有良好的生殖生长，这是二者协调统一的一面。但是，由于营养生长和生殖生长所需要的物质基础都是根系吸收的水分、矿质营养和叶制造的光合产物，因此，营养生长和生殖生长存在抑制、竞争关系。这种抑制和竞争关系表现为茎叶的生长与花芽分化、果实发育的营养竞争。当营养生长过旺，植株生长表现为“疯长”，造成花芽分化数量少，花芽分化质量差，落花落果严重。当生殖生长过旺时，植株矮小，叶片数少，叶面积小，新生枝条抽生少，生长量小。多年生果树生殖生长过旺时，由于严重抑制了营养生长，造成树体营养差，没有足够营养进行花芽分化，最终又限制了翌年的生殖生长，不但影响当年果实大小，还影响到翌年花芽的数量和质量。所以，在生产中，采取措施使营养生长与生殖生长相互协调，是获得高产和优质的关键。

（三）同化器官与营养贮藏器官的生长相关性

果树的同化器官主要为叶片，而贮藏器官则有多种类型。有的以果实和种子为贮藏器官；有的以地下部根和茎为贮藏器官。以果实和种子为贮藏器官的，其同化器官与贮藏器官的相关，实际上是营养生长与生殖生长的矛盾，前面已有论述。

五、特色经济林与环境条件

在特色经济林生产中，要取得最佳的生产效果，一方面应选用具有优良遗传性状的特色经济林品种，另一方面通过采用先进的栽培技术、栽培设施，为特色经济林的生长创造最佳的环境条件，而要创造最佳的生长发育条件，就必须了解特色经济林生长的环境条件以及特色经济林的要求。随着绿色食品生产的发展，还必须重视环境污染对特色经济林生产的影响。特色经济林生长的主要环境条件包括温度、水分、光照、土壤、空气等。

（一）温度

温度是影响特色经济林生存的主要生态因子之一，温度对特色经济林的生长发育以及其他生理活动具有明显的影响。特色经济林由于长期生活在温度的某种周期性变化之中，形成了对周期性温度变化的适应性。如果某个品种可以在某一地区生长和延续，那么其生活史必然能适应该地区气候条件的周期性进程；否则，它必然会由于不能适应该地区的气候条件而绝迹。因此，温度影响着果树的地理分布，其中主要是年平均温度。

1. 不同生长发育时期对温度的要求

多年生落叶果树，在年生长周期中对温度的要求与季节温周期相适应，即春季发芽期要求的温度稍低，夏季旺盛生长期要求的温度较高，秋季果实成熟时要求的温度又降低。

2. 特色经济林的温周期

对果树而言，昼夜温差对果实的品质有着明显的影响。昼夜温差大，糖分积累水平高，果实风味浓。

3. 高温及低温障碍

特色经济林的生长与发育，都有其最适宜的温度范围。但在自然状态下，温度的变化是很大的。温度过高或过低都会造成植株的各种生理障碍，不仅造成减产或无收成，甚至造成果树的死亡。

当特色经济林所处的环境温度超过其正常生长发育温度的上限时，引起蒸腾作用加剧，水分平衡失调，植株发生萎蔫。同时，果树光合作用下降而呼吸作用增强，同化产物积累减少。土壤高温主要引起根系木栓化速度加快，降低根系吸收功能，加速根的老化死亡。此外，由于高温妨碍了花粉的发芽与花粉管的伸长，常导致落花落果。落叶果树于秋冬温度过高时则不能进入休眠或不按时结束休眠期。生产上，通过选用耐热品种、间套作栽培、遮阳覆盖、改变灌水时间等措施，克服高温障碍。

低温对果树的影响主要是冻害。冻害是指0℃以下低温引起植物体内细胞结冰产生的伤害。生产上通过采用抗寒品种、选用抗寒砧木嫁接栽培、果树秋季控施氮肥、在胚芽及幼苗期进行低温锻炼、采用保护地栽培等措施，克服低温障碍。

由低温造成的伤害，其外因主要取决于温度降低的程度、持续的时间、低温来临的时间和解冻的速度；内因主要取决于果树的种类、品种及其抗寒能力，此外还与地势和植物本身的营养状况有关，低温伤害对各个器官危害的临界温度也不相同（表1–1）。

表1–1　特色经济林各部分对低温伤害的临界温度

种类	受害部位及临界温度
苹果、梨	萌动芽–8℃。–8.4～–4.5℃冻花（中心花和雌蕊）。幼果–2.5～–1.7℃，树体–4.1℃
桃	枝条（木质部受冻）–6.0℃
葡萄	叶片–1℃，花序0℃，果实–5～–3℃

造成低温伤害的气象因素，可概括为春季气温回升变幅大，秋季多雨低温，光照少，晚秋寒潮侵袭早，冬季低温持续时间长。温度剧烈变化对植物危害尤为严重，尤其是在生长发育的关键时期。降温越快越严重。春季乍暖复寒，植物受害重。当受低温危害后，温度急剧回升要比缓慢回升受害更重，特别是受害后太阳直射，使细胞间隙内冰晶迅速融化，导致原生质破裂失水而死。

（二）水分

水是植物生存的重要因子，是组成植物体的重要成分，是光合作用的原料，是植物体内各种物质进行运输的载体。植物体内的生理活动，都是在水的参与下才能正常进行。果树枝叶和根部的水分含量约占50%。水含量的多少与其生命活动强弱常有平行的关系，在一定的范围内，组织的代谢强度与其含水量呈正相关。

1. 特色经济林对水分的需求

果树在系统发育中形成了对水分不同要求的各种生态类型，因而它们能够在以后的栽培生产中，表现出适应一定的降水条件并要求不同的供水量。

果树对干旱有多种适应方式。主要表现在两个方面：一种是本身需水少，具有旱生形态性状，如叶片小，全缘，角质层厚，气孔少而下陷，并有较高的渗透势，如石榴、扁桃、无花果等；另一种是具有强大的根系，能吸收较多的水分供给地上部，如葡萄、杏、荔枝、龙眼等。

特色经济林按抗旱力可分为以下3类。

抗旱力强：桃、扁桃、杏、石榴、枣、无花果、核桃。

抗旱力中等：苹果、梨、柿、樱桃、李、梅、柑橘。

抗旱力弱：香蕉、枇杷、杨梅。

特色经济林能适应土壤水分过多的能力称为抗涝性。各种植物的抗涝性不同，在特色经济林中结果树以椰子、荔枝等较耐涝，落叶果树以枣、梨、葡萄、柿较耐涝，在积水中一个月不见死亡。最不耐涝的是桃、无花果和菠萝，柑橘耐涝力中等，仁果类树种耐涝力较强。

2. 不同生育时期对水分的要求

在果树中，通常落叶果树在春季萌芽前，树体需要一定的水分才能发芽，如果冬季干旱则需要在春初补足水分。在此期间如果水分不足，常延迟萌芽期或萌芽不整齐，影响新梢的生长。新梢生长期温度急剧上升，枝叶生长迅速旺盛，需水量最多，对缺水反应最敏感，因此，称此期为需水临界期。如果此期供水不足，则削弱生长，甚至过早停止生长。春梢过短，秋梢过长是由于前期缺水，后期水多所造成的，这种枝条往往生长不充实，越冬性差。花芽分化期需水量相对较少，如果水分过多则分化减少。落叶果树花芽分化期在北方正要进入雨季时，如果雨季推迟，则可促使花芽提早分化。

3. 影响水分吸收的因素

影响水分吸收的主要因素是温度，特别是土温，如土壤温度低，会降低根系的吸水能力。这是因为在低温条件下，根系中细胞的原生质黏性增大，使水分子不容易透过原生质，减少了吸水量。同时，也会降低土壤中水分自身的流动性，造成水分子在土壤中扩散减慢。低温还会抑制根系的呼吸作用，减少能量供应，从而抑制了根系的主动吸水过程。土壤通气不良、土壤空气成分中二氧化碳含量增加、氧气不足，以及土壤中溶液浓度过大等因素都会影响根系对水分的吸收。

果树的水分是靠根系从土壤中吸收进来的，虽然有些果树地上器官可以吸收水分，但毕竟只是少量，而大量水分的吸收依靠根系从土壤中获得。田间持水量也影响根系生长，一般土壤水分保持田间持水量的60%～80%时，根系可以正常生长。

4. 土壤水分丰缺对果树的影响

果树缺水时常出现叶片萎蔫现象，夏季中午由于强光高温，叶面蒸腾量剧增，一时根系吸水不能加以补偿，叶片临时出现萎蔫，但到下午随着蒸腾量减小或者灌溉，当根系满足叶片的需求，植株即可恢复正常，这种现象叫作暂时性萎蔫。它是植物经常发生的适应现象。如果植物萎蔫之后，虽然降低蒸腾仍不能恢复正常，即使灌溉也不能完全恢复正常，这种情况是永久性萎蔫，它带给果树的是严重危害。

如果土壤水分过多，土壤的气相完全被液相所取代，使植物生长在缺氧的环境里，这时果树生长矮小，叶黄化，根尖受害，叶柄偏向上生长，还会使果树的有氧呼吸受到抑制，促进了果树的无氧呼吸；根际的二氧化碳浓度和还原性有毒物质浓度升高，降低根对离子吸收的活力。

（三）光照

光是绿色植物生长的必需条件之一。不同特色经济林种类对光照的要求程度不同，大多数树种只有在充足的光照条件下才能枝繁叶茂，光照过多或不足都会影响植物正常的生长发育，进而造成病态。通过改进栽培技术改善特色经济林对阳光的利用，以及利用人工光照栽培，以满足果树对光的要求。提高光能利用率，是特色经济林栽培的重要目的。一般说来，光照强度、光照时数（即光周期）、光质（光的组成）等直接影响特色经济林的生长发育、产量和品质的形成。

1. 特色经济林对光照的要求

在落叶果树中，以桃、扁桃、杏、枣最喜光；葡萄、柿、板栗次之；核桃、山核桃、山杏、猕猴桃较能耐阴。常绿果树中，以椰子、香蕉较喜光，荔枝、龙眼次之，杨梅、柑橘、枇杷较耐阴。

在特色经济林栽培中有时光照过强会引起日灼，尤以大陆性气候、沙地和昼夜温差剧变等情况下更容易发生。叶和枝经强光照射后，叶片可提高5～10℃，树皮提高10～15℃。果树的日灼因发生时期不同，可分为冬春日灼和夏秋日灼两种。冬春日灼多发生在寒冷地区的果树主干和大枝上，常发生在西南，由于冬春白天太阳照射枝干使温度升高，冻结的细胞解冻，而夜间温度又忽然下降，细胞又冻结，冻融交替使皮层细胞受破坏。开始受害时多是枝条的阳面，树皮变色，横裂成块斑状；危害严重时，韧皮部与木质部脱离；急剧受害时，树皮凹陷，日灼部位逐渐干枯、裂开或脱落，枝条死亡。苹果、梨、桃等树种都易发生日灼，但品种间有较大差异。夏秋日灼与干旱和高温有关。由于温度高，水分不足，蒸腾作用减弱，致使树体温度难以调节，造成枝干的皮层或果实的表面局部温度过高而烧伤，严重者引起局部组织死亡。夏秋日灼在桃的枝干上发生时常出现横裂，破坏表皮，降低了枝条的负重量，易引起裂枝。在苹果、梨等枝上发生时，轻者树皮变褐色，表皮脱落，重者变黑如烧焦状，干枯开裂。沙滩地果园的苹果、梨和新栽的幼树，常出现靠地表的根颈部分发生日灼，甚至死亡。果实的日灼主要发生在向阳面叶片较少的树冠外围，先在果面发生斑块呈水烫状，而后逐渐扩大干枯，甚至裂果。例如：葡萄、苹果、柑橘、菠萝等都易发生。

果树光照不足时，明显抑制根系的生长和花芽形成，导致植物地上部枝条成熟不好，不能顺利越冬休眠，根系浅，抗寒和抗旱能力降低。有时光照不足也会引起果实发育中途停止，造成落果。此外，光对果实品质也有着重要的作用，光合作用不但形成碳水化合物，而且直接刺激诱导花青素的形成。在光照强和低温条件下，花青素形成得多。而黄色果实的品种其胡萝卜素在黑暗中形成，光照对其着色影响不大。研究发现，光照在全日照的70%以上时苹果着色最好，40%～70%时能有一定着色，40%以下不着色。果实的大小和重量也受光照影响，50%光照时果实重量小。用透光率不同的纸袋套在苹果果实上，可以发现随着日光透过率的提高，果实着色的百分比也提高。在果实成熟前6周，日光直射量与红色的发育程度相关。在雨后，果实着色少，着色快。在果实的风味方面，光照好则糖分积累多，近成熟期阴雨则糖含量下降。干旱、晴天葡萄的酒石酸含量下降。果皮部的维生素含量比果心部的含量高，受光良好的果实和同一果实受光良好的部位含维生素C多。光也影响类胡萝卜素的合成，受光良好的含量多。因此使树冠透光良好，也有利于果实维生素含量的提高。

2. 特色经济林对光质的反应

长光波下，特色经济林的节间较长，茎较细；短光波下，果树的节间短，茎较粗。红光能加速长日照果树的发育，紫光能加速短日照果树的发育；红光利于果实着色，紫外光有利于维生素C合成。

（四）土壤

土壤是特色经济林栽培的基础，特色经济林的生长发育要从土壤中吸收水分和营养元素，以保证其正常的生理活动。良好的土壤结构才能满足果树对水、肥、气、热的要求，是生产高产优质的果品的物质基础。土壤按质地划分，可分为砂质土、壤质土、黏质土等。

通常以土壤中有机质及矿质营养元素含量的多少来衡量土壤肥力的高低。土壤有机质含量高，氮、磷、钾、钙、铁、锰、硼、锌等矿质营养元素种类齐全、相互平衡且有效性高，是果树正常生长发育、高产稳产、优质所应具备的营养条件。有机质含量在2%以上，才能满足种植特色经济林的要求。化肥用量过多，忽视有机肥施用，会造成土壤肥力下降。改善土壤条件，提高矿质营养元素的有效性及维持营养元素间的平衡，特别是尽力增加土壤中有机质的含量，是栽培中应常抓不懈的措施。

土壤酸碱度也是影响土壤养分有效性及特色经济林生理代谢水平的重要因素，不同特色经济林对酸碱度要求也不同，不同土壤的酸碱度影响着矿质元素的有效性，从而影响了根系对矿质元素的吸收。在酸性土中有利于对硝态氮的吸收，而中性土、微碱性土有利于对氨态氮的吸收，硝化细菌在pH值为6.5时发育最好，而固氮菌在pH值为7.5时最好。在碱性土壤中有些特色经济林易发生失绿症，因为钙中和了根分泌物而妨碍对铁的吸收。根据这些特性表现，在生产上应采取相应的改土措施，以利增产。

（五）空气

影响特色经济林生长发育的气体条件主要有氧气、二氧化碳及一些危害特色经济林生长的有害气体。在露地生产的条件下，气体的影响相对较小。而对于设施栽培的果树，尤其应注意二氧化碳和有害气体的调节。

六、特色经济林大小年结果产生的原因及对策

特色经济林一年结果多，一年结果少，甚至不结果，这种现象在苹果、梨等一些果树上表现尤为明显，人们把这种现象叫作特色经济林的大小年。

大小年结果是盛果期果园的一种普遍现象。特色经济林的大小年，它不仅造成产量下降、果实品质变劣，降低了商品价值。而且容易导致树势衰弱，从而加重树体病虫害的发生，丰产年限缩短，使果农遭受很大的经济损失，不利于市场的均衡供应。因此，克服大小年结果是成龄果园管理的重大课题。

（一）产生原因

大小年结果现象从本质上讲，是叶片制造的有机营养物质的生产和分配与花、果、根和花芽等器官建造的需要之间，在数量和时间上不协调的结果。

1. 营养竞争

营养竞争是造成大小年结果最普遍和最重要的原因。在大年结果多的年份，营养物质不断地运往果实，使树体其他器官，特别是枝条的顶芽得到养分大量减少，致使当年无力形成花芽，所以在大年之后则为小年；而小年花果少，树体内营养物质积累增多，为花芽分化创造了良好的条件，故翌年产量急剧上升，即为大年。如此反复，形成循环。

2. 栽培技术不合理

不合理的栽培技术主要表现在地下管理粗放，根系发育不良，树势极度衰弱。病虫害防治不及时，叶片严重损伤，甚至早期大量落叶，使当年不能制造、积累足够有机营养，导致果树花芽分化不良。修剪上，长期轻剪缓放，不剪留一定比例的预备枝，当花量大、结果多、树体超载时，又不采取措施合理调整，造成翌年大量减产，导致大小年出现和周期性循环。另外，疏花疏果和保花保果措施不到位也是导致大小年产生的原因。

3. 不良自然条件

恶劣的自然条件如雨涝、干旱、寒冷、晚霜、冰雹等，也是导致大小年的起因。花期、花芽分化期阴雨过多，坐果期干旱，均能引起大小年。有些年份，正常结果树因晚霜使花或幼果受害而大量脱落减产，从而有利于树体营养积累，花芽大量形成，翌年产量骤增引起大小年。

4. 品种的影响

同一种果树不同品种大小年结果的表现也各异，容易形成花芽，坐果率高的品种较易形成大小年；而花芽形成率一般，坐果率不很高的品种则不易形成大小年。果实成熟期的早晚和果树的年龄，与大小年发生程度的轻重有一定关系，一般是晚熟品种比早熟品种、中熟品种重；成龄树和衰老树比幼树重。

5. 植物激素的影响

大年所形成花芽少，除养分积累不足外，还与果实种子中形成的大量赤霉素抑制了

花芽分化有关。由于大年结果多，树上的种子总数相应增加，种胚内赤霉素大量合成，因其能诱导α-淀粉酶的产生，使淀粉水解并促进新梢生长，抑制花芽形成，使来年变为小年。植株体内的乙烯利、生长素、激动素、脱落酸等内源激素共同控制着植物的营养生长和生殖生长。它们之间的平衡关系影响到花芽分化、坐果和果实的发育，对形成大小年也有较大的作用。

（二）克服措施

夺取结果期果树连年丰产、避免大小年结果现象的出现，则应根据出现大小年的不同原因，在加强综合管理的基础上，采取不同对策，逐步加以调整克服。

1. 大年树的管理措施

要克服已经出现的大小年结果现象，通常从大年入手，较为易行，也容易收到成效。大年树的主要特点是结果过多，影响当年花芽分化，造成翌年结果较少。因此，大年树管理的主要目标是合理调整果树负载量，做到大年不大，并促使形成足量花芽，提高下年产量。主要措施有：

（1）加强综合管理　重点要加强肥水管理，及时补充树体营养。在花前和果实膨大前期，多施尿素、硫酸铵和硫酸氢铵等速效肥，促进枝叶生长，以生产更多的光合产物，保证果实生长所需营养，防止树体营养消耗过度而在翌年变成小年。果实采收后至落叶前，一般应及早施用基肥，沿树冠周围开沟施农家肥150千克，磷肥2千克，有利于翌年开花结果，促进花芽分化，同时对提高开花质量和坐果率、促进枝条健壮生长、果实膨大和提高产量均有一定作用。所以说，果树早施基肥有利于克服果树大小年结果。另外，加强病虫害防治也是防止大小年现象发生的重要措施。

（2）适当重剪　通过修剪来控制或调节花量，达到合理的叶果比例，使树体的营养积累和果实消耗达到相对平衡，从而减轻大小年现象。大年花多，修剪的原则是在保证当年产量的前提下，冬季应进行适当重剪，减少花芽留量，使生长结果达到平衡。大年多短截中长果枝，留足预备枝，回缩多年生枝组，适当重缩串花枝，处理拥挤过密且影响光照的大枝，改善光照，提高花芽质量。

（3）科学疏花疏果　科学疏花疏果能调整叶果比，平衡营养生长与生殖生长，使树体合理负载，增加养分积累，对克服大小年有显著作用。还能增大果个，改善品质，防止树体早衰。所以在当前，该技术是控制负载和防止大小年现象发生的最有效办法。疏花疏果的原则是先疏花枝，后疏花蕾，再疏果和定果。壮树强枝适当多留，弱树弱枝适当少留。疏花枝结合冬剪和春季复剪进行，疏花蕾从花序伸长到开花前均可进行，但以花序伸长至分离期为最佳。疏果宜从谢花后第2～4周完成，越早越好。疏花疏果时根据不同的树势和树体大小确定合理的果实留量，是能否取得预期效果的关键所在。可采用干周法、枝果比、距离法等方法来确定留果量。

（4）预防自然灾害　大年有时也会由于不良气候及病虫为害造成大幅度减产，不仅影响当年收益，也会引起以后出现幅度更大的大小年结果。因此，大年也要做好病虫害及灾害防治和保花保果工作，确保当年达到计划产量。

（5）应用生长调节剂　在大年的春季，可每隔7～10天用0.1%～0.3%的多效唑、0.2%～0.4%的矮壮素水溶液进行叶面喷雾，连喷2次，促进花芽分化，增加小年的花果量。

2. 小年树的管理措施

小年花少，管理的主要目标是保花保果，使小年不小，并使当年不形成过量花芽，防止翌年出现大年。主要措施如下。

（1）合理肥水 小年树必须重点加强前期肥水管理，铲草松土，增施氮磷钾复合肥，防止因肥料不足而落花落果，促使养分集中运转到花果中去。春季特别是萌芽期前后及花期的肥水管理，不仅可以促进树体生长发育，增强同化能力，增加前期营养，提高坐果率，还会由于新梢生长健旺，相对减少花芽形成量。因此，萌芽前、开花前和开花后1周可追施1次速效氮肥，以尿素为例，施肥量1～1.5千克/株。花期喷0.3%尿素，花后喷1%～3%的过磷酸钙浸出液，以促进生长。小年树适时、适量供水也是很重要的措施，可于花芽分化期前后，适当灌溉增加土壤湿度。在一定程度上也减少花芽形成，避免翌年出现过大的大年。

（2）适当轻剪 为了尽量保存花芽，提高坐果率和当年产量，冬剪时，应适当轻剪，即少疏枝、少短截，不进行树体结构的大调整和更新，尽量保留花芽，待花前复剪时再根据具体情况进行截、疏或缩的调整。暂时可以不去的大枝尽量不去，留待大年处理，以免剪去过多花芽。在结果少的小年，于夏季对一部分新梢进行中短截。促发二次枝，冬剪时多缓放，促使翌年多形成花芽，以补充小年结果量。

（3）保花保果 苹果树绝大部分品种自花不实或结实率极低，认真做好保花保果措施，是保证丰产、稳产、优质的关键。花期可放蜂、人工授粉和喷施0.1%～0.25%的硼砂或硼酸溶液，以促进授粉和幼果发育。同时，对于生长过旺的新梢及果台副梢要及时摘心、扭梢、抹芽，控制其生长，减少争水争肥矛盾，将有利于小年树增加坐果率。

（4）避免不良条件危害 小年树更应抓紧做好灾害预防及病虫害防治工作。特别是大年后，树体衰弱，腐烂病常大量发生，除大年秋冬加强检查防治外，小年春季也要抓紧及时刮治。并要加强做好防冻、防冰雹、抗旱等抗自然灾害工作，确保小年丰收。

（5）应用植物生长调节剂 果树盛产后，可在小年花芽分化的临界期及前半个月，用100～150毫克/千克赤霉素进行叶面喷施1次，能抑制花芽分化，防止翌年（大年）开花过多。

总之，在预防自然灾害的前提下，加强肥水管理，提高光合产量，再针对不同品种采取措施，防止结果过量，经过3～5年的精心调整，就可以减轻乃至克服大小年结果现象，恢复正常结果。

第四节 苗木培育及果园建立

特色经济林苗木培育和建园是发展特色经济林生产的基本条件。为避免从外地引进的苗木不适应当地自然条件，在发展水果生产时，应根据当地自然条件，采用自繁自育自种的原则进行特色经济林苗木的繁殖。特色经济林苗木繁殖可采用有性繁殖法，即实生繁殖；无性繁殖法，即自根繁殖（扦插、压条和分株）和嫁接繁殖。

果园，即通常生产上的种植果树的园地和果树苗圃。特色经济林种类繁多，其个体大小差别也很大，建园时一定要考虑不同特色经济林的具体特点，设计出合理的建园方案。特色经济林是多年生作物，建园之后往往要连续进行生产十几年甚至几十年，因此特色经济林建园犹如建大楼下地基一样，必须认真分析和研究本地区的具体情况，找出利弊因素，进而扬长避短，充分发挥自身优势，以争取最大经济效益、社会效益和生态效益。

一、苗圃建立

苗圃的任务是使用先进的科学技术，在较短的时间内，以较低的成本，根据市场需求，培育一定数量能适应当地自然条件的丰产优质苗木。为保证苗木的数量和质量，应不断改进育苗技术和提高管理水平，切实做到经济有效地繁殖苗木。

（一）苗圃选择

苗圃选择，应考虑以下条件。

1. 地势

苗圃一般以海拔高度较低的平原地区较好，但必要时也可在高海拔地区适量建园，应选地面平坦、整齐开阔、背风向阳、排水良好、地下水位较低的地方。一般以2°~5°的缓坡地较好。

2. 土壤

以土层深厚、疏松肥沃、有机质丰富的砂壤土为宜。

3. 水源充足

种子萌芽或插条生根发芽，必须保持土壤湿润，而幼苗生长期间根系浅，耐旱力弱，对水分要求更为突出，如果不能保证水分及时供应，会造成果树停止生长，甚至枯死。因此，苗圃一定要有较好的灌溉条件。

4. 交通便利

生产出的苗木便于外运。

5. 无检疫性和危险性病虫害

苗圃必须无检疫性和危险性病虫害。

（二）苗圃区划

专业性苗圃一般要划分为几个小区。

1. 母本区

包括良种母本园和优良砧木园，主要供应良种接穗、砧木和其他繁殖材料。

2. 播种区

本区是培育实生幼苗的区域，播种繁殖是整个育苗工作的基础和关键。实生幼苗对不良环境的抵抗力弱，对土壤质地、肥力和水分条件要求较高，管理要求精细。因此，播种区应选全圃自然条件和经营条件最好的地段，并优先满足其对人力、物力的需要。具体应设在地势平坦、排灌方便、土质优良、土层深厚、土壤肥沃、背风向阳、管理方便的区域，如果是坡地，要选择最好的坡段。

3. 营养繁殖区

该区是培育扦插苗、压条苗、分株苗和嫁接苗的区域。在选择这一作业区时，与播种区的条件要求基本相同。应设在土层深厚、地下水位较高、灌溉方便的地方。但不像播种区那样严格，具体的要求还要依营养繁殖的种类、育苗设施不同而有所差异。

4. 移植区

又叫小苗区，是培育各种移植苗的作业区。由播种区和营养繁殖区中繁殖出来的苗木需要进一步培养成较大的苗木时，便移入该区继续培养。依苗木规格要求和生长速度不同，往往每隔2～3年移植一次，逐渐扩大株行距，增加苗木营养面积。由于移植区占地面积较大，一般设在土壤条件中等、地块大而整齐的地方。同时依苗木的生长习性不同，再进行合理分区安排。

5. 引种驯化区

本区用于栽植从外地引进的果树新品种，目的是观察其生长、繁殖和栽培情况，从中选育出适合本地区栽培的新品种。该区在现代园林苗圃建设中占有重要位置，应给予重视。引种区的面积一般不要过大，但对土壤、水源、管理技术等方面要求较严格，要配备专业人员管理。此区可单独设立试验区或引种区，或二者相结合。

二、实生苗培育

（一）实生苗的特点和利用

凡用种子繁殖的苗木称为实生苗。其繁殖方法简单，易于大量繁殖，且苗木根系发达，生长旺盛，对环境适应性强，生长迅速，寿命长，产量高。实生苗结果晚，变异性大，很难保持原来母本的性状。因此，实生苗多用作嫁接苗的砧木。也可直接用作种植果苗。所有能产生种子的果树都可以繁殖实生苗。

（二）实生苗的培育

1. 种子的采集和贮藏

种子采集总的要求是：品种纯正、无病虫害、充分成熟、籽粒饱满、无混杂。采种时期，依当地的气候和果树种类而不同。采种用的果实，必须在充分成熟时采收，不宜过早。过早采收，种子成熟度差，发芽率低。

果实采收后，若果肉无应用价值，待其变软腐烂时取出种子，堆放厚度不宜超过35厘米，并经常翻动，以免堆内温度过高。果肉有利用价值的，可结合加工取种。冲洗种子的水温不能超过45℃，种子堆放在通风处阴干，避免暴晒。晾干的种子应进一步精选，清除杂物、瘪粒、破粒、畸形籽和病虫籽，使纯度达到95%以上，并行干燥贮藏。在贮藏过程中，影响种子生理活动的主要条件是种子含水量、湿度、温度和通风状况。海棠、杜梨等种子含水量为13%～16%，李、杏、毛桃等种子含水量在20%～24%，板栗、龙眼等种子可保持在30%～40%。空气相对湿度应保持在50%～80%，气温以0～8℃为宜。特别在温度、湿度较高的情况下要注意通风。

2. 种子的后熟和层积及生活力鉴定

北方落叶果树的种子大都有自然休眠的特性，种子休眠主要是因为种胚尚未成熟或尚未通过后熟，不能马上发芽，需要在低温、通气及湿润条件下经过一段时间的处理，种胚才能完成后熟。

层积处理是一种保藏和人工促进种子后熟的方法，它又是许多春播果树种子播前不可缺少的工作。层积过的种子易发芽，芽齐，幼苗长势好；反之，则芽率极低或根本不发芽。种子后熟所需温度1～10℃，以1～3℃最佳。温度低于0℃不利于胚向成熟方面转化，温度太高也不适宜。种子后熟还需要一定的湿度和充足的空气。

为了确定种子质量和计划播种量，应在层积或播种前对种子生活力进行鉴定。常用的方法有：一是外部性状鉴定法，一般生活力强的种子，种皮不皱缩、有光泽，种仁饱满，种胚和子叶具有品种固有色泽，不透明，有弹性，用指按压时不破碎，无霉烂味；二是染色法，用40℃温水浸种1小时，剥去内外种皮，将胚浸入0.1%～0.2%靛蓝胭脂红水溶液或5%红墨水中，在室温下3～5小时，能发芽的种子不会着色，凡是染色的即失去生活力；三是发芽试验，用一定数量的种子，在适宜的条件下，使其发芽，计算发芽百分率。

3. 播种

（1）播种时期　一般分为春播和秋播。冬季不太严寒，土质较好，湿度适宜的地区以秋播为好。秋播可以省去沙藏过程，翌春出苗早，生长期较长，苗木生长旺。各地应在土壤结冻前完成秋播。冬季干旱，土壤黏重，严寒大风地区应春播。春播在土壤解冻后及时进行。河南省宜3月春播，11月秋播。

（2）播种量　单位面积的用种量称为播种量。理论上的播种量可按下列公式计算。

$$\text{每亩播种量}=\frac{\text{每亩计划出圃成苗数}}{\text{每千克种籽粒数}\times\text{发芽率}\times\text{种子纯净度}}$$

实际播种量往往大于理论计算，因为育苗中各个环节都会影响苗木出圃量。

（3）播种方法　分直播和床播两种。直播是将种子直接播在嫁接圃内，直接嫁接出圃。床播是将种子播在预先准备好的苗床中，出苗后移至苗圃地再行嫁接。播种方法有撒播、点播和条播 3 种。小粒种子用撒播，点播多用于大粒种子，条播大小种子均可适用。大粒种子播种时还应注意安放姿势，如核桃种子要侧放，使缝合线与地面垂直，板栗以腹面向下横卧，最易发芽出苗。

（4）播种深度　播种深度应根据种子大小、土壤质地、气候条件等综合考虑。一般播深为种子大小的1～5倍，黏土可稍浅，沙土地宜较深，干旱地宜深，春播者稍浅。海棠、君迁子、杜梨、葡萄1.5～2.5厘米，李、樱桃4厘米左右，桃、杏4～5厘米，板栗、核桃5～6厘米。

（三）播后管理

播后进行地面覆盖麦秸等，防止土壤板结，提高地温，幼苗出土后，及时去除覆盖物，以免幼苗弯曲、黄化。2～3片真叶时，间苗移栽，早定苗。移栽前浇水，挖苗时不伤根，随挖随栽，最好在阴天或傍晚移栽，栽后立即浇水。

幼苗生长期间要中耕除草，追肥3～5次，前期以氮肥为主，后期以磷钾肥为主。若当年秋季嫁接，当苗高30～40厘米时及时摘心，以利加粗生长，并把嫁接部位的萌蘖抹除。生长盛期，每1～2周灌水一次，加强病虫害防治。

三、自根苗培育

（一）自根苗的特点和利用

自根苗是由果树营养器官形成不定根或不定芽而发育成的苗木，通常采用扦插、压条、分株的繁殖方法获得，亦称为无性繁殖苗或营养繁殖苗。自根苗能保持母株的优良性状和特性，变异小，进入结果期早。一般根系较浅，寿命较短。繁殖方法简单，应用广泛。自根苗可直接用作果苗，也可作砧木苗。

葡萄、石榴、无花果、猕猴桃等常用扦插繁殖，枣、石榴、草莓等常用分株繁殖，葡萄也可压条繁殖。

（二）自根苗的繁殖原理

1. 不定根和不定芽的形成

自根苗的繁殖，主要是利用植物营养器官的再生能力发根或发芽，而成长为独立的植株。不定根主要是由根原基的分生组织分化而来。根原基在形成层和髓射线的交叉点上以及形成层内侧。节部的根原基多，最易发根，是不定根形成的主要部位。不定芽是由薄壁细胞分化而来，中柱鞘和形成层也会形成不定芽。不定根和不定芽发生的部位均有极性现象，如扦插的插条总是上部发芽抽生新梢，下部生根。因此，扦插时不要颠倒枝条。

2. 影响生根的因素

（1）内在因素　不同树种、品种其发根、萌芽的难易不同，葡萄易生根，苹果、桃、李生根困难。葡萄中的欧洲种、美洲种较山葡萄发根力强。同一树龄的一年生枝较多年生枝易生根。葡萄枝插易生根，而根插则不易萌芽。同一枝条上其养分状况也影响生根。节上比节间易生根。

（2）外界条件　影响生根的外界条件主要有温度、湿度、光照、土壤及通气条件等。扦插和压条生根最适宜的土温为15～25℃，湿度以土壤最大持水量的60%～80%为宜，空气湿度大利于成活，常用洒水、喷雾或塑料薄膜覆盖来提高空气湿度，以提高成活率，光照对根系发生有抑制作用。因此，插条基部要深埋土中，结构疏松、通气良好的砂壤土，土壤pH值6～7时易生根。

3. 促进生根的方法

（1）机械处理　于新梢停止生长至扦插前，在作插条的基部环剥、刻伤、缢伤等机械处理，增加枝条内含物。在扦插时，加大插条下端伤口，或在基部纵划几刀，加强细胞分裂及根原基形成的能力。

（2）加温处理　利用温床和冷床加温催根，将插条倒插于湿沙中，基部温度保持在20～25℃，喷水保湿，气温8～10℃，能提高扦插成活率。

（3）利用植物生长调节剂　常用的植物生长调节剂有吲哚乙酸、吲哚丁酸、萘乙酸，浓度为5～100毫克/千克，浸插条基部12～24小时，能促进生根。另外，高锰酸钾、硼酸等的0.1%～0.5%溶液及蔗糖、维生素B_{12}水溶液浸插条基部数小时至24小时，也能促进生根。

（三）自根苗的繁殖方法

1. 扦插繁殖

扦插繁殖是利用优良母树上的营养器官插到土壤或其他基质中，使之生根、发芽形成新的植株的繁殖方法。常用的扦插方法有枝插及根插。枝插又分为硬枝扦插和绿枝扦插。

（1）硬枝扦插　用充分成熟（养分充足充实）的一年生枝条扦插。

（2）绿枝扦插　用当年生尚未木质化或半木质化的新梢在生长期进行扦插，叫绿枝扦插，又称嫩枝扦插、软枝扦插。剪成具3～4个芽的插条，扦插于土中长成的苗木，称为扦插繁殖苗木，简称“扦插苗”。

（3）根插　根插时，选根的直径0.4～1厘米，剪成7～15厘米的根段，进行沙藏，春季扦插。苹果、枣、柿、梨、核桃均可用根插，但根插时千万不可倒插。

2. 压条繁殖

压条繁殖是将母株上的枝条压于土中或生根材料中，使其生根后与母树分离而长成新的植株的繁殖方法。凡在枝条不与母树分离的状态下，将枝条采用直接培堆泥土埋压后或环剥净枝条皮层后用生根材料（塘泥、锯屑、牛粪、稻谷壳等）包裹着生根，生根后剪或锯离母树而经假植长成的苗木，称为压条繁殖苗木，简称“圈枝苗”。采用压条繁殖成活率高，可保持母树优良的性状，技术操作易于掌握，但其缺点是易造成母树衰弱。

（1）直立压条法　又称培土压条法。冬季或早春萌芽前将母株基部离地面15～20厘米处剪断，促使发生多数新梢，待新梢长到20厘米以上时，将基部环剥或刻伤，并培土使其生根。培土高度约为新梢高度的一半。当新梢长到40厘米左右时，进行二次培土，一般两次培土即可。秋季扒开培土，分株起苗。桃、李、石榴、无花果、苹果和梨的矮化砧等均可采用此法繁殖。

（2）水平压条法　将枝蔓开沟压入10厘米左右的浅沟内，顶梢露出地面，待各节抽出新梢后，随新梢的增高分次培土，使新梢基部生根，然后分别切离母株。葡萄和苹果矮化砧多用此法。

（3）空中压条法　春季3—4月，选1～2年生枝条，在欲使其生根的基部环剥或刻伤，然后用塑料布卷成筒，套在刻伤部位，先将塑料筒下端绑紧，筒内装入松软肥沃的培养土，并保持一定湿度，再将塑料筒上端绑紧，待生根后与母株分离。

3. 分株繁殖

分株繁殖是利用根部萌蘖芽条，使其分离母树后而长成新的植株的繁殖方法。凡是果树的根上易发生根蘖或靠近根部的茎上易发生分蘖，经分离后长成苗木，称为分根苗或分蘖苗，简称“根蘖苗”。采用根蘖苗时应先将根蘖苗的根系培育旺盛粗壮生长后，才分离母树。否则因根蘖苗依赖母树体内养分，在自身根系少而不完整的情况下，一旦分离母树定植，往往会导致根系吸收养分和水分的不足而引起地上枝叶萎蔫枯死，影响成活率。

（1）根蘖分株法　适用于根上容易发生不定芽而自然长成根蘖苗的树种，例如：枣、山楂、樱桃、石榴、杜梨等。为促使多发生根蘖苗，可在休眠期或萌发前将母株树冠外围部分骨干根切断或刻伤。生长期加强肥水管理，使苗旺盛生长，根系发达。

（2）匍匐茎分株法　草莓的匍匐茎节间着地后，下部生根，上部发芽，切离母体即成新苗。

四、嫁接苗培育

（一）嫁接苗的特点和利用

嫁接繁殖也是营养繁殖的一种方法，是将砧木和接穗，采用嫁接技术而培育长成新的植株的繁殖方法。凡是通过嫁接技术将优良果树某植株上的枝或芽接到另一果树植株的枝、干或根上，接口愈合长成的苗木，称为嫁接繁殖苗木，简称“嫁接苗”。采用嫁接繁殖方法可使砧木的优良性状或特性得以发挥，从而增强了该种果树的某些抗逆性和适应性，同时可保持母树接穗品种的优良性状，最终达到生长快，早果优质丰产稳产的目的。对于无核果树品种和采用扦插、压条、分株不易繁殖的果树品种都可以采用嫁接繁殖来大量繁殖苗木。目前，嫁接繁殖是果树生产中普遍采用的繁殖方法。

（二）嫁接繁殖的原理

1. 嫁接愈合过程

果树嫁接能否成活，愈合是成活的首要条件，主要取决于砧木和接穗间能否密接，产生愈伤组织，并分化形成新的输导组织而相互结合。愈伤组织细胞进一步分化，将砧木和接穗的形成层连接起来，向内形成新的木质部，向外形成新的韧皮部，将两者木质部的导管与韧皮部的筛管沟通，砧穗上下营养交流，两个异质部分结合成一个整体，而成为一新的植株。

2. 影响嫁接成活的因素

果树嫁接后，影响成活的因素很多，主要有以下几个方面。

（1）砧木和接穗的亲和力　亲和力是指砧木和接穗嫁接后，在内部组织结构、生理和遗传特性方面差异程度的大小。无论用哪种嫁接方法，不管在什么样的条件下，砧木和接穗间必须具备一定的亲和力才能嫁接成活。

亲和力的强弱与植物亲缘关系的远近有关，一般规律是亲缘关系越近，亲和力越强。同品种或同种间的亲和力最强，嫁接最易成活。嫁接亲和力弱或完全不亲和，往往影响嫁接成活。

（2）外界条件　嫁接成活在一定程度上受气温、土温、湿度、光照、空气等条件的影响。各种果树形成愈伤组织的最适温度有所不同，一般以20～25℃为宜。空气湿度大，通气好，愈合也好，强光直射能抑制愈伤组织的产生，黑暗有促进作用。

（3）砧木及接穗的质量　砧木与接穗贮藏较多的营养，一般较易成活。嫁接时宜选用生长充实的枝条当接穗。

（4）嫁接技术与管理水平　嫁接技术的优劣直接影响接口切削的平滑程度和嫁接速度。若削面不平滑，影响愈合。嫁接速度快而熟练，可避免削面风干或氧化变色，且嫁接成活率高，管理水平高，易成活。

（三）砧木和接穗的选择

1. 选择砧木的条件

与接穗品种亲和力好；对当地气候、土壤适应性强；对接穗品种生长结果有良好影响；对病虫害抵抗力强；来源丰富，繁殖容易。

2. 选择接穗的条件

适应当地生态条件，市场前景好的良种；结果三年以上，性状稳定，无检疫性病虫害的母树；树冠外围中上部，枝芽饱满的一年生枝。

（四）嫁接的主要方法

我国是世界上采用嫁接繁殖果树最早的国家之一，其嫁接方法很多，大致可分为枝接、芽接、根接三大类。

1. 枝接

采用植株的一段枝条作接穗进行嫁接，适用于较粗的砧木，包括腹接、劈接、皮下接、插皮接、切接、舌接、靠接、桥接等。枝接多在谷雨前、芽未萌发时进行。黄河流域以南的河南省，在冬季也可埋土枝接，枝接的最主要优点是接苗生长快，但使用接穗多。

（1）劈接

①砧木处理。在无节处剪断或锯断，将断口修整平滑，断面中央向下垂直劈开深3～5厘米的伤口。

②接穗处理。选取8～10厘米长的接穗，下端削成两面等长的平滑斜面，削面长3～5厘米，上端留2～4个饱满芽，顶芽留在外侧。

③接合。把削好的接穗插入劈口内，使接穗和砧木紧密吻合，插入接穗时，要“露白”，立即包扎。

（2）皮接　要求砧木直径应在2厘米以上，在接穗发芽以前、砧木离皮以后进行，一般在4月中旬至5月上旬为宜。

①砧木处理。选择砧木光滑的部位，向上斜削一刀，露出形成层，沿切口向下直划一刀，长1.5～2厘米，然后左右拨开皮层。

②接穗处理。在接穗上选取2～4个饱满芽，上端剪平，并在下端芽的下部背面一刀削成3～5厘米长的平滑大切面，并在削面两侧轻轻削两刀，露出形成层为宜，然后在大切面尖端的另一面再削一个小切面，以便插入湿布包好待用。

③接合。将接穗大切面朝里插入砧木的韧皮部和木质部之间，深达接穗大切面的一半以上，露白0.5～1厘米，用嫁接膜包扎。

（3）切接　切接方法与劈接相近，适用于较细的砧木。

①砧木处理。离地4～8厘米选平滑处剪断砧木，修平剪口，在断面边缘向上斜削一刀，露出形成层，然后沿形成层笔直下切2厘米。

②接穗处理。在芽下0.5厘米处削1.5～2厘米的削面，不带或稍带木质部，在长削面对面尖端削长约1厘米的小切面，芽留在小切面，在芽上方0.5厘米处剪断即可。

③接合。将大切面朝里，小切面朝外插入砧木切口，使接穗与砧木形成层对齐，两边对齐，然后用塑料布条绑紧。

2. 芽接

是在砧木接口处仅嫁接一个芽片，这是应用最广的一种方法，春、夏、秋三季只要树皮离皮，均可进行，但以秋季应用最多。芽接有“T”形芽接、嵌合芽接、方块芽接等多种方法。

（1）“T”形芽接　适用于一年生小砧木，在皮层易剥离时进行。

①砧木处理。离地面5～8厘米处，选光滑处横切一刀，深达木质部，在横切口下纵切一刀，伤口呈“T”形，然后用刀尖向左右拨开成三角形切口。

②接穗处理。在选好的芽上方0.5厘米处横切一刀，深达木质部，在芽下方1厘米处向上斜削一刀，使芽片呈盾形。

③接合。将削好的芽片插入砧木的三角形伤口内，芽片上端与砧木横切口紧密相

接，并做好绑缚。

（2）嵌合芽接

①砧木处理。在选定部位斜削一刀，深达木质部且稍长于芽片。

②接穗处理。在芽上方0.5～0.8厘米处向下斜削一刀，削面长1.5～2厘米，可稍带木质部，然后在芽下方0.8～1厘米处45°角斜切一刀，取下芽片。

③接合。将芽片嵌入砧木切口内，对齐形成层，包扎时两头稍紧，中间稍松。

（3）方块芽接　适用于核桃、柿等厚皮树种。

①砧木处理。在砧木光滑处按芽片大小刮除一块树皮。

②接穗处理。在芽的上下左右处各切一刀，深达木质部，取下方形芽片。

③接合。将芽片贴在削好的砧木切口上，四边切口对齐贴紧，绑膜包扎。

3. 根接

根接是以砧木树种的根系为砧木，嫁接所需树种接穗的苗木繁育技术 。苹果、梨、桃、李等树种均可采用根接法繁殖。它具有嫁接时间长，原材料来源广，成活率高，长势旺等特点，是果树育苗的一种好办法。但从栽培果树上采取根系，易削弱树势。

（1）根接时间　1月至3月中旬，利用深冬早春农闲时期，在室内进行嫁接。

（2）原料准备　选择亲合力强的树种作砧木，如嫁接苹果用海棠、山梨、杜梨的根等。

①砧木来源。将起苗后残留的根、果树根蘖苗的根或野生砧木的根挖出，选择粗细适中带须根的根系，保温存放。

②接穗来源。利用冬剪下来的水分充足、芽眼饱满、无病虫害的1～2年生枝条作接穗。

（3）根接方法　以劈接为主（也可用倒腹接、插皮接、贴枝装根等办法）。把砧木剪成10厘米长的根段，将根段上端剪平，沿平面中间垂直劈2.5～3厘米长的口；选取有2个饱满芽的接穗，下端削成2厘米上宽下窄的楔形；将接穗削面插入根段劈口内，使根与接穗的形成层对准密接，不要错位；然后用塑料条捆扎严紧，接好后移至室外沙藏。

（4）沙藏　挖深60厘米的沟，长度和宽度根据需要而定。沟底铺10厘米厚的湿沙，湿沙以手握成团，落地即散为好。将接好的根穗移入沟内，用湿沙灌满盖严，4月上旬伤口愈合，即可育苗。如果春接春育，根枝接好后，可置于温床促进愈合，2周后再育苗。

（5）注意事项　一是在嫁接和根穗保存过程中，要遮光保湿，严防根穗失水，确保质量。二是接好的成品移动时，要轻拿轻放，不要碰撞接穗，确保接穗不移位。三是育苗时要先将苗畦灌水保墒，待水渗下去后再下地育苗，切莫浇水过早影响成活。

（五）嫁接后的管理

(1) 检查成活与补接　芽接后15天、枝接35～40天即可检查成活情况，同时解膜，秋季嫁接可在翌年萌芽前解膜。

（2）适时剪砧　芽接和腹接可结合检查成活率7～10天剪砧或折砧。

（3）除萌　剪砧后，及时抹除砧木萌蘖，但要适当留一些起到辅养作用，不要抹净。

（4）设立支柱　当嫁接苗高15厘米左右时，设立支柱保证苗木直立生长。

（5）施肥　嫁接前10～15天施速效肥一次；嫁接成活剪砧后，视不同果树种类和苗木生长情况施肥，一般每月一次。薄肥勤施，前期以氮肥为主，后期控施氮肥，增施磷、钾肥。9月上旬后停止施肥。

（6）田间管理　及时中耕除草、水分管理及病虫防治等。

五、苗木出圃

（一）出圃准备

起苗前1周对苗木灌水，准备包扎物，清理苗木并进行质量评估。

（二）起苗

落叶果树从落叶到春季树液流动前起苗，常绿果树一般萌芽前起苗。起苗可用刃口锋利的镢头、铁锨或起苗犁等工具，用镢头或铁锨起苗时，先在苗行的外侧开一条沟，然后按次序顺行起苗。起苗深度一般是25～30厘米。起苗时应避开大风天气。

（三）分级与修整

1. 分级

按照国家及地方标准对不同果树苗木出圃规格进行选苗分级。

2. 苗木出圃标准

品种纯正（包括接穗和砧木），根系发达，主根短直，侧须根多，分布均匀，根茎比小；枝干充实，粗壮匀称，具备该品种应有的光泽；在整形带内具有足够的饱满芽，接口完全愈合，表面光滑，无严重的病虫害和机械损伤。

3. 修整

剪掉带病虫枝梢、受伤的枝梢、不充实的秋梢及过长或畸形的根系。

（四）检疫与消毒

1. 植物检疫

凡果园苗圃，要向当地森林病虫害防治检疫站申请产地检疫，森检机构派检疫员对苗圃进行检疫，经检疫合格的发放苗木产地检疫合格证，外运苗时，持证可直接换取森林植物检疫证书，凡带有检疫对象的苗木，要进行除害处理，不得出圃销售。未申请产地检疫的苗木出圃时要严格检疫，列入检疫对象的病虫害有黑星病、核桃枯萎病、枣疯病、绵蚜、葡萄根瘤蚜、美国白蛾等。发现带有检疫对象的苗木，应立即集中烧毁。苗木出圃后，须经过检疫，才能调运。

2. 杀菌灭虫

常用3~5波美度石硫合剂喷洒或浸苗10~20分钟，然后用清水冲洗根部。带有害虫的苗木，亦可选用相应的杀虫剂。

（五）包装运输与储藏

1. 苗木调运

外调苗木，要及时包装调运。苗木包装材料，一般用草袋、蒲包等。为保持根系湿润，包装内用湿润的苔藓、木屑、稻壳、碎稻草等材料作填充物。包装可按品种和苗木的大小，每50～100株一捆，挂好标牌，注明产地、树种、品种、数量和等级。冬季调运苗木，还要做好防寒保温工作。

2. 苗木假植

苗木假植应选择背风向阳、地势平坦、排水良好、土质疏松的地块，北方挖沟，沟宽1米，沟深以苗木高矮，长以苗木多少而定，假植时，将分级和挂牌的苗木向南倾斜置于沟中，分层排列，苗木间填入疏松湿土，使土壤与根系密接，最后覆土厚度为苗高的1/2~2/3，并高出地面15～20厘米，以利排水。

六、果园建立

（一）园地选择

园地选择必须以生态区划为依据，选择果树最适生长的气候区域。在灾害性天气频繁发生，而目前又无有效办法防止的地区不宜选作园地。选择园地时必须考虑两大方面的因素，即自然因素和社会因素。

1. 自然条件

自然条件包括拟建园地区的地形、地貌、农业气候条件、土壤条件、水源及环境污染情况等。

（1）地形、地貌　包括地势高度、坡度、坡向、坡形以及谷地、盆地、地面的起伏情况等。果园要求一般平地或坡度低于20°的山坡地均可，但须避免在排水不良的凹地及地下水位常年较高的地带建园。

对果树来说，由于高海拔地区的直射光强度和紫外线含量较高，因而果树表现为较易形成花芽，果实着色鲜艳，品质好。

在平地，建果园要求形状方正，方位正南（或略偏东或偏西），以最大限度地利用光照，有利于田园机械化作业。在山坡地建果园时，则对果园的形状无特别要求，但应注意选择坡向。南坡光照最好，背风向阳，最适合建园；东坡上午光照好而下午光照较差，自然条件不如南坡，但也可以建园；西坡上午光照较差，下午光照较好，自然光照强度的变化与植物光合作用的日变化规律相反，有时还会出现树干和果实的日灼现象，因此比东坡的条件稍差，也可以建园；北坡光照一般不如南坡，会影响到果实产品的品质，但在坡度小于5°的缓坡地带则与南坡差别不大，因此，能否在北坡建园及建园后种植什么种类的果树，要看坡度而定。

（2）农业气象条件　包括年降水量、日照时数、极端低温和高温、年有效积温、大风等，着重了解拟建园地区的小气候及灾害性天气发生的情况，以便确定能否建园和建园后拟发展的果树种类和品种及与之相适应的栽培方式、栽培模式和病虫害防治措施，有针对性地克服或减少不利因素的影响。

（3）土壤条件　土壤情况主要包括土壤的通气性、保肥性和保水性、透水性、土壤类型、土层厚度、土壤的酸碱度、地下水位、有机质及主要营养元素的含量等。果树的根系较深，耐瘠薄能力和适应能力较强，因此对土壤肥力的要求不太严格，一般砂壤土、壤土、细沙土上均可建果园，但以透气性好、保肥水能力较强的砂壤土为最好，园地的常年地下水位应在1.5米以下。

（4）水源　果树需水量大多比较大，因此建种植园时，必须有充足的水源保证。水源包括年降水情况、地下水资源、河流及湖泊等，在年降水量较小的地区必须有灌溉条件做保证。

（5）环境污染情况　主要指空气和水源的污染，一般的污染物目前多指重金属离子、二氧化硫、二氧化氮、氟化物、氰化物、砷化物、粉尘、烟尘等。

拟建园地的附近不应有对环境污染较严重的工厂，如化工厂、炼钢厂、砖瓦厂、石灰厂等。这类工厂往往排出一些废水、废气及烟雾、粉尘等污染大气和地下水，轻者则污染果实产品，使果实的外观品质和内在品质均下降、含有毒物质等，食用后对人体有害，影响了产品的食用价值和观赏价值。严重者妨碍果树正常生长发育或导致死亡，造成减产或绝产。因此，拟建园的地点应远离污染源，灌溉水和空气质量应符合国家无公害果品产地环境质量要求。

2. 社会条件

（1）市场需求情况　建园时必须根据果品的特点，考察了解拟建果园所对应的销售市场状况、对象和范围、居民消费习惯和水平等。绝不可不考虑市场状况，盲目建园，否则建园后产品滞销，就会造成不可弥补的损失。

不同地区的经济条件差异较大，同一地区的不同消费者之间经济条件差异也很大，经济条件的差异决定了其消费水平的高低，这就要求生产者要把握好各个层次消费者的数量及比例，以便确定所生产的各档次果树产品的数量。

（2）交通和运输　交通便利是建园的先决条件，便利的交通还可弥补距离市场较远带来的欠缺。离市场的远近也是确定种植的种类和品种必须考虑的因素之一，因为不同的果品的耐运输性能差别很大，有些可以远距离运输，有些则不宜远距离运输。

（3）经济状况　经济状况决定了建园者的投资能力和所产商品的档次，同时地区的经济状况也决定了当地的总体消费水平。

（4）劳动力状况　劳动力的数量、劳动力价格、文化素质和技术水平直接影响到种植园的生产管理质量和经济效益，因此，在选择和确定建园地点时也必须对当地的劳动力状况进行考察。

（5）传统的生产模式和生产技术水平　包括当地过去有无种植果树的历史，人们的生产习惯和生产观念如何，生产水平如何，基础设施状况和机械化水平如何等。

（二）园地规划设计

合理进行园地规划设计是保证高质量建园的基础，园地规划设计合理与否，直接关系到若干年以后果树的生长发育状况、种植园操作管理时的方便程度、工作效率和经济效益。

1. 规划依据

一个地区应当发展什么果树，或一种果树应当在什么地区、地块发展，不应是随意、主观决策的，应有深入细致的调查研究和反复论证作为依据。调查研究的主要地点应以本地为主，外地为辅。调查研究的主要内容包括以下几方面。一是党和政府的政策、法规，包括地区经济、社会发展的方针，特别是农业种植业的发展方针，城乡发展规划。二是自然环境条件和资源，包括降水、温度、日照、湿度、地下水、风向风力、自然灾害等气象条件；地形、地势、土质、土壤利用和植被情况；水源、矿产及天然能源；生态与污染现状等。三是社会经济及人文条件，包括人口、农业劳动力资源、经济状况、工业和商业、交通的发达与否；种植业水平，特别是已有果树生产水平、有无特优产品；农业劳动力素质等。四是市场。五是发展生产的投资情况。上述情况的调查，有的需要依据实际数据绘制图示，如土壤分布图、植被图、水源状况等；有的则要依据实际数据编写出说明书，如社会经济及人文方面的情况。在这些工作的基础上再论证发展什么和怎样发展。

2. 果树园地规划

（1）小区的划分　小区也叫作业区，是果园土壤耕作和栽培管理的基本单位。划分小区应根据果园面积、地形等情况进行，应使同一小区内的地势、土壤、气候等条件尽可能保持一致，以便于统一生产管理和机械作业。

平地果园条件较为一致，小区面积以50～150亩为宜；山坡与丘陵地果园地形复杂，土壤、坡度、光照等差异较大，耕作管理不便，小区面积15～30亩即可；统一规划而分散承包经营的小果园，可以不划分小区，以承包户为单位，划分成作业田块。

小区形状在平地果园应呈长方形，以便于机械化作业，其长边尽量与当地主风方向垂直，以增强抗风能力；山地果园小区的形状以带状为宜，或随特殊地形而定，其长边最好在同一等高线上，以便整修梯田和保持水土。

（2）道路　果园应规划必要的道路，以满足生产需要，减轻劳动强度，提高工作效率。道路的布局应与栽植小区、排灌系统、防护林、储运及生活设施等相协调。在合理便捷的前提下尽量缩短距离，以减少用地，降低投资。面积在120亩以上的果园，应设置2～3级道路系统。干路应与附近公路相接，园内与办公区、生活区、储藏转运场所相连，并尽可能贯通全园。干路路面宽6～8米，能保证汽车或大型拖拉机对开；支路连接干路和小路，贯穿于各小区之间，路面宽4～5米，便于耕作机具或机动车通行；小路是小区内为了便于管理而设置的作业道路，路面宽1～3米，也可根据需要临时设置。

山地或丘陵地果园应顺山坡修盘山路或“之”字形干路。支路应连通各等高台田，并选在小区边缘和山坡两侧沟旁。山地果园的道路，不能设在集水沟附近。在路的内侧修排水沟，并使路面稍向内倾斜，使行车安全，减少冲刷，保护路面。

（3）山地果园水土保持工程

①水平梯田。水平梯田是山地水土保持的有效方法，也是加厚土层、提高肥力、促进果树生长的重要措施。

②等高撩壕。在坡面上按等高线挖横向浅沟，将挖出的土堆在沟的外侧筑成土埂，称为撩壕。果树栽在土埂外侧。此法能有效地控制地面径流，拦蓄雨水，当雨量过大时，壕沟又可以排水，防止土壤冲刷。撩壕对坡面土壤的层次和肥力状况破坏不大，能增加活土层厚度，有利于幼树生长发育。但撩壕后的果园地面不平，会给管理工作带来不便。另外，在坡度超过15°时，撩壕堆土困难，壕外侧土壤流失严重。因此，撩壕只适宜在坡度为5°～10°且土层深厚的平缓地段应用。

③鱼鳞坑。鱼鳞坑是一种面积极小的单株台田，由于其形似鱼鳞，故称“鱼鳞

坑”，此法适于坡度大、地形复杂、不易修筑梯田和撩壕的山坡。修鱼鳞坑时，先按等高原则定点，确定基线和中轴线，然后在中轴线上按株行距定出栽植点，并以栽植点为中心，由上部取土，修成外高内低半月形的小台田，台田外缘用土或石块堆砌，拦蓄雨水供果树吸收利用。

（4）灌排系统

①灌溉系统。灌溉方式有渠灌、喷灌、滴灌和渗灌等。

渠灌主要是规划干渠、支渠。渠道的深浅与宽窄应根据水的流量而定，渠道的分布应与道路、防护林等规划结合，使路、渠、林配套。在有利灌溉前提下，尽可能缩短渠道长度。渠道应保持0.1%～0.3%的比降，并设立在稍高处，以便引水灌溉。山地果园的干渠应沿等高线设在上坡，落差大的地方要设跌水槽，以免冲坏渠体。

近年来应用较多的有喷灌、滴灌和渗灌等。

②排水系统。平地果园的排水方式主要有明沟排水与暗沟排水两种。排水系统主要由园外或贯穿园内的排水沟、区间的排水沟、支沟和小区内的排水沟组成。各级排水沟相互连接，干沟的末端有出水口，便于将水顺利进行排出园外。小区内的排水小沟一般深度50～80厘米；排水支沟深100厘米左右；排水干沟深120～150厘米，使地下水位降到100～120厘米。盐碱地果园，为防止土壤返盐，各级排水沟应适当加深。

暗沟排水是在地下埋设瓦管管道或石砾、竹筒、秸秆等其他材料构成排水系统。此法不占地面，不影响耕作，但造价较高。

山地果园主要考虑排除山洪。其排水系统包括拦洪沟、排水沟和背沟等。拦洪沟是在果园上方沿等高线设置的一条较深的沟。作用是将上部山坡的洪水拦截并导入排水沟或蓄水池中，保护果园免遭冲毁。拦洪沟的规格应根据果园上部集水面积与最大降水强度时的流量而定，一般宽度和深度为1～1.5米，比降0.3%～0.5%。并在适当位置修建蓄水池，使排水与蓄水结合进行。山地果园的排水沟应设置在集水线上，方向与等高线相交，汇集梯田背沟排出的水而排出园外。排水沟的宽度50～80厘米，深度80～100厘米。在梯田内修筑背沟（也称集水沟），沟宽30～40厘米，深20～30厘米，保持0.3%～0.5%的比降，使梯田表面的水流入背沟，再通过背沟导入排水沟。

（5）配套设施　果园内的各项生产、生活用的配套设施，主要有管理用房、宿舍、库房（农药、肥料、工具、机械库等）、果品储藏库、包装场、晒场、机井、蓄水池、药池、沼气池、加工厂、饲养场和积肥场地等。配套设施应根据果园规模、生产生活需要、交通和水电供应条件等进行合理规划设计。通常管理用房建在果园中心位置；包装与堆贮场应设在交通方便相对适中的地方；储藏库设在阴凉背风连接干路处；农药库设在安全的地方；配药池应设在水源方便处，饲养场应远离办公和生活区，山地果园的饲养场宜设在积肥、运肥方便的较高处。

（6）防护林的设置

①防护林的作用。果园营造防护林能降低风速、保持水土、调节温度、增加湿度，改善果园生态气候条件。还可以提供蜜源、肥源、编条等林副产品，增加果园收入。

②防护林类型及效应。根据林带的结构和防风效应可分为3种类型。

A. 紧密型林带：由乔木、亚乔木和灌木组成，林带上下密闭，透风能力差，风速

3～4米/秒的气流很少透过，透风系数小于0.3。在迎风面形成高气压，迫使气流上升，跨过林带的上部后，迅速下降恢复原来的速度，因而防护距离较短，但在防护范围内的效果显著。在林缘附近易形成高大的雪堆或沙堆。

B. 稀疏型林带：由乔木和灌木组成，林带松散稀疏，风速3～4米/秒的气流可以部分通过林带，方向不改变，透风系数为0.3～0.5。背风面风速最小区出现在林高的3～5倍处。

C. 透风型林带：一般由乔木构成，林带下部（高1.5～2米处）有很大空隙透风，透风系数为0.5～0.7。背风面最小风速区为林高的5～10倍处。

一般认为果园的防护林以营造稀疏型或透风型为好。在平地防护林可使树高20～25倍距离内的风速降低一半。在山谷、坡地上部设紧密型林带，而坡下部设透风或稀疏林带，可及时排除冷空气，防止霜冻为害。

③防护林树种的选择。用作防护林的树种必须能适应当地环境条件，抗逆性强，尽可能选用乡土树种，同时要求生长迅速、枝叶繁茂且寿命较长，具有良好的防风效果；防护林对果树的负面作用要尽可能小，如与果树无共同性病虫害，根蘖少又不串根，并且不是果树病虫害的中间寄主。此外，防护林最好有较高的经济价值。乔木树种可选杨、柳、楸、榆、刺槐、椿、泡桐、黑枣、核桃、银杏、山楂、枣、杏、柿和桑等；灌木树种可选紫穗槐、酸枣、杞柳、柽柳、毛樱桃等。

④防护林的营造。山地果园营造防护林除防风外，还有防止水土流失的作用。一般由5～8行组成，风大地区可增至10行，最好乔木与灌木混交。主林带间距300～400米，带内株距1～1.5米，行距2～2.5米。为了避免坡地冷空气聚集，林带应留缺口，使冷空气能够下流。林带应与道路结合，并尽量利用分水岭和沟边营造。果园背风时，防护林设于分水岭；迎风时，设于果园下部；如果风来自果园两侧，可在自然沟两岸营造。

平地、沙滩地果园应营造防风固沙林。一般在果园四周栽2～4行高大乔木，迎风面设置一条较宽的主林带，方向与主风向垂直，通常由5～7行树组成。主林带间距300～400米。为了增强林带的防风效果，与主林带垂直营造副林带，由2～5行树组成，带距300～600米。

（7）果树树种和品种选择　正确选择果树种类和品种，是实现优质、丰产、高效的重要前提。首先，在选择树种、品种时，应根据区域化、良种化的要求，因地制宜地确定发展果树的种类、品种。充分考虑不同树种、品种的生物学特性，结合当地的地形、气候、土壤等生态环境条件，做到适地适栽。其次，以市场为导向，以优质、营养为生产目标，以名、特、优、新品种为主，引进国内外优良品种，集中开发。但对引进新品种必须通过区域试验、生产试栽等程序，经鉴定通过后，才能大面积发展。最后，根据果品销售主要渠道的需要，结合果园所处的地理位置、交通状况等，合理搭配早熟、中熟、晚熟品种，鲜食与加工品种的比例。但是作为生产果园树种和品种都不宜过多，一般主栽树种1个，主栽品种2～3个即可，考虑早熟、中熟、晚熟品种和不同用途的品种搭配。若是兼观光旅游的果园，树种和品种可适当增多，但随着树种和品种的增多，会给生产管理增添许多困难，因此应选用易栽培管理的品种，同时注意不同树种的分区种植，避免混栽。

（8）授粉树的配置　果树属异花授粉植物，绝大多数种类和品种自花不实，或自花结实率很低。进行异花授粉后，坐果率提高，果形端正，外观和品质更好。因此，建园时必须配置授粉树。授粉树的配置，并不是任意将两个品种栽在一起就能相互授粉。必须选择适宜的品种组合，按比例搭配，确定合理的配置方式，才能保证授粉质量，有效地提高坐果率和果实品质。

①授粉树应具备的条件。授粉品种应同时具备以下条件：必须与主栽品种花期一致，且能产生大量发芽率高的花粉；与主栽品种授粉亲和力强，最好能相互授粉；授粉树的生长结果习性要与主栽品种相匹配，即与主栽品种长势相仿，树体大小接近，能同时进入结果期，开花期基本一致；进入结果期较早或与主栽品种同时进入结果期，且无明显的大小年结果现象。

②授粉树的配置比例。授粉树与主栽品种的配置比例，应根据授粉树品种质量及授粉效果等因素来确定，一般从以下几个方面考虑：授粉品种丰产性强，果实品质优良，可以加大授粉品种比例，甚至实行等量栽植；授粉品种花粉质量好，授粉结实率高，为了保持主栽品种较高比例，可适当少栽授粉品种，但不能少于15%，若授粉效果稍差，应保持在20%以上；主栽品种不能为授粉品种提供花粉时，还应增加品种，解决授粉品种的授粉问题。

③授粉树的配置方式。授粉树的配置方式，应根据授粉品种所占比例、果园栽培品种的数量和地形等确定。通常采用的配置方式有以下3种。中心式：授粉树较少时，为能均匀授粉，提高受精结实率，每9株配置1株授粉树于中心位置。行列式：大面积果园，为管理方便，将主栽品种与授粉品种分别成行栽植，授粉树较少时，每间隔3～4行主栽品种配置1～2行授粉品种，如果授粉品种也是主栽品种之一，可间隔3～4行等量相间栽植。复合行列式：两个品种不能相互授粉，须配置第三个品种进行授粉，每个品种1～2行间隔栽植。

七、果树的定植

定植是指将育好的果苗移栽于果园中的作业，定植后植株将在固定的位置一直生长到生命周期结束或将近结束。而将果苗从一个苗圃移栽于另一个苗圃，则称之为移植或假植。定植是种植园生产的开始，这一过程要把握好定植时期、定植密度、定植方式等方面的问题。

（一）定植时期

一般落叶果树在秋季植株落叶后或春季发芽前定植为宜。常绿果树，在春夏秋均能进行定植，以新梢停止生长时较好；春夏移植时应注意去掉一些枝叶，减少水分蒸发，也可剪除一些过长的根系，不要将根系团曲在定植穴内，影响根系向下和向四周的扩展。

（二）定植密度

定植密度是指单位土地面积上栽植果树的株数，也常用株行距大小表示。为了最大限度地利用光热和土地资源，必须合理密植。密植的合理性在于果树生育期里群体结构既能保证产品产量高，又能保证产品品质优良，同时还便于田间操作管理。

影响作物定植密度的因素很多，果树的种类和品种、当地气候和土壤条件、栽培方式和技术水平等均与栽植密度有关。

1. 果树种类、品种和砧木

每种果树都有本种类典型的植株高矮、大小，常用冠幅表示。不同果树的冠幅是确定其栽植密度的主要依据。果树的种类、品种间冠幅差别更大，定植密度差异也就很大。例如：普通苹果的冠幅一般为4～6米，而短枝型苹果品种的冠幅只有2.5～4米，适宜密植。果树多以嫁接苗定植，砧木的种类、使用方式和砧穗组合不同，树冠大小也不同。一般普通品种/乔化砧＞短枝型品种/乔化砧；普通品种/半矮化砧＞普通品种/矮化砧。同一种矮化砧，用作中间砧比自根砧树冠大，则其栽植密度应减小。

2. 气候和土壤条件

一般而言，光热水条件好，土壤深厚而肥沃，任何植物的生长潜能都会得到更充分的展示，表现冠幅较大，因此在这种条件下应适当稀植。相反条件下，则任何植物的冠幅均较小，应适当密植，以群体株数多获得高产。但有时气候和土壤条件很差时，也不宜过密。如在干旱的地区，密植时作物的水分需求得不到保证，群体产量与质量也不高；在寒冷地区种植葡萄，越冬需埋土防寒，则必须留出较大的行间距，以便于取土。

3. 栽培方式

果树栽培方式多种多样，可采用支架栽培、地面匍匐栽培和篱壁式栽培，同样的品种，定植密度也不同。例如：葡萄篱架栽培的密度一般为1 666～5 000株/公顷，而棚架栽植的密度只有625～2 500株/公顷。

4. 栽培技术水平

通常栽植密度越大对技术水平要求越高，密植以后应当有相应的技术措施做保证。否则，会因定植密度过大造成茎叶（枝干）徒长，群体和植株冠内通风透光不良，最终导致果产品的产量低，质量差，经济效益不好。果树建园的定植密度可参考表1–2。

表1–2　北方主要果树栽植密度

<table>
<tr><th rowspan="2">果树种类</th><th rowspan="2">砧木与品种组合（架式）</th><th colspan="2">栽植距离（米）</th><th rowspan="2">每亩株数</th><th rowspan="2">备注</th></tr>
<tr><th>行距</th><th>株距</th></tr>
<tr><td rowspan="6">苹果</td><td rowspan="2">普通型品种/乔化砧</td><td>4～5</td><td>3～4</td><td>33～56</td><td>山地、丘陵</td></tr>
<tr><td>5～6</td><td>3～4</td><td>28～44</td><td>平地</td></tr>
<tr><td rowspan="2">普通型品种/矮化中间砧
短枝型品种/乔化砧</td><td>4</td><td>2</td><td>83</td><td>山地、丘陵</td></tr>
<tr><td>4</td><td>2～3</td><td>56～83</td><td>平地</td></tr>
<tr><td rowspan="2">短枝型品种/矮化中间砧
短枝型品种/矮化砧</td><td>3～4</td><td>1.5</td><td>111～148</td><td>山地、丘陵</td></tr>
<tr><td>3～4</td><td>2</td><td>83～111</td><td>平地</td></tr>
<tr><td rowspan="2">梨</td><td>普通型品种/乔化砧</td><td>4～6</td><td>3～5</td><td>33～56</td><td></td></tr>
<tr><td>普通型品种/矮化砧
短枝型/乔化砧</td><td>3.5～5</td><td>2～4</td><td>33～95</td><td></td></tr>
<tr><td>桃</td><td>普通型品种/乔化砧</td><td>4～6</td><td>2～4</td><td>28～83</td><td></td></tr>
<tr><td>杏</td><td>普通型品种/乔化砧</td><td>4～6</td><td>3～4</td><td>28～56</td><td></td></tr>
<tr><td>李</td><td>普通型品种/乔化砧</td><td>4～6</td><td>3～4</td><td>28～56</td><td></td></tr>
</table>

（续表）

果树种类	砧木与品种组合（架式）	栽植距离（米）		每亩株数	备注
		行距	株距		
葡萄	小棚架	3～4	0.5～1	166～444	
	自由扇形、单干双臂	2～2.5	1～2	134～333	
	高宽垂	2.5～3.5	1～2	95～267	
樱桃	大樱桃	4～5	3～4	33～56	
核桃	早实型品种	4～5	3～4	33～56	
	晚实型品种	5～7	4～6	16～33	
板栗	普通型品种/乔化砧	5～7	4～6	16～33	
	短枝型品种/乔化砧	4～5	3～4	33～56	
柿	普通型品种/乔化砧	5～8	3～6	14～44	
枣	普通型品种	4～6	3～5	22～56	
	枣粮间作	8～12	4～6	9～21	
山楂	普通型品种/乔化砧	4～5	3～4	33～56	
石榴	普通型品种	4～5	3～4	33～56	
猕猴桃	“T”形架	3.5～4	2.5～3	55～76	
	大棚架	4	3～4	42～55	
草莓	普通型品种	0.25～0.35	0.15～0.18	7 000～10 000	

（三）定植方式

定植方式即定植穴或单株之间的几何图形。生产上常用的定植方式如下。

1. 长方形定植

长方形定植是生产上广泛采用的定植方式。特点是行距大于株距，株距一般稍小于或等于冠幅，通风透光良好，便于机械耕作。生产上，果树多采用这种方式。果树定植时，一般以南北行向定植为好，尤其是平地果园，南北行向较东西行向树体受光量大而均匀，果实品质好。

2. 正方形定植

正方形定植行距和株距相等。植株呈正方形排列，便于横向、纵向作业管理，但密植时易郁闭，稀植时土地利用不合理，不利于间作和机械化操作。

3. 带状定植

带状定植即宽窄行定植，一般双行或3～4行成一带。带内的行距较小，带间距较大，便于带间操作管理。带内通风透光条件稍差，带间较好。在果树生产上应用较少。

4. 三角形定植

三角形定植即相邻行的植株位置相互错开，与隔行植株相对应，相邻3株呈正三角形或等腰三角形。这种定植方式较适宜密植，但生产管理不方便。

5. 等高定植

等高定植即同一行树沿着等高线定植，适于山地丘陵地果园。

6. 计划定植

计划定植又称变化定植，为了充分利用土地，一些多年生果树，在幼树时树冠还不大，栽植密度可大些，待果树长大后，果园出现郁闭时进行有计划的间伐。

（四）种苗准备与处理

（1）品种核对　栽植前必须对苗木进行品种核对、登记、挂牌，发现差错及时纠正，以免定植混乱。

（2）苗木分级　对苗木分级可保证定植后的苗木整齐，整个果园树相整齐，同时还可以剔除弱苗、病苗、伤苗等。对苗木分级的主要参考指标：根系发达且较完整；地上部生长健壮，整形带内芽体饱满完好；若是嫁接苗，则嫁接口愈合良好；无病虫害。

（3）苗木处理　对于远距离运输的苗木，在运输途中可能会失水，应用清水浸根一昼夜。另外，为促进生根，可在定植前用生长素类的生长调节剂蘸根处理。

（4）苗木消毒　对于从外地调运的苗木均要进行消毒处理，以减轻病虫害的发生，尤其是检疫性病虫害的扩散。消毒方法如下。

①杀菌处理。可用3～5波美度的石硫合剂液，或用1：1：100的波尔多液浸苗根系10～20分钟，或用0.1%～0.2%的硫酸铜液浸苗根系5分钟，或用0.1%的氯化汞（升汞）浸苗根系20分钟，再用清水冲洗干净。

②灭虫处理。可用氰酸气熏蒸。操作方法：在密闭的屋内，每100平方米容积的空间用氰酸钾30克，硫酸45克，水90毫升，熏蒸1小时。熏蒸时关好门窗，先将硫酸倒入水中，再将氰酸钾倒入，1小时后打开门窗，待氰酸气散发完毕后，人方能入室取苗。

（5）苗木假植　苗木不能立即定植时，应先假植起来。假植方法：在避风、背阴、易排水的地点挖南北向假植沟，深60～80厘米，宽100厘米，苗干向南倾斜45°放入沟中，将苗干1/3~1/2埋土，使根系与土壤密接，浇透水。

（五）整地技术

果树的整地主要包括以下两点：

（1）土壤改良　我国目前主要在山地、丘陵地、沙滩地等理化性质不良的土地上发展果树生产。为达到优质、丰产的栽培目的，就要对园地的土壤进行改良。改良的方法一般有：深翻改土、增施有机肥、种植绿肥等。

（2）定点挖穴（沟）　按预定的行株距标出定植点，并以定植点为中心挖定植穴。定植穴的直径和深度一般为0.8～1米，密植果园可挖定植沟，沟的深度和宽度一般为0.8～1米。挖定植穴（沟）时，表土和心土要分开放。定植穴（沟）全部挖好后即可回填土，先将穴（沟）内挖出的表土和部分心土与秸秆、树叶、杂草等有机物混匀填入穴（沟）的下层，边填边踩实，填至距地面30～40厘米深度时，再取行间的表土与精细的优质农家有机肥（15～20千克/株）混匀后填入穴（沟）内，填至距地面5～10厘米高度，最后浇透水，使穴（沟）内的土壤充分沉实。挖定植穴和回填土最好能在定植前1个月或更早完成。

（六）果树的定植技术

先整理定植穴（沟），将高处铲平，低处填起，并使深度保持约25厘米，在穴中间做一个土丘，栽植沟内可培成龟背形的一个小垄，然后拉线核对定植点并打点标记。将苗木放于定植点上，目测对齐行株距，根系要自然舒展，过长根可剪断。一人扶苗，一人填土，保持苗木的根颈部位与地面平。填土时根系周围要用表土，并且边填土边轻轻抖动苗木，保证根系与土壤密接，填完土后踩实，然后摆好浇水盘浇透水。最后，待水完全下渗后再填一层半干土封穴（可将苗木周围封成一小土堆，以保护苗木），以减少水分蒸发。

（七）定植后管理

果树从一个环境转移到另一个环境，其本身要有一个适应过程，加之根系又受到不同程度的损伤，根系吸收水分和地上部失水的平衡被打破，植株易失水萎蔫，甚至干枯死亡。此外，土壤温度、湿度、盐碱地等对定植缓苗都有影响，春季的低地温、多风，夏季的高温、干旱，对定植缓苗都不利，定植后管理就是减轻这些危害，促进缓苗。

1. 浇水

果树定植后应及时浇水。

2. 中耕除草

待水下渗后，土壤不黏时，应及时进行中耕。中耕是在土壤有水有肥的情况下，进行以疏松土壤为主，兼保水、缓温、增肥效、防病虫等农业措施；对果树而言可促进根的发生和下扎，防止徒长，调节地上部和地下部的生长平衡以及营养生长和生殖生长的平衡。

3. 防风、防寒

定植浇水后，土壤较松软，遇大风易倒伏，尤其大型果树，为防风可应用支架固定。

在北方，秋季定植的幼树，入冬前可以压倒埋土防寒，春季再扒土扶直；也可以培土堆或用农作物秸秆、塑料薄膜等包扎树干。无论哪一种果树，在越冬前灌足封冻水，对于其越冬都是非常有利的。

第五节　果树整形修剪

一、果树整形修剪的意义

自然放纵生长的果树，常常会出现树冠郁闭，枝条密生，交叉、重叠，内膛空虚，树势衰弱；光照和通风不良，病虫害严重；产量不高，大小年结果现象较为突出，果实品质差；影响疏花疏果、果实采收和病虫害防治。通过合理整形修剪，可以加速幼树扩展树冠，增加枝量，提前结果，早期丰产，能够培养合理利用光能、负担高额产量和获得优良品质果实的树体结构；可使盛果期树体发育正常，维持良好的树体结构，生长和结果关系基本平衡，实现连年高产，并可延长盛果期年限；通过对衰老树更新修剪，可使老树复壮，维持一定的产量。

整形修剪可以调节果树与环境的关系；调节器官形成的数量、质量；调节养分的吸收、运转和分配；从而调节果树生长与结果的关系。通过整形修剪，可培养成结构良好、骨架牢固、大小整齐的树冠，并能满足合理密植栽培的要求。科学修剪可使新梢生长健壮，营养枝和结果枝搭配适当，不同类型、不同长度的枝条能保持一定的比例，并使结果枝分布合理，连年形成健壮新梢和足够的花芽，产量高而稳定。合理修剪能使果树通风透光，果实品质优良、大小均匀、色泽鲜艳。

整形修剪是果树栽培技术中一项重要的措施，但必须在良好的土、肥、水等综合管理的基础上，方能充分发挥其作用；在实践中必须根据树种、品种、环境条件和栽培管理水平，灵活运用各种整形修剪技术。

二、整形修剪的概念

整形，即修整树形，造成合理的形状和树体结构，使树体能合理利用空间和光能。修剪，即通过剪枝、剪梢、摘心、弯枝、扭梢、抹芽、放梢、断根、环割、撑、拉、吊等手段，或生长调节剂、化学药剂等的作用，来调节果树生长与结果，达到设定的树形和结构。整形修剪是两个相互依存，不可截然分割的操作技术，整形是通过修剪来实现的，修剪又必须在整形的基础上进行。二者既有区别又紧密联系，并相互影响，不可偏废。

三、整形修剪的原则

整形修剪的基本原则是“因树修剪，随枝作形”“统筹兼顾，长短结合”“以轻为主，轻重结合”“有形不死，无形不乱”，达到“大枝亮堂堂，小枝闹嚷嚷”的要求。

“因树修剪，随枝作形”，是在整形时既要有树形，又要根据不同单株的不同情况灵活掌握，随枝就势，因势利导，诱导成形；做到有形不死，活而不乱。对于某一树形的要求，着重掌握树体高度、树冠大小、总的骨干枝数量、分布与从属关系、枝类的比例等等。不同单株的修剪不必强求一致，避免死搬硬套、机械作形，修剪过重势必抑制生长、延迟结果。

“统筹兼顾，长短结合”，是指结果与长树要兼顾，对整形要从长计议，不要急于求成，既有长计划，又要短安排。幼树既要整好形，又要有利于早结果，做到生长结果两不误。如果只强调整形、忽视早结果，不利于经济效益的提高，也不利于缓和树势。如果片面强调早丰产、多结果，会造成树体结构不良、骨架不牢，不利于以后产量的提高。盛果期也要兼顾生长和结果，要在高产稳产的基础上，加强营养生长，延长盛果期，并注意改善果实的品质。

“以轻为主，轻重结合”，是指尽可能减轻修剪量，减少修剪对果树整体的抑制作用。尤其是幼树，适当轻剪、多留枝，有利于长树、扩大树冠、缓和树势，以达到早结果、早丰产的目的。修剪量过轻时，势必减少分枝和长枝数量，不利于整形；为了建造骨架，必须按整形要求对各级骨干枝进行修剪，以助其长势和控制结果，也只有这样才能培养牢固的骨架并培养出各类枝组。对辅养枝要轻剪长放，促使其多形成花芽并提早结果。应该指出，轻剪必须在一定的生长势基础上进行。1～2年生幼树，要在促其发生足够数量的强旺枝条的前提下，才能轻剪缓放；只有这样的轻剪长放，才能发生大量枝条，达到增加枝量的目的。树势过弱、长枝数量很少时的轻剪缓放，不仅影响骨干枝的培养，而且枝条数量不会迅速增加，也影响早结果。因此，定植后1～2年多短截、促发长枝，为轻剪缓放创造条件，便成为早结果的关键措施。

四、整形修剪中的常用术语

（一）垂直角度

果树枝条与垂直方向的夹角，称为垂直角度。垂直角度在30°以内的称为直立或不开张，40°～60°为半开张，60°～80°为开张或垂直角度大，90°左右为水平，垂直角度大于90°时称为下垂。垂直角度的大小与顶端优势有密切关系，从而影响到枝条的生长势、枝量、枝类组成、成花结果能力，以及树冠内膛的通风透光条件等。垂直角度较大时，枝条生长缓和，枝量增加比较迅速，比较容易成花、结果，树冠内的通风透光条件较好，果实品质优良，树冠内膛大枝的后部易培养结果枝组，而且在衰老更新期膛内易发生更新枝。垂直角度较小时，枝条生长旺盛，枝量增加较慢，长枝比例过高，不易成花、结果，树冠内膛光照条件差，果实品质差，树冠内膛及大枝后部枝条生长弱、易枯死；衰老树回缩大枝进行更新时，仅在锯口附近萌发更新枝，下部不易萌发，因此，更新比较困难。

整形修剪中，不仅要注意干枝上的垂直角度，还需注意骨干枝之间、骨干枝与辅养枝之间在垂直角度上的差异。例如，主干疏层形要求基部主枝垂直角度较大，而上层主枝角度较小，以使膛内通风透光良好。为了保持主枝与侧枝的主从关系，要使侧枝的垂直角度大于主枝，而辅养枝的垂直角度应尽量大些，以便控制其生长势，有利于成花结果。

（二）开张角度

生产上把加大骨干枝垂直角度的方法，称为开张角度，把加大（或缩小）各种枝头垂直角度的方法，称为压低（或抬高）角度。开张角度的方法，主要是对骨干枝不过重短截、轻剪多留枝、避免选用竞争枝作为骨干枝，以及采用支撑、拉枝和背后枝换头等，还要注意多方法的综合应用。旺树的垂直角度小，重短截有促使枝条直立生长；轻剪、多留枝，可以使枝条生长缓和，其垂直角度也会较大。应用机械方法开张角度，以生长季节枝条比较柔软时进行为宜；休眠期枝脆，易折断或劈裂。在新梢刚刚木质化时进行拿枝软化，是压低角度的好办法。

（三）分枝角度

枝条与其着生的母枝间的平面夹角，称为分枝角度。分枝角度过小，会形成“夹皮角”，结构不牢固、易劈裂，而且枝之间的空间小，影响小枝的生长。分枝角度与树种、品种的生长习性有关，柿、核桃的分枝角度较大，枣的分枝角度较小。在同一枝条上，着生节位高的枝条分枝角度较小；着生节位低的枝条分枝角度较大。为了使侧枝有较大的分枝角度，可以选用着生节位较低的枝条进行培养。

（四）从属关系

在整形修剪中，根据所采用树形的树体结构要求，使树冠内中心干与主枝之间、主枝与主枝之间，主枝与侧枝之间、骨干枝与辅养枝之间，在枝量和生长势上的有所不同，使它们之间保持一定的差别，这就是所谓的从属关系。例如，主干疏层形要求中心干强于主枝，下层主枝强于上层主枝，主枝又强于侧枝，骨干枝强于辅养枝。这种从属关系可以保持各骨干枝的发展方向，树冠圆满紧凑，当前生产中往往存在主从不明，或从属关系不符合树体结构的要求，这就需要采用修剪技术来纠正，在调整主从关系时，主要是通过调节各枝的分枝量、枝类组成、开张角度、结果多少来进行。

（五）果树修剪的双重作用

修剪对果树有促进枝条生长、多分枝、长旺枝的局部促进作用；而修剪对果树整体则具有减少枝叶量、减少生长量的抑制作用。这种促进作用和抑制作用同时在树上的表现，称为修剪的双重作用。枝条短截能减少枝、芽的数量，相对改善枝芽的营养状况，使留下的芽萌发出旺枝，增强局部的生长势；但正是由于减少了枝、芽的数量，使被短截枝条的总生长量也相对减少，这往往表现在对同类枝条处理的差异上。例如，选作骨干枝的一年生枝，在中部饱满芽处短截，剪口发出健壮的新梢，表现出修剪的促进作用；但其总枝叶量因短截而减少，以致加粗生长缓慢，其粗度显著小于不短截的辅养枝，表现出修剪的抑制作用。

修剪对疏枝口下部的枝条，具有促进生长的作用；而对疏枝口上部的枝条，却具有削弱生长势的作用，这也表现出修剪的双重作用，利用背后枝换头时，既能增强缩剪枝的生长势，又能加大缩剪枝的垂直角度，削弱其总生长量，同样表现出修剪的双重作用。

总之，修剪的双重作用是广泛的，有些是预期达到的，有些是希望避免的，要熟悉不同修剪方法、修剪程度、修剪部位，对果树整体、局部的影响，才能收到良好的效果。

五、修剪的基本手法及作用

果树修剪的基本方法有短截、疏枝、回缩、缓放、除萌、摘心、弯枝、扭梢、拿枝软化、环割、环剥等。

（一）短截

短截是指将一年生枝剪去一部分，按剪截量或剪留量区分，有轻短截、中短截、重短截和极重短截4种方法。适度短截对枝条有局部刺激作用，可以促进剪口芽萌发，达到分枝、延长、更新、控制（或矮壮）等目的；但短截后总的枝叶量减少，有延缓母枝加粗的抑制作用。

1. 轻短截

剪除部分一般不超过一年生枝长度的1/4，保留的枝段较长，侧芽多，养分分散，可以形成较多的中、短枝，使单枝自身充实中庸，枝势缓和，有利于形成花芽，修剪量小，树体损伤小，对生长和分枝的刺激作用也小。

2. 中短截

多在春梢中上部饱满芽处剪截，剪掉春梢的1/3～1/2。截后分生中长枝较多，成枝力强，长势强，可促进生长，一般用于延长枝、培养健壮的大枝组或衰弱枝的更新。

3. 重短截

多在春梢中下部半饱满芽处剪截：剪口较大，修剪量亦长，对枝条的削弱作用较明显。重短截后一般能在剪口下抽生1～2个旺枝或中长枝，即发枝虽少但较强旺，多用于培养枝组或发枝更新。

4. 极重短截

多在春梢基部留1～2个瘪芽剪截，剪后可在剪口下抽生1～2个细弱枝，有降低枝位、削弱枝势的作用。极重短截在生长中庸的树上反应较好，在强旺树上仍有可能抽生强枝。极重短截一般用于徒长枝，直立枝或竞争枝的处理，以及强旺枝的调节或培养紧凑型枝组。

不同树种、品种，对短截的反应差异较大，实际应用中应考虑树种、品种特性和具体的修剪反应，掌握规律、灵活运用。

（二）疏枝

将枝条从基部剪去叫疏枝。一般用于疏除病虫枝、干枯枝、无用的徒长枝、过密的交叉枝和重叠枝，以及外围搭接的发育枝和过密的辅养枝等。疏枝的作用是改善树冠通风透光条件，提高叶片光合效能，增加养分积累。疏枝对全树有削弱生长势的作用。就局部讲，可削弱剪口以上附近枝条的势力，并增强剪锯口以下附近枝条的势力。剪锯口越大，这种削弱或增强作用越明显。疏枝的削弱作用大小，要看疏枝量和疏枝粗度。去强留弱，疏枝量较多，则削弱作用大，可用于对辅养枝的更新；若疏枝较少，去弱留强，则养分集中，树（枝）还能转强，可用于大枝更新。疏除的枝越大，削弱作用也越大，因此，大枝要分期疏除，一次或一年中不可疏除过多。

（三）回缩

短截多年生枝的措施叫回缩修剪，简称回缩或缩剪。回缩的部位和程度不同，其修剪反应也不一样，例如，在壮旺分枝处回缩，去除前面的下垂枝、衰弱枝，可抬高多年生枝的角度并缩短其长度，分枝数量减少，有利于养分集中，能起到更新复壮作用；在细弱分枝处回缩，则有抑制其生长势的作用，多年生枝回缩一般伤口较大，保护不好也可能削弱锯口枝的生长势。

回缩的作用有两个方面：一是复壮作用，二是抑制作用。生产上抑制作用的运用如控制徒长辅养枝、抑制树势不平衡中的强壮骨干枝等。复壮作用的运用也有两个方面：一方面，是局部复壮，例如，回缩更新结果枝组，多年生枝回缩，换头复壮等；另一方面，全树复壮作用，主要是衰老树回缩更新骨干枝，培养新树冠。

回缩复壮技术的运用应视品种、树龄与树势、枝龄与枝势等灵活掌握。一般树龄或枝龄过大、树势或枝势过弱的，复壮作用较差。国光品种在4年生枝上回缩效果仍较好，白龙品种则宜在3年生以下枝上回缩。潜伏芽多且寿命长的品种，回缩复壮效果明显。因此，局部复壮、全树复壮均应及早进行。

（四）缓放

缓放是相对于短截而言的，不短截即称为缓放。缓放保留的侧芽多，将来发枝也多；但多为中短枝，抽生强旺枝比较少。缓放有利于缓和枝的势、积累营养，有利于花芽形成和提早结果。

缓放枝的枝叶量多，总生长量大，比短截枝加粗快。在处理骨干枝与辅养枝关系时，如果对辅养枝缓放，往往造成辅养枝加粗快，其枝势可能超过骨干枝。因此，在骨干枝较弱，而辅养枝相对强旺时，不宜对辅养枝缓放；可采取控制措施，或缓放后将其拉平，以削弱其生长势。同样道理，在幼树整形期间，枝头附近的竞争枝、长枝、背上或背后旺枝均不宜缓放。缓放应以中庸枝为主；当长旺枝数量过多且一次全部疏除修剪量过大时，也可以少量缓放，但必须结合拿枝软化、压平、环刻、环剥等措施，以控制其枝势。上述缓放的长旺枝翌年仍过旺时，可将缓放枝上发生的旺枝或生长势强的分枝疏除，以便有效实行控制，保持缓放枝与骨干枝的从属关系，并促使缓放枝提早结果，使其起到辅养枝的作用。

生产上采用缓放措施的主要目的，是促进成花结果；但是不同树种、不同品种、不同条件下从缓放到开花结果的年限是不同的，应灵活掌握。另外，缓放结果后应区别不同情况，及时采取回缩更新措施，只放不缩不利于成花坐果，也不利于通风透光。

（五）摘心

摘心是在新梢旺长期，摘除新梢嫩尖部分。摘心可以削除顶端优势，促进其他枝梢的生长；经控制，还能使摘心的梢发生副梢，以削弱枝梢的生长势，增加中、短枝数量；有些树种、品种还可以提早形成花芽。幼旺苹果树的新梢年生长量很大，在外围新梢长到30厘米时摘心，可促生副梢，当年副梢生长亦可达到培养骨干枝的要求；冬季修剪多留枝，减轻修剪量，有利于扩大树冠、增加枝条的级次。葡萄花前摘心可以控制过旺的营养生长，有利于养分向花器供应，以提高坐果率；花后对副梢不断摘心，有利于营养积累、侧芽的发育和控制结果部位的外移，此外，桃、苹果幼树可以通过摘心来培养结果枝组。苹果、桃幼树秋季停止生长晚，易发生冻害和抽条，晚秋摘心可以减少后期生长，有利于枝条成熟和安全越冬。

（六）环割、环剥

环割是在枝干上横切一圈，深达木质部，将皮层割断。若连刻两圈，并去掉两个刀口间的一圈树皮，即称为环剥。若只在芽的上方刻一刀，即为刻芽或刻伤。这些措施有阻碍营养物质和生长调节物质运输的作用，有利于刀口以上部位的营养积累、抑制生长、促进花芽分化、提高坐果率、刺激刀口以下芽的萌发和促生分枝。环剥对根系的生长亦有抑制的作用；过重的环剥会引起树势的衰弱，大量形成花芽，降低坐果率，对生产有不利影响。环刻、环剥的时期、部位和剥口的宽度，要因树种、品种、树势和目的灵活掌握，一般要求剥口在20～30天内能愈合；为了促进愈伤组织的生长，常采用剥口包扎旧报纸或塑料薄膜的方法，以增加湿度，还可防止病虫为害。环剥常用于适龄不结果的幼树，特别是不易形成花芽的树种、品种。密植因为早结果，以果实的消耗来控制树冠的扩大，常常进行环剥，甚至在主干上进行。

果树的修剪方法是多种多样的，在实际应用时，要综合考虑，要多种方法互相配合。

（七）枝条修剪的操作方法及伤口护理

剪枝和锯枝都要有正确的操作方法。短截时应从芽的对面下剪，冬季修剪往往剪口会干缩一段，剪口芽易受害，影响萌发和抽枝，因此，剪口应高出剪口芽0.5厘米。疏枝时，顺着树枝分杈的方向或侧下方剪，剪口成缓斜面。剪较粗的枝时，一手握修枝剪，一手把住枝条并向剪口外方轻推，以保持剪口平滑。去大枝一定要用锯，以防劈裂。

锯除粗大枝时，可分两次锯除，即先锯除上部并留残桩，然后再去掉残桩；或先由基部下方锯进枝的1/3～1/2，然后由上方向下锯除，这样可防止劈裂。锯口应成最小斜面，平滑，不留残桩。

锯掉大枝要做好锯口护理工作，以加速愈合，防止冻害和病虫为害。锯口要用利刀把周围的树皮和木质部削平，并用2%硫酸铜水溶液或0.1%升汞水消毒，消毒后再涂保护剂。常用的保护剂为锯油、油漆或铜制剂。铜制剂配制的方法是先将硫酸铜和熟石灰（各2千克）研制成细粉末，倒入2千克煮沸的豆油中，充分搅拌，冷却后即可使用。

六、果树常用树形

（一）整形修剪的依据

整形修剪应以果树的树种和品种特性、树龄和长势、修剪反应、自然条件和栽培管理水平等基本因素为依据，以进行有针对性的整形修剪。

果树的不同种类和品种，其生物学特性差异很大，在萌芽抽枝、分枝角度、枝条硬度、结果枝类型、花芽形成难易、坐果率高低等方面都不相同。因此，应根据树种、品种特性，采取不同的整形修剪方法，做到因树种、品种修剪。

同一果树不同的年龄时期，其生长和结果的表现有很大差异。幼树一般长势旺，长枝比例高，不易形成花芽，结果很少；这时要在整形的基础上，轻剪多留枝，促其迅速扩大树冠，增加枝量。枝量达到一定程度时，要促使枝类比例朝着有利于结果的方向转化，即所谓枝类转换，以便促进花芽形成，及早进入结果期。随着大量结果，长势渐缓，逐渐趋于中庸，中、短枝比例逐渐增多，容易形成花芽，这是一生中结果最多的时期。这时，要注意枝条交替结果，以保证连年形成花芽；要搞好疏花疏果并改善内膛光照条件，以提高果实的质量；要尽可能保持中庸树势，延长结果年限。盛果期以后，果树生长缓慢，内膛枝条减少，结果部位外移，产量和质量下降，表明果树已进入衰老期。这时，要及时采取局部更新的修剪措施，抑前促后，减少外围新梢，改善内膛光照，并利用内膛较长枝更新；在树势严重衰弱时，更新的部位应该更低、程度应该更重。

不同树种、品种及不同枝条类型的修剪反应，是合理修剪的重要依据，也是评价修剪好坏的重要标准。修剪反应多表现在两个方面：一方面，是局部反应，如剪口下萌芽、抽枝，结果和形成花芽的情况；另一方面，是整体反应，如总生长量、新梢长度与充实程度、花芽形成总量、树冠枝条密度和分枝角度等。

自然条件和管理水平对果树生长发育有很大影响，应区别情况，采用适当的树形和修剪方法。土壤瘠薄的土地和肥水不足的果园，树势弱、植株矮小，宜采用小冠、矮干的树形，修剪稍重，短截量较多而疏剪较少，并注意复壮树势。相反，土壤肥沃、肥水充足的果园，果树生长旺盛、枝量多、树冠大，定干可稍高、树冠可稍大，后期可落头开心，修剪要轻，要多结果，采用“以果压冠”措施控制树势。

此外，栽植方式与密度不同，整形修剪也应有所变化。例如，密植园树冠要小，树体要矮，骨干枝要少。

（二）常用树形

根据树体形状及树体结构，果树的树形可分为有中心干形、无中心干形、扁形、平面形和无主干形。有中心干的树形有：疏散分层形、十字形、变则主干形、延迟开心形、纺锤形和圆柱形等。无中心干的有杯状形、自然开心形。扁形树冠有树篱形和扇形。平面形有棚架形、匍匐形。无主干的有丛状形。下面主要介绍生产上常用的主要树形。

1. 疏散分层形

疏散分层形是苹果、梨等乔木果树普遍应用的树形，如三主枝邻近半圆形、主干疏层形、小冠疏层形等。这类树形具有强壮的中心干，主枝分层着生在中心干上，主枝上着生侧枝，主侧枝和中心干上着生结果枝和结果枝组；幼树干性明显，树冠呈圆锥形，随着树冠扩大，逐渐演变为圆头形；上层主枝形成、全树的骨干枝培养完成以后，逐渐落头开心，树冠呈半圆形。近年来，针对大冠树内膛光照差的问题，对此树形进行改造，形成上小下大、层次分明的“凸”字形树冠。这种树形整形容易，其主枝数目、层间距离、侧枝多少、上下两层的关系随栽植距离不同而有不同的安排，形成各地不同特色的树形。

2. 纺锤形

纺锤形具有宜立中心干，配置10～12个主枝，主枝上不安排侧枝，结果枝组直接着生在主枝上；主枝角度开张，一般不分层，作均匀分布，枝展小，树冠虽纺锤形，树高达到要求以后，需及时落头。主枝延长枝是否进行短截随栽植距离和枝展而定，估计不短截株间树冠也能交接时，即可停止短截。这种树形结构简单，整形容易，修剪量轻，结果早，树冠狭长，适宜密植果园应用。由于栽植距离不同，对树高及枝展有不同的要求，从而形成各种类型的纺锤形。

3. 自然开心形

自然开心形没有中心干，在主干上错落着生主枝，主枝上着生侧枝，结果枝组和结果枝分布在主侧枝上。这种树形生长健壮，结构牢固，通风透光良好，结果面积大，适于喜光的核果类果树，如桃、李、杏等，梨和苹果也有应用此树形的。

4. 丛状形

丛状形适用于灌木果树，无主干，由地表分枝成丛状，整形简单，成形快，结果早；中国樱桃、石榴等果树常用这种树形。

5. 大雁展翅形

大雁展翅形是针对轻简化栽培提出的拱棚式栽培模式，为充分利用空间和枝组，在两行树中间，树两侧枝条向中间生长，形成拱棚，便于人工操作，以放为主，实现机械化作业，增加产量。

七、果树不同时期的修剪

果树在休眠期和生长期都可以进行修剪，但不同时期修剪有不同的任务。

（一）休眠期修剪

即冬季修剪，从秋季正常落叶后到翌年萌芽前进行，此时果树的贮藏养分已由枝叶向枝干和根部运转，并且贮藏起来。这时修剪，养分的损失较少，而且因为没有叶片，容易分析树体的结构和修剪反应。因此，冬季修剪是多数果树的主要修剪时期；但也有例外，例如，核桃树休眠期修剪会引起伤流，必须在秋季落叶前或春季萌芽后到开花前进行修剪；葡萄萌芽前也有伤流期，修剪要躲过这一时期进行。

冬季果树整形修剪的主要任务是培养骨干枝，平衡树势，调整从属关系，培养结果枝组，控制辅养枝，促进部分枝条生长或形成花芽，控制枝量，调节生长枝与结果枝的比例和花芽量，控制树冠大小和疏密程度；改善树冠内膛的光照条件，以及对衰老树进行更新修剪。

（二）生长期修剪

在春、夏、秋三季均可进行。

1. 春季修剪

在春季萌芽后到开花前进行的春季修剪，又分为花前复剪和晚剪。花前复剪是冬季修剪任务的复查和补充，主要是进一步调节生长势和花量。例如，苹果的花芽不易识别时，可在冬剪时有意识地多留一些“花芽”，在花芽开绽到开花前进行一次复剪，疏除过多的花芽，回缩冗长的枝组，这样有利于花量控制、提高坐果率和结果枝组的培养。幼树萌芽前后，加大辅养枝的开张角度，同时进行环剥，以提高萌芽率，增加枝量，这样有利于幼树早结果。晚剪是指对萌芽率低、发枝力差的品种萌芽后再短截，剪除已经萌芽的部分。这种“晚剪”措施，有提高萌芽率、增加枝量和减弱顶端优势的作用，是幼树早结果的常用技术。

2. 夏季修剪

夏季是果树生长的旺盛时期，也是控制旺长的好时机，许多果树都利用夏季修剪来控制枝势、减少营养消耗，以利树势缓和、花芽形成和提高坐果率，还能改善树冠内部光照条件，提高果实质量。常用的措施有撑枝开角、摘心疏枝、曲枝扭梢、环剥环刻等，是葡萄、桃和苹果幼树不可缺少的技术措施。

3. 秋季修剪

秋季落叶前对过旺树进行修剪，可起到控制树势和控制枝条旺长的作用。此时疏除大枝，回缩修剪，对局部的刺激作用较小，常用于一些修剪反应敏感的树种、品种。秋季剪去新梢未成熟或木质化不良的部分，可使果树及早进入休眠期，有利于幼树越冬。生长期修剪损失养分较多，又能减少当年的生长量，修剪不宜过重，以免过分削弱树势。

八、简化修剪

传统的修剪方法比较复杂，难以掌握，而且费工；生产中情况也千差万别，技术灵活性很大，需要一定的熟练技术才能搞好修剪工作，故给普及推广带来一定困难。简化现有的修剪技术，对发展生产、提高劳动效率、增加收入都有一定的作用。

简化修剪是在保证实现修剪作用、修剪目的前提下，保证早结果、早丰产、稳产、优质、长寿的情况下进行，主要包括树形的简化和操作技术的简化。

简化树体结构是简化修剪的基础，如小冠密植苹果可采用结构简单的树形，纺锤形只有主枝，没有侧枝，结果枝和结果枝组着生在主枝上圆柱形无主枝，枝组直接着生在中心干上；篱形整枝是以一行树为一个单位进行整形，不适于强调个体树体形状。

修剪技术的简化主要有放缩法和短枝型修剪两种。

放缩法是对骨干枝枝头进行中短截修剪，疏除密挤枝、徒长枝、病虫枝、细弱枝，留下的发育枝缓放不剪，并用压平、环剥、环刻和控制旺枝等方法，使之及早形成花；结果后依生长势的强弱，决定继续缓放，还是回缩。一般较小的枝缓放出短果枝，形成花芽后即可回缩，以培养结果枝组。修剪反应敏感的品种，可在结果后1～3年再回缩；这种剪法以放为主，强的放、弱的缩，放缩结合维持树势的均衡，调节局部生长与结果的关系。此法可在密植苹果、梨树上应用。

短枝型修剪是通过修剪人为地造成类似短枝型的一种简化修剪方法。修剪时，除各级枝头中短截外，其余一年生发育枝，按强、中、弱分别截留基部4个、3个、2个次饱满芽；很少长放或疏枝，夏季对较长新梢再次重短截1～2次；如此连续短截，直至形成大量短枝和中庸枝，才缓放促花。此法除矮化砧苹果应用外，葡萄的短梢修剪也属此类。

以上两种简化修剪，要根据立地条件、树种、品种、管理水平来采用。立地条件好，气候温和，雨量充沛，管理条件优越，生长量大，生长势强，发枝量多的品种，可采用放缩法修剪；相反则可用短枝型修剪法。无论哪种方法，都需与春季修剪、生长调节剂的应用结合起来，这样才能收到更好的效果。

总之，在实际生产应用过程中，应根据不同地区、不同气候、不同品种、不同生育时期，有针对性地采用不同的修剪手法和技术，依具体情况相互配合、综合应用。目前，生产上很多地方往往只重视冬季修剪而忽视生长期修剪管理，这种做法是不科学的，应加强综合管理，以达到早果、丰产、优质、高效的目的。

第二章 苹 果

第一节 概 述

一、重要意义

苹果是世界上果树栽培面积较广的树种之一。苹果不仅外观艳丽、甜酸适口，而且具有较高的营养价值。欧美国家有“一天一个苹果能使你远离医生”“每日吃一个苹果，会让医生成为乞丐”的谚语。苹果是对人类的健康有着极大贡献的水果。苹果内含有碳水化合物、蛋白质、脂肪、维生素A、维生素B_1、维生素B_2、维生素B_6、维生素C、维生素E 、胡萝卜素等多种营养成分和维生素，还含有钾、磷、钙、镁、锌等多种矿质元素。苹果在营养学上具有“碱性食品”的保健特性。苹果除供鲜食外，还可制成果汁、果酒、果醋、果酱、果干、果脯等加工品。

近几年，苹果产值占我国水果产值20%以上，苹果出口量也是呈持续增长趋势，鲜果、加工制品的出口量、产值均居各水果品种之首。进入21世纪以后，中国的苹果栽培面积已经超过200万公顷，产量也超过2 000万吨，成为世界苹果栽培面积最大和产量最多的国家，因此，在我国发展苹果生产，对改善生态环境，发展经济，提高人民生活水平都具有重要的价值和意义。

二、栽培简史

苹果原产欧洲、中亚细亚和我国新疆。欧洲在公元前300年，就已记载了苹果的品种。其后，古罗马人开始栽培，并用嫁接繁殖。18世纪就已利用自然杂交进行实生苗选育，逐步推广栽培。发现美洲新大陆后，欧洲移民把苹果传入美洲，在美洲又培育了不少新品种。日本在明治维新时代，从欧美引入了苹果，并传入亚洲。此后，澳大利亚、非洲也都相继引入苹果。近百年来，世界五大洲都先后有了苹果栽培。

原产我国的绵苹果，在汉代已有记载，在魏晋时代已有栽培。北魏时期，贾思勰的《齐民要术》有关于柰和林檎的详细阐述。柰就是现在的绵苹果，包括槟子在内；林檎即花红。故苹果在我国的栽培历史已有2 000多年，在长期的生产实践中积累了苹果的繁殖、栽培和加工等方面的丰富经验。甘肃河西走廊成为绵苹果的中心产地。现在绵苹果在陕西、甘肃、青海和新疆仍有广泛分布，并有100～150年树龄的老树。新疆还有苹果原始森林，它是可供利用的苹果自然资源。

19世纪中叶以后，国外大苹果品种通过西方的传教士引入我国，经过当地群众的选育、繁殖、推广，已有一定的规模，尽管栽培历史短，但发展速度很快。1984年国家放开水果市场以后，极大地调动了果农的积极性，苹果产量呈上升趋势。20世纪90年代中期开始，我国苹果生产进入调整阶段，非适宜区和适宜区内的老劣品种以及管理技术落后、经济效益低下地区的苹果栽培面积大幅度减少，苹果优生区及经济效益较高的地区，苹果面积稳定发展。

三、栽培现状

苹果产业是富民产业，苹果种植区的多数县域把推进苹果产业高质量发展作为实现乡村振兴的产业基础，2021年全国苹果种植面积约为3 132.12万亩，其中，黄土高原优势区种植面积约为1 830.42万亩，占全国苹果种植面积的58.44%，占比最大；环渤海湾优势区种植面积约为795.28万亩，占全国苹果种植面积的25.39%；其他产区种植面积约为506.42万亩，占全国苹果种植面积的16.17%。新疆、西南（四川、云南、贵州、西藏)、宁夏等特色产区种植面积稳步增长，山东、河北、河南、山西等传统优势产区因产业结构优化而动态调整，种植面积呈减少态势。

我国苹果产业发展与世界先进水平整体差距仍较大，主要表现在以下几个方面：一是苹果总产量高，但单位面积产量低；二是品种结构不合理，优良品种和加工品种所占比例较少；三是果品质量提高缓慢，采后商品化处理落后；四是果农缺乏市场信息，市场经营管理不完善；五是果品加工能力不足，专用加工水果生产不配套；六是出口量低，出口市场小。因此，提高果品质量和产后处理水平，扩大出口，充分发挥区域优势，加强相关领域的科技创新，并从政策、制度等方面给予扶持，是苹果产业持续健康发展的关键。

第二节 种类和品种

苹果属蔷薇科苹果亚科苹果属。全世界约有苹果属植物35种，原产我国的种有22个、亚种1个、变种11个、变型5个。其中有的是重要栽培种，有的可供砧木用，有的则为观赏植物。

一、主要种类

（一）苹果（*Malus pumila* Mill.）

现在世界上栽培的苹果品种，绝大部分属于这个种或本种和其他种的杂交种。我国原产的绵苹果和引入的栽培品种都属于这个种。本种有许多变种，生产上有价值的主要有以下3个。

1. 道生苹果（var. *paraecox* Pall.）

矮生乔木或灌木，冠高5～6米，枝干易生不定根，可用分株、压条、扦插等方法繁殖。可作为苹果的矮化或半矮化砧木，或作矮化砧木育种材料。

2. 乐园苹果（var. *paradisica* Schneider）

本变种极矮化，高约2米，灌木型，可用分株、压条、扦插等方法繁殖。可作苹果矮化砧或矮化砧育种材料。

3. 红肉苹果（var. *medzwetzkyana* Dieck.）

乔木，本变种特点是叶片、木质部、果肉和种子都有红色素。新疆叶城的甜红肉、酸红肉，伊犁的沙衣拉木，辽宁北部的红心子即属此变种。可作培育红肉品种的原始材料。

（二）花红（*M. asiatica* Nakai.）

别名沙果、林檎、甜子、果子、蜜果、亚洲苹果等。本种起源于我国西北，分布华北、黄河流域、长江流域及西南各省（区、市），以西北、华北最多。落叶小乔木，高4～7米，分枝低、角度大，树冠开张，枝条披散或下垂。果实扁圆形，黄色或满红，果点稀，重20～40克，果心近于顶端，萼宿存，果梗短，7—8月成熟，鲜食或加工用，不耐储运。较抗寒，但不耐盐碱，不抗旱。生产上多用嫁接繁殖，用山荆子或楸子作砧木，本种也可作苹果砧木。

（三）楸子（*M. prunifolia* Borkh.）

别名海棠果、柰子、圆叶海棠等。本种原产我国，分布于西北、华北、东北及长江以南各地。落叶小乔木，高3～8米，小枝圆柱形，嫩枝密被柔毛，老枝灰褐色，无毛。果实卵形或圆锥形。直径2～2.4厘米，橘黄色或微具红色，萼宿存，下面凸起，8月中下旬至9月上旬采收。本种适应性广，抗寒、抗涝、抗旱，在盐碱地表现比山荆子强。对苹果绵蚜和根头癌肿病也有抵抗力，嫁接亲和力强。本种果实除少数改良品种可供鲜食外，大都作加工用，也可作为育种的原始材料。

（四）西府海棠（*M. micromalus* Mak.）

别名小海棠果、海红、清刺海棠、子母海棠。原产我国，河北、山东、山西、河南、陕西、甘肃、辽宁、云南等省均有分布。小乔木，高3～6米，树性直立，多主干，有时呈丛状。果实近球形，红色，直径1～1.5厘米，与海棠的最大区别是其果实有明显的萼洼，萼多数脱落，少数宿存，萼片下凸起不明显。本种抗性较强，在盐碱地生长良好，较抗黄叶病。可作苹果砧木，例如：河北怀来的八棱海棠、冷海棠，昌黎的平顶热花红、平顶冷花红，山东莱芜的难咽，益都的晚林檎，山西太谷等地的林檎等。

（五）山荆子（*M. baccata* Barkh.）

别名山定子、山顶子等。本种产于黑龙江、吉林、辽宁、内蒙古、河北、山东、陕西、甘肃等地。落叶乔木，高超过10米，树冠广圆形；果实近球形，重1克左右，红色或黄色，10月成熟。抗寒力较强，有些类型能耐-50℃的低温。是苹果主要砧木之一。

（六）河南海棠（*M. honanensis* Rehd.）

别名大叶毛茶、冬绿茶、山里锦。原产我国，分布于河南、山西、陕西、甘肃、河北、四川等省。灌木或小乔木，高7米左右，果实近球形，直径0.8～1厘米，黄红色或红紫色，9月成熟。可作苹果砧木，有的类型与苹果嫁接有矮化现象。

（七）湖北海棠（*M. hupehensis* Rehder）

别名花红茶、秋子、茶海棠、野花红等。分布于湖北、湖南、江西、江苏、浙江、安徽、福建、广东、四川、陕西、甘肃、云南、贵州、河南、山东、山西等省。灌木或乔木，高1～8米，与山荆子相似，但嫩叶、花萼和花梗都带紫红色，心室3～4个。本种有孤雌生殖能力，种子是由珠心壁细胞形成的胚发育而成，可保持母本性状，变异性小，而且不传病毒。抗涝，但不抗旱。在我国华中、西南和东南各地区可作苹果的砧木。

（八）三叶海棠［*M. sieboldii*（Regel.） Rehd.］

原产我国。野生于辽宁、山东、陕西、甘肃、江西、浙江、湖北、湖南、四川、贵州、福建、广东、广西等地。果分红果和黄果两种，在山东青岛、文登称为山茶果，陕西秦岭称为花叶酸酒，贵州桐梓称为野黄子，可作为苹果砧木。

（九）新疆野苹果［*M. sieversii*（Ledeb.）Roem.］

又名塞威氏苹果，分布于新疆西部的伊犁和塔城地区。小乔木或乔木，高2～8米，果实形状、颜色、品质、成熟期在不同类型间差异很大。陕西、甘肃、新疆等地用作苹果砧木，生长良好。

（十）小金海棠（*Malus xaojinensis* Cheng et Jiang sp.）

又名铁楸子。原产我国四川小金、马尔康、理县等地。乔木，高8～12米，果椭圆形或倒卵形，直径1～1.2厘米，红黄色，9月下旬成熟。本种有无融合生殖特性，与苹果嫁接亲和性好，具矮化作用，结果早，丰产且优质。根系发达，须根多，具有抗旱、耐瘠薄、耐涝、抗病、耐盐碱等多种抗逆性，是抗缺铁失绿的苹果砧木。

二、主要优良品种

（一）分类方法

目前，世界上的苹果品种在1万种以上，为了研究和应用上的方便，人们根据亲缘关系、染色体倍数、地理分布、性状表现及用途进行分类归群。苹果品种的分类方法，大体上可以归纳为以下几种。

1. 依果实外观性状分类

这种分类法是根据果实的外形和色泽进行的。就果实外形而言，有长形、圆形、扁形、棱形、柱形等多种。果实色泽有红色、黄色、青色、绿色、条红、全红等多种。由于大量品种在果实形状和色泽上差异纷繁，所以，这种分类法的实用价值很小。

2. 依生态地理分类

这种分类法是根据品种的原产地及其所要求的生态条件进行的。不同品种原产地的自然条件不同，由此所形成的生物特性也不一样。因此，这种分类法在生产上有一定的意义，俄罗斯学者格留涅尔曾根据世界苹果品种原产地的生态地理条件，把苹果品种分为乌拉尔品种群、中俄罗斯品种群、北高加索品种群、外高加索品种群、中亚品种群、东欧品种群、欧洲大西洋沿岸品种群、南欧品种群、北美品种群9个类群。

3. 染色体倍性分类

这种分类方法是根据苹果品种染色体的倍性进行分类的。绝大多数苹果品种都是二倍体，$2n=34$；少数品种为三倍体，$2n=51$；极少数品种为四倍体，$2n=68$。

4. 依成熟期分类

这种分类方法是根据果实成熟期的早晚，把品种分为特早熟、早熟、中熟、中晚熟和晚熟品种群。这种分类方法的实际应用价值大。

5. 依生长结果习性分类

把苹果品种分为普通（乔化）型品种和短枝（矮生）型品种。普通型品种树体高大，生长量大，长枝多，成花困难，进入结果时间长；短枝型品种是普通型品种的矮生变异类型，均系由无性变异选育而来，与其母体普通型品种相比，主要表现为树体矮小，株型紧凑，萌芽率高，成枝力弱，开始结果早，果实着色好。

6. 依亲缘关系远近分类

把苹果品种分为富士系品种、元帅系品种、金冠系品种等。

7. 依用途分类

这种分类方法是根据果实用途，把苹果品种分为生食、烹调和加工三类。世界上的苹果栽培品种主要为生食品种，英国的烹调用品种栽培比重较大，法国栽培的酿酒用品种较多。

（二）主要栽培品种介绍

生产上选择苹果品种时，应充分考虑到当地的气象条件、土壤条件和地势等，在保证树体健壮生长的前提下，重点考虑果实品质优良以及与市场需求相适应的成熟期。目前，我国各地从国外引进和选育的栽培品种（系）有250余个，经各地生产实践适于商品栽培的品种在60个左右，其他多被淘汰。

1. 萌（Kizashi）

又称嘎富，日本1996年利用富士×嘎拉杂交育成，1997年引入我国。果实扁圆形。果个中等，平均单果重182克。充分成熟时果面紫红色至暗红色。果粉少，果面光洁、无锈、皮薄、美观。果肉白色，致密，多汁，风味甜酸，香气较浓，品质上等。在山东泰安7月初成熟，可存放10～15天。幼树生长较强，以短枝结果为主，腋花芽可结果，丰产。

2. 华夏（又名美国8号）

美国杂交选育而成的品种，原代号NY543，1990年引入我国。果实圆形，果个中等大，平均单果重240克。成熟时果面浓红色，着色面达90%以上，有蜡质光泽，光洁无锈，艳丽。果肉黄白色，细脆，汁多，有香味，甜酸适口，品质上等。在山东泰安8月上中旬成熟，采前不落果，可存放25～30天。幼树生长较旺盛，盛果期树势中等，对修剪不敏感，易成花，丰产。

3. 嘎拉（Gala）

新西兰品种，亲本为Kidd’s Orange Red×金冠，20世纪80年代初引入我国。果实近圆形或圆锥形，大小较整齐。果个中等大，平均单果重180克。成熟时，果皮底色黄色，果皮红色，有深红色条纹。果皮薄，有光泽，洁净美观。果肉乳黄色，肉质松脆，汁中等多，酸甜味淡，有香气，品质极上。在山东泰安8月上中旬成熟，可存放25～30天。树势中等，幼树腋花芽结果较多，盛果期以短枝结果为主。

嘎拉很容易发生芽变，目前已发现的芽变有皇家嘎拉（Royal Gala）、帝国嘎拉（Imperial Gala）、丽嘎拉（Regal Gala）、嘎拉斯（Galaxy）及烟嘎等。我国现在栽培的嘎拉多数是皇家嘎拉和烟嘎，二者均为嘎拉的浓红色型芽变，较普通嘎拉色泽浓且着色面大，其他性状同嘎拉。

4. 早红

由中国农业科学院郑州果树研究所从意大利引进的嘎拉实生单株中筛选培育而成，2006年通过河南省林木品种审定。平均单果重223克。果实淡红色，果面光洁、有光泽，外观艳丽。果实肉质细、松脆、汁多，可溶性固形物含量11.2%~13.0%，风味酸甜适度、有香味，品质与嘎拉相似。郑州地区果实8月上中旬成熟。早果性好，丰产，综合性状优于同期成熟的品种皇家嘎拉。适宜在河南、陕西、山西、河北主要果产区以及江苏、安徽的北部等地区栽植，是嘎拉的替代品种。

5. 元帅（Red Delicious）

又名红香蕉，原产于美国，是Jesse Hiatt 于1881年发现的偶然实生品种，1895年开始推广。现在元帅这一古老品种在生产中已很少见到。

元帅是现今世界上最易发生芽变的苹果品种，据不完全统计，元帅及其芽变品种的芽变，迄今已发现160余种。通常把元帅称为元帅系的第一代，其芽变称为元帅系第二代，第二代的芽变称为元帅系第三代……现在已发现了元帅系第五代。元帅系第二代品种30余个，多数是元帅的着色系芽变，其中以红星（Starking Red，1921）为典型代表，现在生产上栽培面积不大。元帅系第三代有品种60余个，多数是元帅系第二代的短枝型芽变，其中以新红星为代表，当前我国种植面积较大。元帅系第四代品种有20余个，其中以首红（Redchief，1974）为典型代表，与第三代相比，其着色期提早，颜色更浓，短枝性状更明显。元帅系第五代品种有瓦里短枝（Vallee spur Delicious，1989）等10余个品种，其着色状况和短枝性状均进一步提高。

元帅系苹果果实圆锥形，顶部有明显的五棱。果个大，一般单果重250克左右，大者可达450克。成熟时底色黄绿色，多被有鲜红色霞和浓红色条纹，着色系芽变为紫红色。果肉淡黄白色，肉质松脆，汁中等多，味浓甜或略带酸味，具有浓烈芳香，生食品质极佳。在山东泰安成熟期为9月上旬。如贮藏条件不良，果肉极易沙化，这一缺点限制了元帅系的发展。我国在20世纪80年代，各地发展了相当大数量的元帅系第三代、第四代、第五代品种，这些树自1996年进入盛果期以来，随产量激增导致效益下降，栽培面积逐渐减少，现在其栽培比重仍处继续下降趋势。

6. 金冠（Golden Delicious）

又名金帅、黄香蕉、黄元帅，美国品种，1914年，Anderson H. Mullin在美国弗吉尼亚Clay郡自己的果园内偶然发现的实生苗。果实长圆锥形或长圆形，顶部棱起较显著。果个较大，单果重200克左右。成熟时底色黄绿色，稍储藏后全面金黄色，阳面偶有淡红晕；果皮薄，较光滑，梗洼处有辐射状锈。果肉黄白色，肉质甚细，刚采收时食之脆而多汁，储藏后稍变软。味浓甜，稍有酸味，芳香气较烈，生食品质极上等。山东成熟期在9月中旬至10月上旬，耐储运。金冠植株生长中庸，枝条密挤，开张，丰产性佳。金冠果实易受药害，致使果锈严重，早期落叶病也较重。

金冠是容易发生芽变的品种，世界上发现的金冠芽变品种有30~40个。其中最著名的有金矮生（Goldspur）、斯塔克金矮生（Stark Goldspur）、黄矮生（Yellowspur）和无锈金冠（Smothe）等。其中无锈金冠是金冠无锈芽变，其果皮光滑如蜡质，肉质松脆。其他

3个为金冠的短枝型芽变，金矮生栽培面积最大。金冠的出现是苹果发展史上的一个重大事件，是非常重要的育种材料，以金冠为亲本培养了许多优良品种。

7. 富士（Fuji）

日本品种，是日本园艺场东北支场（即现在日本果树试验场盛冈支场）从国光×元帅杂交后代中培育的品种，1958年以东北7号发表，1962年开始推广。我国于1966年开始引入富士试栽，富士是现在我国和日本等国家苹果栽培面积最大的品种。果实扁圆形或短圆形，顶端微显果棱。果个中型、大型，单果重170~220克，许多果实大于250克。成熟时底色近淡黄色，片状或条纹状着鲜红色。果肉淡黄色，细脆汁多，风味浓甜，或略带酸味，具有芳香，品质极上。在山东烟台10月下旬至11月初成熟，极耐储运。树势中等，结果较早、丰产，管理不当时易隔年结果。富士抗寒性不如国光，对轮纹病和水心病抗性较差。

富士是一个很好的育种亲本，迄今为止，以富士为亲本育出20余个品种。富士也是一个容易产生芽变的品种，近几年我国和日本发现许多富士的芽变品种。

（1）普通型着色芽变　迄今为止，日本选出着色较好的品系有80多个，如着色富士Ⅱ系的秋富1号、长富2号、长富6号、长富9号、长富10号、岩富10号等；着色富士Ⅰ、着色富士Ⅱ、混合系的长富11号以及近几年选出的2001富士、乐乐富士、天星等；美国、加拿大选出的哥伦比亚2号等。山东烟台市果树站对长富2号等着色系富士再进行选优，选出了烟富1号、烟富2号、烟富3号、烟富4号和烟富5号，其着色优于长富1号和长富2号，这些品系与2001富士及乐乐富士是今后着色系富士的主导品种（系）。

（2）短枝型芽变　国内外从富士中选出了10个短枝型品种，日本选出的宫崎短枝红富士和福岛短枝红富士引入我国表现较好。我国辽宁、河北和山东等地也发现了几个短枝型芽变品种，其中以山东惠民引进的惠民短枝富士推广面积最大，从多年栽培中发现短枝型芽变普遍存在品质较差的问题，有待于进一步提高。山东烟台后来又从惠民短枝中选出烟富6号，果实表现出高桩，风味品质优于原品系，是短枝富士中的佼佼者。

（3）成熟期突变　日本秋田县平良木忠男于1982年在17年树龄的富士上发现了成熟期提早1个月的早生富士品种。早生富士突出优点是成熟期提前，但着色不良，耐储性较差。后来日本又从早生富士中选出着色更优的红将军（红王将），其着色优于早生富士，为国际瞩目品种。

第三节　生物学特性

一、根系生长特性

（一）根系年生长动态

果树根系的年生长动态取决于树种、品种、树龄、树势、砧穗组合和当年生长结果情况，同时也与外界环境如土壤温度、水分、通气及营养贮存水平等密切相关。根系生长高峰与低潮是上述因素综合作用的结果，但也不排除在某一生长阶段有一种因素起主导作用。

北京农业大学对以山定子为砧木的盛果期国光（17～18年树龄）进行了两年观察，在没有灌水的条件下，根在一年内有2～3个明显的生长高峰。第一次由4月上旬至6月下旬或7月上旬，第二次在8月中下旬，第三次在9月下旬至10月下旬。根据河北农业大学在1965年观察，生长健壮、初结果的金冠苹果树，根系一年内有三次生长高峰，与地上部器官的生长发育是相互依存又相互制约的。

在不同深度的土层内根系的生长也有所不同，上层根（40厘米以上）开始活动较早，下层较晚。夏季上层根生长量较小，下层根则生长量较大，到秋季上层根的生长又加强。处于土壤上下层的根在一年之内表现有交替生长的现象，这都与土壤温度、湿度以及土壤通气情况有关。

苹果新根发生动态因植株生长强弱、结果情况而异，双峰和三峰曲线皆存。春季不同类型树体发根差异最大，小年树、弱树发根晚、发生量少，但在萌芽后缓慢上升，不随春梢的迅速生长而降低，可以持续到7月，因而呈双峰曲线；大年树、旺长树在春梢旺长前发根达到高峰，之后下降形成低谷；丰产稳产树新根量随春梢旺长亦有所下降，但仍能维持较高水平。春梢停长后，各类树体发根均达高峰，此高峰发根量最大，持续时间最长，7—8月随秋梢生长、高温期而结束，但不同类型植株发根高峰大小各异，以弱树最低，丰产稳产树、小年树较高，旺长树高峰偏晚但时间长，可持续到秋梢生长期。秋梢停长后出现秋季发根高峰，但大年超负荷树秋季高峰消失，并影响次年春季（小年树）新梢的发生。

因此，根系生长的周期性主要依赖于枝梢生长和果实的负荷量。但新梢生长并非简单地抑制新根发生，从而出现根梢交替生长现象，新梢的旺长也要以一定新根量作基础。根梢生长既相互促进，又相互矛盾，新梢生长与根系竞争养分，过度的新梢旺长将降低新根的发生，但根系特别是生长根的发生又需要幼叶茎尖产生的吲哚乙酸（IAA）刺激。超负荷、早期落叶降低了下运的光合产物，同时有限的秋梢生长而减少了IAA的向基部运输。因此，超负荷、早期落叶不仅影响秋根的生长，还使翌年春季新根发生量少而晚。

（二）根系分布与密度

树体年龄、砧木、土壤类型、地下水位及栽培技术均影响苹果根系分布。

根系在果园土壤中因介质与环境的多样性，而表现出不同的生态表现型。黏土根系常呈"线性"分布，分根少、密度小，但在延伸过程中，如果遇到透气性好的区域，分根就会大量发生；肥水条件较好的根系分布深远，分根多，细根量大，常呈"匀性"分布；透气性好但贫瘠、干旱的沙地果园，根系分布广、密度小，吸收根细短干枯、功能差，根系的分布呈"疏远型"；山地、冲积平原土果园，砾石层、黏板层常限制根系向下扩展，因而根系常集中分布于表层，而呈"层性"分布。

根系的垂直分布受土壤结构和层次性的影响，黏土障碍层和较高的地下水位等会限制根系向深层扩展。如辽南、胶东等山地苹果根系深度在1米左右；而西北、华北等黄土高原和各省的冲积地，根系深达4～6米；沿海、沿河的沙滩地，黄河故道冲积平原常受地下水位的影响，根系深度仅60厘米左右。但大部分地区乔砧苹果根系分布，范围多集中在20～60厘米，浅根性的矮砧苹果根系多集中在40厘米之内，即使是乔砧大树，80%以上的细根也分布于40厘米以内的土层。因此，无论根系分布的绝对深度有多深，大部分根系特别是细根都接近土壤表层，表层根的利用不容忽视，但深层根对维持树势及植株的逆境适应能力如抗旱性具有重要作用。

苹果根系的水平扩展范围为树冠直径的1.5～3倍，乔砧、比较疏松的土壤较广，而矮砧、黏土则较狭。Papp和Tamasi（1979）综合调查数据得出，80%以上的苹果根系分布于树冠边缘以里的范围内，但直径小于1毫米的细根多分布于树冠边缘，距中央干较远的地方。尽管根系有潜力向更广范围延伸，但相邻植株的根系将限制其扩展，即使在高密度苹果园，株间根系交错也很少发生。

（三）影响根系的土壤环境条件

土壤通气、含水量、土壤温度、养分状况和pH影响根系的生长发育。要保证根系呼吸对氧的需要，就需要土壤有较大的孔隙度，细根密度与土壤孔隙度显著相关。由于土壤中孔隙容量有限，这些孔隙又常会被水分占据，土壤氧气常成为根系生长和机能活动的限制因子，土壤管理中应把改良土壤的透气性放在第一位。

一般情况下，土壤养分不会像氧气、水分、温度那样成为根系生长的限制因素。但是即使土壤再瘠薄，也还具有一定的自然肥力，所以土壤的养分状况对根系的形状、分布范围和密度影响很大。肥沃的土壤根系密度大，分布范围较小，根系比较集中；而瘠薄土壤的根系为了获得养分，广域觅食，分布范围扩大而密度较小，贫瘠、干旱地栽培都会形成这种庞大的根系，这对充分利用水分、养分是有利的，但是建造过程中要消耗大量的光合产物。

二、芽、枝和叶生长特性

（一）叶芽的萌发和发育

萌芽物候期标志着休眠或相对休眠期结束和生长的开始。苹果萌芽分为芽膨大和芽开绽两个时期，芽膨大的标志是芽开始膨大，鳞片开始松开，颜色变淡；芽开绽的标志是鳞片松开，芽先端幼叶露出。

苹果的叶芽外面有鳞片包被着，芽鳞内有一个具有中轴的胚状枝，是芽内生的枝叶原始体。叶芽萌发生长，芽鳞脱落，留有鳞痕，成为枝条基部的环痕。环痕内的薄壁细胞组织是以后形成不定芽的基础之一，苹果的短枝一次生长而形成顶芽的，都是由芽内分化的枝、叶原始体形成的。中营养枝、长营养枝的形成除由芽内分化的枝、叶原始体生成外，还有芽外分化的枝、叶部分。芽鳞片的多少、内生胚状枝的节数常标志着芽的充实饱满程度。

一般充实饱满的苹果芽常有鳞片6～7片，内生叶原始体7～8个，有时丰产稳产植株壮枝上的壮芽可达13片叶原始体。外观瘦瘪、仅有少量鳞片和生长锥、没有叶原或仅1～2片叶原者为劣质芽。一个枝或一棵树充实饱满芽的多少，也是衡量枝与植株生长强度的指标之一。

枝条上萌芽的多少占所有芽的百分数，称萌芽率，萌芽率是用来表示枝条上芽萌发力的强弱程度。成枝力是指枝条上的芽萌发后抽生长枝（长度大于30厘米）的能力，用抽生长枝数量的多少来表示，一般抽生长枝数2个以下者为弱，4个以上的为强。萌芽率和成枝力强弱决定于品种的生长习性，还与顶端优势、枝条姿势、树龄和栽培管理措施有关。开张角度大的枝条萌芽力强，抽生长枝的数量少。新红星品种萌芽力强，而成枝力弱；富士品种萌芽力、成枝力均弱。萌发力弱的品种形成的潜伏芽数量多，潜伏芽的寿命也较长，早熟品种如辽伏、早捷、贝拉，其芽具有早熟性，也更容易形成花芽，植株开始结果年龄早。

影响苹果萌芽的因素主要是温度、水分和枝干营养贮存水平等。苹果春季萌芽，一般在天气晴朗、温和、干燥时萌芽整齐而延续时间短；反之，阴雨、低温、湿润时萌芽持续时间长。当春季日夜平均温度10℃左右时，叶芽即开始萌动，一般金冠、红星萌芽温度为10℃，而富士则为12℃。贮藏养分充足的植株萌芽早，萌芽率高；树冠外围和顶部生长健壮的枝条比树冠内膛和下部的枝条萌芽早；同一枝条上，中上部较充实的芽萌发早。

（二）枝梢生长和枝类组成

1. 枝梢生长

苹果叶芽萌发成新梢。枝条的生长表现为加长生长和加粗生长。加长生长是由生长点细胞分裂和分化实现的，春季萌芽标志着新梢加长生长开始。加粗生长是形成层细胞分裂和分化实现的，加粗生长开始稍落后于加长生长，基本与加长生长相伴而行，而比加长生长停止晚，在多年生枝上明显。

新梢生长的强度，常因品种和栽培技术的差异而不同。一般幼树期及结果初期的树，其新梢生长强度大，为80～120厘米；盛果期其生长势显著减弱，一般为30～80厘米；盛果末期新梢生长长度就更加减弱，一般在20厘米左右。大部分苹果产区新梢常有两次明显的生长，第一次生长的称春梢，第二次延长生长的为秋梢，春秋梢交界处形成明显的盲节。自然降水少，而且春旱、秋雨多的地区，春季没有灌溉条件的果园，往往是春梢短而秋梢长，且不充实，对苹果的生长发育极为不利。

苹果的枝芽异质性、顶端优势、枝芽的方位等是影响新梢生长发育强度的主要因子，新梢的加长、加粗生长都受这三个内因的制约。

2. 枝类组成

按枝条的发生习性和功能可以将苹果枝条分为长枝、中枝、短枝、徒长枝和结果枝5种类型。

（1）长枝　长枝指生长量大，枝上具有芽内叶、芽外叶和秋梢叶（春秋两季生长）的两季枝。这类枝条具有强的激素合成和竞争营养物质的能力，生长形成消耗大，生长形成期长（一般90天，长者可达120天），光合强度前期低后期高，光合产物主要到新梢停长后才可大量输出，供应期短。但长枝的光合产物可以运往枝、干、根中，起到养根、养干的作用，并能向根系提供激素活性物质，因而对树体具有整体性的调控作用。

当树冠中长枝过多时，由于长枝对营养物质分配有较大的竞争力和支配力，常造成树体旺长，中短枝得到营养物质少，瘦弱，不易成花。但当长枝过少或无长枝时，由于树体的整体物质交换能力弱而导致树体衰老，新根发生受影响。所以树冠中要保持一定量的长枝，并要合理布局，以保证营养的合理分配，成年树长枝以3%～8%为宜。

（2）中枝　中枝（也叫封顶枝），只有春梢（包括芽内叶和芽外叶）无秋梢，有明显顶芽的枝条。这是一类只有一次生长且功能较强的枝条，其影响范围较短枝大而较长枝小，有的可以当年形成花芽而转化为果枝。

（3）短枝　短枝指只有芽内叶原始体，一次性展开形成的枝条。它生长形成时间短而积累时间长，但后期光合强度小于长枝，而且光合产物基本自留而不外运，无养根、养干的作用。短枝是成花的基本枝类，凡具有4片以上大叶的短枝即易成花，无大叶的短枝顶芽瘦弱，多不能成花。树冠中维持40%左右、具有3～4片大叶的短枝，是保持连续稳定结果的基础。因短枝光合产物输出范围小，树冠中如无长枝则根系营养不良，树体易早衰。

（4）徒长枝　徒长枝是当劣质芽潜伏后，遇到刺激萌发而形成的枝。这类枝生长量大，皮薄叶小，以消耗为主，枝条不充实，芽子瘦瘪，不易形成骨干枝和花芽。除大枝更新时利用外，多疏除而不保留。

（5）结果枝　果枝是具有花芽的枝。不同品种花芽的着生位置不同，一般多为4片以上大叶状短枝的顶芽（如辽伏、贝拉、金冠等具腋花芽），发育健壮的中枝的顶芽和有些品种长枝的腋芽能够形成花芽。苹果初结果期以中长果枝结果为主，而盛果期以短中果枝结果为主。

3. 影响新梢生长的因素

苹果新梢生长强弱取决于品种、砧木类型、树体营养水平和环境因素等。

（1）品种与砧木　苹果不同品种新梢生长势也有不同，普通型品种生长势强，枝梢生长量大，形成长枝多，而短枝型品种生长相对缓慢，枝梢生长量小，形成短枝多，还有介于半短枝型的品种。砧木对地上部枝梢生长也有明显的影响，把同一品种嫁接到乔化砧、半矮化砧和矮化砧等不同的砧木上，生长表现出明显的差别。

（2）营养状况　树体内贮藏的养分是枝梢生长的物质基础，贮藏养分多少对枝梢的萌发、伸长有明显的影响。贮藏养分不足，新梢短小而纤细。负载量对当年枝梢生长也有影响，结果过多，大部分同化物质用以果实消耗，当年枝梢生长就受到抑制，反之，则会出现新梢旺长。因此，防止苹果早期落叶，提高树体营养贮存水平，是保证翌年新梢生长的基础。

（3）环境条件　各种环境因素都会影响枝梢的生长，主要表现为温度、光照、矿质元素、水分。在生长季节中，在保证土壤通气的情况下，水分充足，能促进新梢迅速伸长；水分过多而营养不足时，新梢生长纤弱，组织不充实；缺水也能使新梢生长减弱，这是由于细胞体积小和分化提早引起的。在矿质元素中，氮素对新梢伸长具有特别显著的影响，而钾肥施用过多，对枝梢生长有抑制作用，但可促进枝梢健壮充实。光照强度对枝梢生长及树冠高度有调节作用，长光照有利于生长素的合成，从而增加新梢的生长速率和持续时间；而短光照则使生长素的可给程度降低，使新梢生长速率降低。温度对枝梢的影响是通过改变树体内部生理过程而实现的，新梢生长有其最适温度范围，过高过低对枝梢生长都不利。

（三）叶和叶幕形成

1. 叶

叶原始体开始形成于芽内胚状枝上。芽萌动生长，胚状枝伸出芽鳞外，开始时节间短、叶形小，以后节间逐渐加长、叶形增大，一般新梢上第7～8节的叶片才达到标准叶片的大小。叶片大小影响叶腋间芽的质量，叶片大光合机能强，其叶腋的芽也相对的比较充实饱满。新梢上叶的大小不齐，形成腋芽充实饱满的程度也各不相同，因而形成了芽的异质性。

根据吉林省农业科学院果树研究所的调查，苹果成年树约80%的叶片集中发生在盛花末期几天之内，这些叶片是在前一年芽内胚状枝（叶原基）上形成的。当芽开始萌动生长，新形成的叶原基也相继长成叶片，约占总叶数的20%，是新梢生长继续延伸而分化的后生叶（芽外叶）。

叶的年龄不同，其对新梢生长所起的作用也不同。近年来的试验结果表明，在幼嫩的叶内产生类似赤霉素的物质，促使新梢节间的加长生长。如果把幼嫩叶摘除，就会使正在加长生长的节间较短。成熟的叶内制造有机养分，这些营养物质与生长点的生长素一起，导致芽外叶和节的分化、增长，使新梢延长生长。成熟的叶还能产生脱落酸（休眠素），起到抑制嫩叶中赤霉素的作用，如果把新梢上成熟的叶摘除，虽然促进了新梢的加长生长，但并不增加节数和叶数。由此可见，新梢的正常生长是成熟叶和嫩叶两者所合成物质的综合作用。所以在生产上必须时刻重视保护叶片，才能获得新梢的正常生长。

2. 叶幕

叶在树冠内的数量及分布称为叶幕，叶幕的形状、层次和密度组成叶幕结构。叶幕形成的早晚及叶幕结构是否合理与苹果树体生长发育和产量品质密切相关。

叶幕过厚，树冠内膛光照不足，内膛枝不能形成花芽，枝组容易枯死，反而缩小了树冠的生产体积。丰稳产园叶面积指数一般为3～4，且在冠内分布均匀。生产中采取整形修剪等措施调整叶幕形状、层次和叶片密度，形成合理的叶幕结构，增加有效光合叶面积，充分利用光能，实现优质、丰产和稳产。

理想的叶幕动态是前期叶面积增长快，中期保持合适的叶面积，后期叶面积维持时间长。因此，要保持丰优生产，在叶幕结构合理和保证适宜叶面积的基础上，还要注意提高叶片的质量（厚、亮、绿），并使春季叶幕尽早生长，秋季尽晚衰老，尽量避免梢叶过度生长及无效消耗。

三、开花结果习性

（一）结果枝类型

苹果结果枝类型通常分为4种，即短果枝（5厘米以下）、中果枝（5～15厘米）、长果枝（15厘米以上）及健壮长梢的腋花芽枝。苹果不论幼树或成年树，除少数品种外，一般皆以短果枝结果为主。成花难易因品种而异，一个健壮的长梢一般3～4年才可形成花芽，所以幼树提早结果必须轻剪长放。

（二）萌芽开花时期

苹果花芽是混合花芽，伞形花序，每花序有5～6朵小花，同一花序中，中心花优先开放。一般日夜平均温度达8℃以上，花芽即开始萌动。混合芽开放物候期可分为如下时期。

（1）萌芽期　芽体膨大，鳞片错裂。

（2）开绽期　芽先端裂开，露出绿色。

（3）花序伸出期　花序伸出鳞片，基部有卷曲状的莲座状叶。

（4）展叶期　第一片莲座状叶伸展开来。

（5）始花期　花序第一朵花开放，到全树约25%的花序第一朵花开放。

（6）盛花期　全树25%～75%的花序开放。

（7）落花期　花瓣开始脱落到全部落完。

苹果自萌芽到落花所经历的时间，一般随品种、地区、环境条件而有不同，一般为40～50天。苹果混合芽物候期进展速度的快慢受气温影响最大，春季气温上升快的地区进展也较快。开花物候期是否能正常通过，对当年的产量影响很大。花期的长短又与温度及湿度有关，如一般盛花期为6～8天，气温冷凉、空气湿润则花期延长，高温、干燥则花期缩短。苹果单花开放寿命为2～6天，一个花序约1周，一棵树约15天。气温17～18℃是苹果开花最适温度，也是授粉昆虫活跃时节。

（三）授粉、受精与结实

苹果要经过授粉及受精过程才能正常结实。苹果多数品种自花结实率很低，建园时需配置授粉品种进行异花授粉，以保证授粉受精，提高坐果率。三倍体品种，如乔纳金、陆奥、北海道9号等，因其花粉母细胞减数分裂不正常，往往无花粉或不具有受精能力，不能作为授粉品种用。

花期的温度是影响授粉受精的一个重要因素。花粉发芽和花粉管生长的最适温度为10～25℃，不同品种的适宜温度也不同。花期较早品种的适宜温度都低于花期较晚的品种。苹果花粉管在常温下需48～72小时乃至120小时可达到胚囊，完成受精作用需1～2天。花前或花期晚霜可能影响产量。盛开的花在–3.9～–2.2℃就可能受冻。雌蕊在低温下最先受冻，花粉较耐低温。

（四）落花落果

苹果多数品种花果脱落一般有3次高峰。第一次是落花，出现在开花后、子房尚未膨大时，此次落花的原因是花芽质量差，发育不良，花器官（胚珠、花粉、柱头）败育或生命力低，不具备授粉受精的条件；第二次是落果，出现在花后1～2周，主要原因是授粉受精不充分，子房内源激素不足，不能调运足够的营养物质，子房停止生长而脱落；第三次落果出现在花后4～6周（5月下旬至6月上旬），又称六月落果，此次落果主要是同化营养物质不足、分配不均而引起，例如：贮藏营养少，结果多，修剪太重，施氮肥过多，新梢旺长，营养消耗大，当年同化的营养物质主要运输到新梢，果实内胚竞争力比新梢差，果实因营养不足而脱落。除以上三次落花落果外，某些品种在采果前1个月左右，果实增大，种子成熟，内部生长抑制物质乙烯、脱落酸含量增加，伴随着衰老的加剧，出现“采前落果”，尤以红星表现较突出。

四、花芽分化

（一）花芽分化的意义

营养繁殖的果树已具有开花潜势，由于内外条件制约而不能开花，即开花“程序链”被阻遏。只要解除阻遏，程序正常进行，花芽分化即可开始。果树芽轴的生长点经过生理和形态的变化，最终构成各种花器官原基的过程，叫花芽分化。对于无性系果树，要求尽早完成从营养生长向生殖生长的转化，每年稳定地形成数量适当、质量好的花芽，才能保证早果、高产、稳产和优质。因此，研究花芽分化的规律在果树栽培学中具有十分重要的意义。

（二）花芽分化过程

苹果的花芽是混合花芽，一般着生在短枝、中枝的顶端，有些品种长梢上部的侧芽也可形成花芽。不论哪种情况，花芽均在枝条停止生长后才开始分化，所以短果枝分化得最早，而中长果枝生长停止越迟则分化越晚，顶芽则比侧芽分化早。苹果的花芽分化，可分为生理分化期、形态分化期和性细胞形成期。

1. 花芽的生理分化

新梢停止生长以后营养物质开始积累，并有利于成花激素物质的产生，即开始芽内的生理分化过程，苹果生理分化的集中期在6月上旬至7月。此期间，芽的形态构造与叶芽无区别，主要是生理方面发生一系列变化，如体内营养物质、核酸、内源激素和酶系统的变化等。生长点原生质处于不稳定状态，对外界因素具有高度的敏感性，易于改变代谢方向，是决定芽分化方向的关键时期，亦称花芽孕育期，所有促花措施都应在这个时期进行，才能产生最佳效果。

2. 花芽的形态分化

花芽生理分化后1～7周开始形态分化。通常可分为7个时期。

（1）未分化期　其标志是生长点狭小、光滑。在生长点范围内均为体积小、等径、形状相似和排列整齐的原分生组织细胞，不存在异形的细胞和已分化的细胞。

（2）花芽分化初期（花序分化期）　其标志是生长点肥大隆起，为一个扁平的半球体。在该生长点范围内，除原分生组织细胞外尚有大而圆、排列疏松的初生髓细胞出现。这一形态对鉴别花芽分化初期十分重要，因为，在此之前为生理分化期，是控制花芽分化的关键时期，也称为花芽分化临界期。

（3）花蕾形成期　其标志是肥大隆起的生长点变为不圆滑的、并出现凸起的形状。苹果中心凸起较早、体积也较大，处于正顶部的凸起是中心花蕾原基。梨的周边凸起较早，体积稍大，为侧花原基。这就是为什么苹果花中心先开放，而梨是周边花先开放的原因。

（4）萼片形成期　花原基顶部先变平坦，然后其中心部分相对凹入，四周产生凸起体，即萼片原始体。

（5）花瓣形成期　萼片内侧基部发生凸起体，即花瓣原始体。

（6）雄蕊形成期　花瓣原始体内侧基部发生的凸起（多排列为上下两层）即雄蕊原始体。

（7）雌蕊形成期　在花原始体中心底部所发生的凸起（通常为5个）即雌蕊。雌蕊基部的子房深埋于花托组织中（子房下位的果实）。

花芽形态分化一旦开始，将按部就班地继续分化下去，此过程通常是不可逆转的。

3. 性细胞形成

冬季花芽进入休眠期后，虽然形态上的变化不明显，但其内部仍然进行生理生化的变化。进入冬眠的花芽要经过一定时间的适当低温，春天时才能正常萌芽开花。

春季花芽萌动后，雄蕊的孢原组织向花粉母细胞发展，同时雌蕊出现胚珠凸起。在花序伸出和分离期，花粉母细胞逐渐形成，开始减数分裂，同时雌蕊中的胚珠形成孢原细胞。花序分离期后的4～5天，雄蕊内四分体形成，雌蕊内胚囊形成，几天之后花即开放。这些过程的进行都是依靠树体内前一年积累的营养物质。因此，春季树体内有足够的贮藏营养，对花器的继续发育有直接的作用，也影响到开花、坐果、果实大小和产量的高低。

（三）成花理论基础

1. C／N关系

果树体内氮和碳水化合物的比例适当，糖和氮供应充足，花芽分化旺盛，开花、结果也多。如碳水化合物欠缺，花芽不能形成。氮欠缺，碳水化合物相对过剩，虽能形成花芽，但结果不良。碳水化合物和氮是花芽分化的前提和基础，也是花芽分化的重要营养和能量来源。

2. 内源激素平衡

很多试验表明，包括赤霉素（GA）、细胞分裂素（CTK）、脱落酸（ABA）、吲哚乙酸（IAA）和乙烯在内的激素对花芽的形成都有影响。GA抑制花芽的形成；花原基发生与分化必需CTK；ABA由于与GA拮抗，引起枝条停长，有利于糖的积累，对成花有利；乙烯和IAA都能促进花芽形成。其实，在果树组织和器官中常常是几种激素并存，所以激素对花芽分化的调节不取决于单一激素水平，而有赖于各种激素的动态平衡。激素的平衡不仅较真实地反映了成花机制，也能解释一些花芽分化的现象。

3. 养分分配方向

成花基因的表达比叶芽发育需要更多的同化产物。芽体内髓分生组织是营养生长高度活跃部分。生长点中心分生组织相对平静，但在花芽形态分化之前代谢大大增强，核糖体数目增加。在激素的作用下，同化产物向中心分生组织供应，髓分生组织活性下降，即使在中心分生组织中，养分也流向最活跃的关键部位，以保证花芽不断进行分化。

4. 基因启动

成花激素到达茎尖可以认为是成花基因的开关，此时指导形成花原基的特异蛋白合成的基因开始起作用。在细胞核中调节支配DNA作用的有组蛋白，它是位于核内染色体上与DNA共存的碱性蛋白质，起着从DNA制造mRNA的阻遏作用，一旦组蛋白离开DNA，mRNA就能合成。

所谓诱导就是引起不可逆的新蛋白质或mRNA的合成，在诱导前放线菌素D与DNA的结合，抑制mRNA的合成、也抑制了花芽形成。花芽形成依赖于与DNA→RNA→蛋白质有关信息传递。

5. 临界节位

叶芽只有发育到一定节数时，才能诱导并进行分化，这个节数称为临界节位。金冠苹果的临界节位数为12，橘苹临界节位数为21，元帅临界节位数为16.26，国光临界节位数为13.14。

花芽分化的研究已有100多年的历史，提出了不少假说，但至今关于它的机制报道仍然很少。其基本过程大体是：生长点是由原分生组织的同质细胞群构成，所有细胞都具有遗传的全能性，但不是所有的基因在细胞的任何时期都能表现出活性。只有外界条件（如日照、温度、水分等）和内部因素（如激素的比例变化、结构和能量物质的累积）作用下产生一种或几种物质（成花激素），启动细胞中的成花基因，并将信息转移出来引起酶的活性和激素的改变，并高强度地吸收养分，最终导致花芽的形态分化。

6. 影响花芽分化的环境因素

（1）光照　光是花芽形成的必需条件，在多种果树上都已证明遮光会导致花芽分化率降低。苹果在花后7周内高光强（2.4万勒克斯）促进成花，低光强（1.25万勒克斯），成花率下降，但花后7周以后降低光强不影响成花（Tromp，1984）。光强影响花芽分化的原因可能是光影响光合产物的合成与分配，弱光导致根的活性降低，影响CTK的供应。光的质量对花芽形成也有影响，紫外线抑制生长，钝化IAA，诱发乙烯产生，促进花芽分化，高海拔地区的苹果生长较矮，易于成花。大部分果树对光周期并不敏感。

（2）温度　温度对果树新陈代谢产生影响是众所周知的事实。苹果花芽分化的适温为20℃（15～28℃），20℃以下分化缓慢。盛花后4～5周（分化临界期）保持24℃，有利于分化。

（3）水分　果树花芽分化临界期前，适度的水分胁迫可以促进花芽分化。适当干旱使营养生长受抑制，碳水化合物易于积累，精氨酸增多，IAA、GA含量下降，ABA和CTK相对增多，有利于花芽分化。像一切外界条件一样，过度干旱也不利于花芽的分化与发育。

（4）土壤养分　土壤养分的多少和各种矿质元素的比例可影响花芽分化。缺氮形成花芽很少，苹果在雄蕊或雌蕊分化期施氮可提高胚珠的生命力。

（四）花芽分化的调控途径

应用农业技术在一定程度上调节与控制花芽的形成。所有技术措施都因品种、树龄和树体状况而有所不同，任何措施又常因时间和强度使效果有所差异。

（1）调控的时间　尽管花芽分化持续的时间较长，同一株上的花芽分化的时间也有早有晚，但在地区、树龄、品种相同的情况下，对产量构成起主要作用的枝条类型基本相同，花芽分化期也大体一致。例如：多数苹果品种以短枝结果为主，幼树长枝结果的比例较大。调控措施应在主要结果枝类型花芽诱导期进行，进入分化期效果就不明显。因此，促花措施多在生理分化之前进行。

（2）平衡果树生殖生长与营养生长　是控制花芽分化主要手段之一。苹果大年加大疏果量，幼树轻剪长放及拉枝缓和生长势可促进成花，因地制宜地选择矮化、半矮化或乔化砧，可以适时结果，环剥、环割和倒贴皮也有明显的促花效果。

（3）控制环境条件　通过修剪，改善树冠内膛的光照条件，花芽诱导期控制灌水和增施硝态氮肥和磷肥、钾肥能有效地增加花芽数量。

（4）生长调节剂的应用　目前应用最为广泛的是多效唑（PP_{333}），由于这些物质抑制茎尖GA的合成，使枝条生长势缓和而促进成花。

五、果实发育与果实品质

（一）果实发育过程

从细胞学角度划分，果实的全部发育过程可分为细胞分裂和细胞膨大两个阶段。

果实细胞分裂阶段的基本特征是果实细胞进行旺盛分裂，细胞数量急剧增加。苹果果实的细胞分裂从开花前已经开始，到开花期暂时停止，授粉受精后继续进行，多数品种可一直延续到花后3～4周。苹果果实分生组织中没有形成层，因此，在细胞分裂阶段，外观上果实以纵向生长为主，果形为长圆形。

果实细胞膨大阶段的主要特征是细胞容积和细胞间隙不断膨大。到果实成熟时，果肉细胞间隙可占果实总容积的20%～40%。在果实细胞膨大阶段，随着细胞溶解和细胞间隙的增大，果实横径迅速增长，果实由长圆形变成椭圆形或近圆形。如果把果实在不同间隔期内的体积与纵横径的增长绘成曲线，则发现苹果以盛花期为起点，以果实成熟期为终点，果实纵横径的增长曲线为单“S”形。

（二）果实品质

果实品质主要包括果实大小、果实形状、果实风味、果实色泽和果肉硬度等。

1. 果实大小

从果实发育过程看出，由果肉细胞数量和细胞容积决定着果实大小。因此，作用于前期细胞数量和后期细胞体积的内外界因素，都会对果实大小产生影响。

开花时，一个苹果果实约有200万个细胞，到采收时，果实内约有40 000万个细胞。开花时幼果内要有200万个细胞，花前细胞分裂必须达到21次，而花后只需分裂4～5次，通常，这在花后3～4周内即可实现。因此，树体营养状况，特别是早期的营养状况，对果实大小影响很大。浅田与增田（1974）发现，强壮树上的国光果实，一果内有240×10^6个细胞；中庸树上的果实，有196×10^6个细胞；而弱树上的果实，却只有171×10^6个细胞，仅为强树的70%左右。果肉细胞的增大，受细胞壁的可塑性能以及液泡吸水性能的影响。因此，矿质营养状况和供水水平对果实膨大可产生重要影响。

2. 果实形状

果形是苹果外观品质的重要标志之一，通常以果形指数（果实纵径与最大横径比L/D）来表示。苹果为子房下位花，由5个心皮组成，包裹在花托之中，一般苹果品种每个心皮有2个胚珠，充分受精后，可以形成10粒种子。但多数品种坐果果实中，只有5～8粒种子。一个果实内种子数量的多少，对果实形状有重要的影响。种子的相应部位不正常时，幼果期生长缓慢，致使果实纵切面不对称，影响果实外观。这种现象与缺少种子导致的内源激素合成、分布不均有关。另外，花的质量、负荷量、果实着生状态、气候条件等对果形也有影响。同一植株上早开的花、同一花序的中心花果实的果形指数较高；负载量过高，则使果实变扁；果实着生时，果顶向下的果实较高桩，而果顶倾斜的果实偏斜率高，尤其是富士；花后气温凉爽湿润，有利于苹果纵径的伸长，但花后气温过低（＜15℃）时，不利于细胞分裂而使果实趋于扁形，夏秋多雨则使果实横径增长较大，果形常易扁化。

3. 果实风味

苹果果实的内含物主要有碳水化合物（主要是淀粉和糖）、蛋白质和脂肪、维生素、矿物质、色素及芳香物质等，这些成分随苹果发育而消长，到果实成熟时，表现出品种的固有性状。

（1）淀粉和糖 幼果中淀粉含量很少，随着果实发育，淀粉含量逐渐增多，到果实发育中期，淀粉含量急剧上升而达高峰。此后，随着果实成熟，淀粉水解转化为糖，淀粉含量下降。

苹果果实中糖的种类主要有葡萄糖、果糖和蔗糖，还有少量山梨糖、山梨醇、D-木糖等。果实全糖含量在幼果期很低，果实膨大期（6月下旬至8月上旬）含糖量急剧上升，此后有所减缓，至果实成熟前又有明显上升。含糖量、糖的种类及其甜味度的不同将影响食用时的口感甜味。

（2）有机酸 果实生长前期有机酸的生成量虽大，但含量较低，到果实迅速膨大期，有机酸的生成量和含量都达到高峰，此后，随果实的成熟，有机酸的含量显著下降。苹果果实中至少含有16种有机酸，但以苹果酸含量最高，鲜果汁苹果酸含量一般为0.38%～0.63%。另外，单宁（鞣酸）含量在幼果期较高，果实临近成熟时显著减少。

（3）芳香物质 苹果果实中的芳香物质是随果实的渐进成熟和在成熟过程中形成的，尽管这些芳香物质的合成机制尚不清楚，但已确知内源乙烯可诱发成熟过程和果实香味的散发。苹果是芳香物质含量较高的树种，已知构成苹果香气的芳香物质多达200余种，品种和环境条件不同，芳香物质的种类与含量差异很大，各种芳香物质相互作用影响果实的芳香气味。

在一定条件下，有些芳香物质的生成高峰期出现在果实中内源乙烯含量的高峰期后，有些芳香性物质的生成高峰期则伴随着果实的老化而出现。果实中芳香物质的生成及其含量的消长动态，常随着芳香物质的种类、成熟过程和条件而有变化。因此，即使是同一个苹果品种，在不同的年份或储藏方法不同时，其芳香气味是有所差异的。

另外，果实中的维生素、氨基酸等物质也影响果实的风味。

4. 果实色泽

（1）苹果果皮的色泽发育 苹果果皮色泽分为底色和表色两种。果皮底色在果实未成熟时一般表现为深绿色，果实成熟时将出现3种情况：绿色消退，乃至完全消失，底色为黄色；绿色不完全消退，产生黄绿色或绿黄底色；绿色完全不消退，仍为深绿色。果皮表色在果实成熟后，一般表现为不同程度的红色、绿色和黄色3种类型。

决定果实色泽的色素主要有叶绿素、胡萝卜素、花青素以及黄酮素等。叶绿素含于叶绿体内，与胡萝卜素共存（约为3.5：1）。类胡萝卜素是溶于水的，呈黄色至红色的色素，苹果果皮中主要含β-胡萝卜素，呈橙黄色。果实发育过程中，在叶绿素开始分解时，胡萝卜素随之减少。但是，如果实中的叶绿素含量降至品种固有的水平时，那么，到呼吸跃变前不久或者与之同时，胡萝卜素又会开始重新形成β-胡萝卜素及其他的黄色色素，如紫黄嘌呤等，是黄色品种果皮色泽之源。

花青素赋予果实以红色。苹果果皮中的花青素其基本成分是花青素糖苷或称花青素苷，苹果表皮和下表皮中都含有花青素苷，每100克鲜果皮中的含量可达到100毫克。花青素是极不稳定的水溶性色素，主要存在于细胞液或细胞质内。在pH值低时呈红色，中性时呈淡紫色，碱性时呈蓝色。与不同金属离子结合时，也会呈现各种颜色，因而果实可表现为各种复杂的色彩。花青素苷只有在叶绿素分解始期或末期才可能强烈形成。

（2）影响花青素形成的因素　除品种的遗传性外，果实中的糖含量是影响苹果花青素形成的主要因素。花青素是戊糖呼吸旺盛时形成的色素原；另外花青素还常与糖结合，形成花青素苷存在于果实中。因此，花青素的发育与糖含量密切相关。任何影响糖合成和积累的因素均影响花青素的发育。较高的树体营养水平、合理负荷、适宜的磷钾肥与氮肥比例、适当控水均有利于果实的红色发育。

温度对着色的影响也与糖分的积累有关。中晚熟苹果品种夜温在20℃以上时，不利于着色。元帅系苹果果实成熟期日平均气温20℃、夜温15℃以下、日较差达10℃以上时，果实内糖分高，着色好。我国山西、陕西和甘肃等省的黄土高原地区以及西南地区的高海拔山区，多具有夜温低、温差大的条件，加之海拔高，紫外线较强，所以红色品种着色都较好。

光照除影响碳水化合物的合成和糖分的积累外，还直接作用于花青素的合成。花青素生物合成必须有苯丙氨酸解氨酶（PAL）的触发，而PAL是光诱导酶。光质对着色影响很大，紫外光有利着色，因其可钝化生长素而诱导乙烯的形成。

5. 果肉硬度

果肉硬度不仅影响到鲜食时的口感味觉，也与果实的储藏加工性状相关。苹果果肉的硬度与细胞壁中的纤维素含量、细胞壁中胶层内果胶类物质的种类和数量以及果肉细胞的膨压等密切相关。Kertez（1959）对17个苹果品种的研究表明，凡是细胞壁纤维素含量高、胞间结合力强的品种，果肉硬度较高；当液泡渗透压大，果实含水量多时，薄壁细胞膨压大，果肉硬度高。在果实发育过程中，果胶类物质总量减少，果肉硬度随之降低，近成熟时，果实细胞发生一系列的生理、生化变化，促使果肉软化。

六、落叶和休眠

（一）落叶

温度是影响落叶的主要因子，落叶果树当昼夜平均温度低于15℃、日照缩短到12小时，即开始准备落叶。我国华北、西北及东北苹果落叶都在11月间，西南地区则在12月间，东北小苹果产区落叶在10月间。

干旱、积水、缺肥、病虫害、秋梢旺长、内膛光照恶化、土壤及树体条件的剧烈变化等容易引起叶片的早期异常脱落，超负荷树在果实采收后常发生大量采后落叶。生产中应注意保护叶片，防止早期异常落叶的发生。

（二）休眠

苹果通过自然休眠最适合的温度是稍高于0℃（3～5℃）的低温，需60～70天，大体在12月至翌年1月末；或者是在7℃以下的温度，休眠时间1 400小时以上，才能度过休眠期，次年春正常萌芽开花。

七、对环境要求

（一）温度

苹果喜欢冷凉气候，适宜年均温度为7～14℃，但以9～14℃生长结果更好。生长季均温12～18℃，6—8月均温18～24℃。冬季最低均温低于-12℃发生冻害，低于-14℃死亡。根系活动需3～4℃，生长适温7～12℃；芽萌动适温8～10℃，开花适温15～18℃，果实发育和花芽分化适温17～25℃；需冷量<7.2℃，低温1 200小时。在果实成熟季节，日较差是决定果实品质的重要条件，生产优质苹果不仅需要大于10℃的日较差，更需要较低的夜温，夜温低于17℃时，果皮才能正常发育为红色。

（二）水分

各地经验认为，当降水量在500～800毫米，而且分布比较均匀或大部分在生长季中，即可基本满足苹果生产需要。年周期中，新梢快速生长期（5月）和果实迅速膨大期（6月下旬至8月）需水量多，为需水临界期，应保证水分供应。

（三）光照

苹果喜欢光，要求年日照时数2 200～2 800小时，年日照少于1 500小时或果实生长后期月平均日照时数少于150小时，会降低果实品质，若光照强度低于自然光照强度的30%，则花芽不能形成。

（四）土壤

苹果对土壤的适应范围较广，可利用不同砧木，在pH值5.7～8.2的土壤环境中正常生长，但以土层深厚（不小于60厘米）、富含有机质的砂壤土和壤土最好。苹果对土壤的透气性要求较高，当根际的氧气含量低于10%时，根系生长受阻；如果二氧化碳含量达2%～3%时，根系生长停止。

第四节 土肥水管理

土壤是果树生长与结果的基础，是水分和养分供给的源泉。土壤深厚、土质疏松、通气良好，则土壤中微生物活跃，就能提高土壤肥力，从而有利于根系生长和吸收，对提高果实产量和品质有重要意义。

我国果树广泛栽种于山地、丘陵、沙砾、滩地、平原及内陆盐碱地。这些果园中相当一部分土层瘠薄，结构不良，有机质含量低，偏酸或偏碱，不利于果树的生长与结果。因此，必须在栽植前后改良土壤的理化性状，改善和协调土壤的水、肥、气、热条件，从而提高土壤肥力，若能施用生物磷钾肥（主要含有解磷菌和解钾菌等）会对土壤起到积极的改良作用，并能充分利用土壤中的无效磷钾。

一、土壤改良与管理

（一）果园深翻与耕翻

深翻可加深根系分布层，使根系向土壤深处发展，减少“上浮根”，提高抗旱能力和吸收能力，对复壮树势、提高产量和质量有显著效果。生产上常采用隔行或隔株深翻、环状沟扩穴深翻方式，2～3年翻遍全园。实践证明，果园一年四季均可深翻，但以秋季落叶前完成为好，有利于根系愈合和新根发生。深翻方法为沟宽50～60厘米、深60～80厘米，深翻结合施基肥效果更好。

土壤耕翻以落叶前后进行为宜，耕翻深度10～20厘米。耕翻后不耙以利于土壤风化和冬季积雪，盐碱地耕翻有防止返盐的作用，并有利于防治越冬害虫。

（二）果园覆盖

覆盖能减少水分蒸发，抑制杂草生长，增加土壤有机质含量，保持土壤疏松，透气性好，根系生长期长，吸收根量增多，提高叶片光合能力，增强树势，改善果实品质。覆盖物可选用玉米秸秆、麦秸和杂草等，覆盖在5月上旬灌足水后进行，通常采用树盘内覆盖的方式，厚度15～20厘米，于第三年秋末将覆盖物翻于地下，翌年重新覆盖。旱地果园缺乏覆盖物时也可采用薄膜覆盖法。

（三）中耕除草

年降水量较少的地区多采用清耕法。树盘内应保持疏松无草，劳力不足时可采用化学除草剂除草。每次灌水或降水后均应进行中耕，以防地面板结，影响保墒和土壤通透性。雨季过后至采收前可不再进行中耕，使地面生草，以利吸收多余水分和养分，提高果实质量。

（四）客土和改土

过砂和过黏的土壤都不利于苹果树生长，均应进行土壤改良。砂土地可以土压沙或起沙换土，提高土壤肥力；黏土地可掺沙或掺炉灰，提高土壤通气性。改良土壤对提高产量和果品质量均有明显效果。

（五）果园生草

在树盘以外行间播种豆科或禾本科等草种，生草后土壤不耕锄，能减轻土壤冲刷，增加土壤有机质，改善土壤理化性状，提高土壤肥力，提高果实品质。苹果园适宜种植的草种有三叶草、黑麦草、瓦利斯、紫云英、黄豆、苕子等。生草果园要加强水肥管理，于豆科草开花期和禾本科草长到30厘米时进行刈割，割下的草覆盖在树盘上。

在苹果园土壤管理方面，最好的形式是行内覆盖行间生草法。

（六）幼龄果园间作

幼龄果园合理间作可以充分利用土地和空间，增加前期收益，做到以短养长。间作应以不影响果树的生长发育为前提。良好的间作作物应具备的条件是株型矮小，不与果树争光；生育期短，且大量需水肥时期与果树互相错开；与果树无共同病虫害，也不是果树病虫的中间寄主；管理省工，有利于培肥土壤，且具有较高的经济价值。在实际生产中，要因地制宜，完全可以做到合理间作。

二、合理施肥

我国苹果园土壤有机质含量严重不足，因而土壤对矿质养分丰缺的缓冲性大大降低，矿质养分失衡，果实品质下降，严重情况下出现生理性病害，例如，缺钙苦痘病、枝干锰中毒等。科学施肥是提高产量、改善品质的关键措施。

（一）苹果需肥特点

1. 苹果对矿质营养的需要量

苹果对矿质元素年吸收总量的排列顺序为钙＞钾＞氮＞镁＞磷。氮素在苹果各器官内分布较为均衡，18%在果实内，43%在叶中；钙素在果实内含量仅占全株总钙量的

2.5%，而在枝干和根中占44%，叶中占51%；钾在叶、果中含量几乎相等，而在木质部仅占13%；磷多存在于果实中；而镁则多存在于叶内，占71%。根据养分的分配情况，若果实负载量增加，就要相应增加磷、钾的供应，以保证果实的消耗及花芽分化的需要。

2. 养分吸收、需求和分配的季节规律

苹果需氮可分3个时期。第一个时期从萌芽到新梢加速生长为大量需氮期，此期充足的氮素供应对保证开花坐果、新梢及其叶片的生长非常重要，此期前半段时间氮素主要来源于贮藏在树体内的氮素，后期逐渐过渡为利用当年吸收的氮素；第二个时期从新梢旺长高峰后到果实采收前为氮素营养的稳定供应期，此期稳定供应少量氮肥对提高叶片光合作用的活性起重要作用，此期供氮过多影响品质，过少影响产量；第三个时期从采收至落叶为氮素营养贮备期，此期含量高低对下一年优质器官的分化起重要作用。对磷素而言，一年中苹果树的需求量基本上没有高峰和低谷，而是平稳需求。钾素则以果实迅速膨大期需求量最大。

（二）施肥量控制

苹果施肥应坚持以有机肥为主，配合施用各种化学肥料的原则，使苹果园有机质含量超过1%，最好能达到1.5%以上。化学肥料的施用要注意多元复合，最好施用全素肥料，目前苹果生产在化肥施用上存在着重氮、磷、钾，轻钙、镁及微量元素的倾向，应注意克服。

确定施肥量常用的方法有经验施肥法、田间肥料试验法和营养诊断法（叶分析法）。具体施肥量最简单可行的办法是以结果量为基础，并根据品种特性、树势强弱、树龄、立地条件以及诊断的结果等加以调整。如山东省苹果园的施肥量标准为：每生产100千克果实施纯氮0.7千克，纯磷0.35千克，纯钾0.7千克，土杂肥160千克。

日本长野县对红富士苹果施肥时，1年树龄幼树每株年施纯氮60克，磷（五氧化二磷）24克，钾（氧化钾）48克；5年树龄初果期树每株年施纯氮300克，磷（五氧化二磷）120克，钾（氧化钾）240克；10～20年树龄树每株年施纯氮600～1 200克，磷（五氧化二磷）240～480克；钾（氧化钾）480～960克。山东省不同树龄的苹果树施肥量标准（表2-1）。

表2-1 山东省不同树龄苹果树的施肥量

树龄（年）	土粪（千克/株）	硫酸铵（千克/株）	过磷酸钙（千克/株）	草木灰（千克/株）
3～5	100	—	—	—
6～10	150～200	0.5～1.0	1.0～1.5	1.0～1.5
11～15	200～300	1.0～1.5	2.0～2.5	2.0～2.5
16～20	300～400	1.5～2.0	3.0～4.0	3.0～4.0
21～30	400～600	2.5～3.0	4.0～5.0	4.0～5.0
>30	>600	>3.0	>5.0	>5.0

关于氮、磷、钾的配合比例，因地区条件不同而变化，美国使用氮：五氧化二磷：氧化钾比例为4：4：3，苏联为1：1：1，日本、朝鲜多用2：1：2。我国渤海湾地区棕黄土上幼树期为2：2：1或1：2：1，结果期为2：1：2。黄土高原地区土壤含磷量低，又多为钙质土，磷易固定，施磷后增产效果明显，三要素的比例为1：1：1。

确定施肥量可以用下列公式计算：

施肥量＝（果树吸收肥料元素量－土壤供肥量）/肥料利用率

肥料利用率一般氮50%、磷30%、钾40%，土壤供肥量按氮为吸收量的1/3，磷、钾约为吸收量的1/2进行计算。若在生产中推广应用生物磷钾肥，可大大提高磷、钾的利用率。

此外，不同苹果品种间需肥也存在差异。研究表明，红富士苹果氮肥的需要量较少，与一般品种相比，几乎可减少一半，但对磷、钾的需要量较多。对短枝型的红星而言，由于其早果性和丰产性比普通型好，所以早期需肥量较高，并且对氮、磷的需要比钾更迫切，施肥时应增加氮、磷的比例。

（三）施肥时期

苹果树施肥一般分作基肥和追肥两种。具体施肥的时间，因品种、树体的生长结果状况以及施肥方法有所变化。不同时期，施肥的种类、数量和方法也都有所不同。

1. 基肥

施用以有机肥料为主的基肥，以秋季施入最好。秋施基肥的时间，中熟品种以采收后、晚熟品种以采收前为最佳。秋季基肥的主要优点有：一是施肥断根可抑制果树徒长，有利于果实发育和营养物质积累；二是此期正值地上养分回流，根系生长旺盛，有利于新根生长；三是此时地温尚高有利于肥料分解，当年即可利用一部分，对提高树体营养水平和越冬大有益处。

基肥是苹果园施肥制度中的重要环节，也是全年施肥的基础。施用基肥时，要把有机肥料和速效肥料结合施用。有机肥料宜以迟效性和半迟效性肥料为主，例如：猪圈粪、牛马粪和人粪尿等，根据结果量一次施足。速效性肥料主要是氮素化肥和过磷酸钙。为了充分发挥肥效，可先将几种肥料一起堆腐，然后拌匀施用。

基肥的施用量按有效成分计算，宜占全年总施肥量的70%左右，其中化肥量应占全年的2/5。烟台苹果产区基肥中，速效氮的施用量一般占全年总施氮量的2/3；另外1/3根据苹果树的生长结果状况，在发芽开花前或花芽分化前追施。周厚基等（1984）根据全国化肥试验结果认为，对于长势较弱的苹果树，氮肥应以秋施为主，施氮量占全年总施氮量的2/3，以促进树体的营养生长。

2. 追肥

指在生长季根据树体的需要而追加补充的速效性肥料，是果树生产中不可缺少的施肥环节。追肥时期和数量应因树因地灵活安排（表2–2）。

表2-2 分期追施氮肥（硫酸铵）对提高苹果（国光）产量的影响（17～22年树龄果树）

处理	产量（千克/株）	与对照比较（%）
花前施用1次	244.7	114.6
花芽分化前施用1次	287.6	134.7
果实膨大期施用1次	248.0	116.2
花前和花芽分化前各施用1/2量	260.0	121.8
落花后和果实膨大期各施用1/2量	283.2	132.7
花前、花芽分化前和果实膨大期各施用1/3量	241.1	112.9
对照（不施肥）	213.5	100.0
落花后施用1次	259.9	121.7

（1）花前追肥 3月下旬至4月上旬果树萌芽前进行。果树萌芽开花需消耗大量营养物质，但早春土温较低，吸收根发生较少，吸收能力也较差，主要消耗树体贮存养分。若树体营养水平较低，此时氮肥供应不足，则导致大量落花落果，影响营养生长，对树体不利。此期对氮肥敏感，及时追施少量氮肥能满足开花坐果的需要，提高坐果率。对弱树、老树和结果过多的大树，应加大施肥量；若树势强，基肥数量较充足，花前肥也可推迟至花后。北方多数地区早春干旱少雨，追肥必须结合灌水，才能充分发挥肥效。

（2）花后追肥 5月中下旬开花后2周进行。此期幼果迅速生长，新梢生长加速，需要大量氮素营养。此期追肥可促进新梢生长，幼果膨大，扩大叶面积，提高光合效能，有利于碳水化合物和蛋白质的形成，减少生理落果。花前肥和花后肥可互相补充，如果花前追肥量大，花后也可不施。此期以氮肥为主配合磷肥、钾肥。但这次肥必须根据树种、品种的生物学特性酌情施用。

（3）果实膨大和花芽分化期追肥 一般6月中下旬生理落果后进行。此期部分新梢停止生长，花芽分化开始，果实亦进入快速生长。适时追肥有利于果实膨大和花芽分化，又为来年结果打下基础，对克服大小年结果有利。这次施肥应注意氮肥、磷肥、钾肥适当配合。但对结果不多的大树或新梢尚未停止生长的初结果树，要注意氮肥适量施用，否则易引起二次生长，影响花芽分化。

（4）果实生长后期追肥 这次肥主要解决大量结果造成树体营养物质亏缺和花芽分化的矛盾，尤其以晚熟品种后期追肥更为必要。一般在8月下旬至9月进行，必要时可以与基肥同时施用。此期宜氮肥、磷肥、钾肥配合追施，但对结果多、树势偏弱的树，应加强氮肥的施用。

（四）施肥方法

目前果树生产中有3种施肥方式，即土壤施肥、叶面施肥和树体注射施肥。其中，土壤施肥是主要方式。

1. 土壤施肥

根据果树根系分布特点，果树的施肥部位应在树冠的外缘附近，即树冠投影线内外各1/2比较适宜。有机肥（基肥）应适当深施，要求达到主要根系分布层，一般40～60厘米；无机肥料（追肥）可浅施，一般10～15厘米。施用有机肥时，必须将肥料与土充分混合后，再填入施肥沟，以利整个根际土壤改良，同时也可避免肥料过于集中而产生的烧根现象。目前，常用以下施肥方法。

（1）环状沟施肥　是在树冠外围稍远处挖环状沟施肥。此法具有操作简便、经济用肥等优点。但易切断水平根，且施肥范围较小，一般多用于幼树。

（2）放射状沟施肥　这种方法较环状沟施肥伤根较少，但挖沟时也要少伤大根，可以隔次更换放射沟位置，扩大施肥面，促进根系吸收。但施肥部位也存在一定的局限性。

（3）条状沟施肥　在果园行间、株间或隔行开沟施肥，也可结合土壤深翻进行。

（4）穴状施肥　各个年龄时期均可应用，主要用作土壤追肥。

（5）全园施肥　成年果树或密植果园，根系已布满全园时多采用此法。将肥料均匀地撒布园内，再翻入土中。但因施入较浅，常导致根系上浮，降低根系抗逆性。此法若与放射沟施肥隔年更换，可取长补短，发挥肥料的最大效用。

（6）灌溉式施肥　近年来广泛开展灌溉式施肥研究，尤其以与喷灌、滴灌结合进行施肥的较多。实践证明，任何形式的灌溉式施肥，由于供肥及时，肥料分布均匀，既不伤根系，又保护耕作层土壤结构，节省劳力，肥料利用率高，可提高产量和品质，降低成本，提高劳动生产率。灌溉式施肥对树冠相接的成年树和密植果园更为适合。

2. 叶面施肥

是利用叶片、嫩枝及果实具有吸收肥料的能力，将液体肥料喷于树体的施肥方法。应注意的是幼叶比老叶、叶背面比正面吸收肥料快、效率高，因此叶面施肥要重点喷叶的背面，要喷得细致、均匀、周到。主要肥料叶面喷施浓度、时期和效果详见表2-3。

表2-3　根外追肥的适宜浓度

种类	浓度（%）	时期	效果
尿素	0.3～0.5	开花至采果期	提高坐果率，促进生长发育
硫酸铵	0.1～0.2	开花至采收前	提高坐果率，促进生长发育
过磷酸钙	1.0～3.0（浸出液）	新梢停止生长	有利于花芽分化，提高果实质量
草木灰	2.0～3.0（浸出液）	生理落果后，采收前	有利于花芽分化，提高果实质量
氯化钾	0.3～0.5	生理落果后，采收前	有利于花芽分化，提高果实质量
硫酸钾	0.3～0.5	生理落果后，采收前	有利于花芽分化，提高果实质量
磷酸二氢钾	0.2～0.3	生理落果后，采收前	有利于花芽分化，提高果实质量
硫酸锌	3.0～5.0	萌芽前3～4周	预防小叶病
	0.5	发芽后	预防小叶病

续表

种类	浓度（%）	时期	效果
硼酸	1.0	发芽前后	提高坐果率
	0.1～0.3	盛花期	提高坐果率
硼砂	0.2～0.5（加适量生石灰）	5—6月	预防缩果病
柠檬酸铁	0.05～0.1	生长季	预防缺铁黄叶病

3. 树体注射施肥

是利用高压将果树所需要的肥料从树干强行注入树体，靠机具持续的压力，将进入树体的液体输送到根、枝和叶部的施肥方法。此法见效快，肥料利用率高，不但可直接为果树利用，还可以贮藏到木质部中，长期发挥效力。主要用于矫治果树生理缺素病，其效果明显优于其他办法。如矫治苹果缺铁失绿症，注射硝黄铁肥（单碳硝基黄腐酸铁），5～6天叶片开始变绿，10～15天全树叶片恢复正常，注射1次有效期可达4年以上。树体注射时间以春（芽萌动期）、秋（采果后）两季效果最好。

三、灌水和排水

当土壤含水量低于田间持水量的60%时，就需灌溉。具体灌水时期和灌水量应依天气状况和树体生长状况灵活掌握。多数情况下，应在萌芽前后至开花期、新梢生长和幼果膨大期、果实迅速膨大至花芽分化期以及采果后至休眠期灌水。7—8月雨季注意排水防涝。不同树体类型也应区别对待，生长势弱的树体要确保水分供应；而旺长树体要适当控水，特别是新梢旺长期控水有利于控旺促花；对于幼旺树，除萌芽前和秋季灌水外，新梢旺长期只要叶片不萎蔫，可以不灌水。另外，灌水量也应与土壤管理制度相结合，实行覆盖制的果园应适当减少灌水量。

土壤水分过多，氧气不足，抑制果树根系的呼吸，降低吸收机能，严重缺氧时，引起根系死亡。同时，地上部分表现出与缺水相同的症状，如叶片萎蔫、叶黄枯焦、落叶，甚至整株死亡。因此，及时排除土壤中过多水分，对果树正常生育意义重大。排水方法有明沟排水和暗沟排水两种，目前生产中仍以明沟排水为主。

第五节 主要树形及整形修剪技术

由于矮化密植已成为苹果栽培的主要方式，近几年来，苹果的整形修剪技术发生了重大变化。树冠由大冠变小冠，结构由复杂变简单，修剪时期由重视休眠期变为休眠期与生长期并重，修剪方法由重视短截变为重视长放，修剪程度由重变轻。苹果树形很多（图2–1），栽植密度是影响树形选择的主要因素。

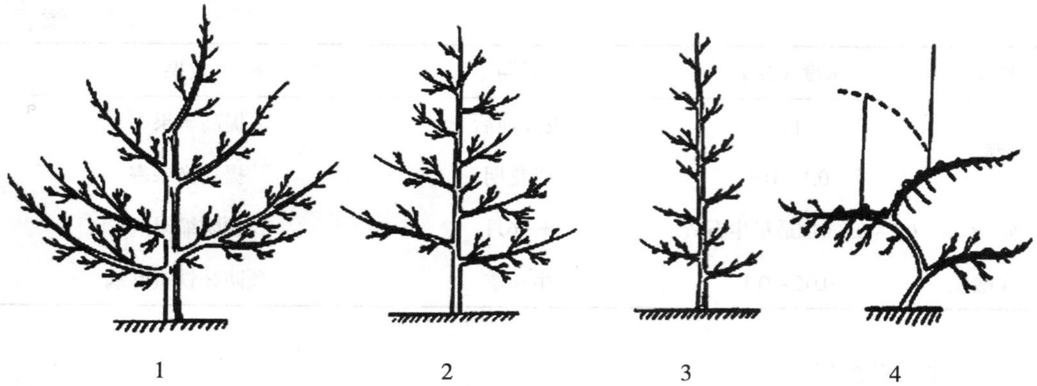

1—小冠疏层形；2—自由纺锤形；3—细长纺锤形；4—折叠式扇形

图2-1　几种常见苹果树形

一、疏散分层形

疏散分层形为乔化稀植苹果树的主要树形。其基本结构为：主干高50～70厘米，全树有主枝5～7个。第一层3个主枝邻接或邻近，相距在20～40厘米，在1～2年内选定。主枝的开张角为60°～70°。第二层1～2个主枝，第三层2个主枝（三杈枝落头）。第一层主枝（基部三主枝）距第二层主枝层间距100～120厘米，第二层与第三层的间距可为50～70厘米。基部3个主枝各有侧枝2～4个，上层主枝各有侧枝1～3个。中心干全长2～2.5米。树高在4～5米，冠径5～7米。从一年生苗定植算起，平均每年留成一个主枝，到落头完毕，需13～15年。

二、小冠疏层形

小冠疏层形是疏散分层形的改良树形，树体变小，适宜于株行距（3～4）米×（4～5）米的栽植密度。

（一）树体结构

干高50～60厘米，树高3～4米，冠幅约2.5米，具有中央领导干，干可直可曲。全树主枝5～6个，呈3-2-1排列，第一层3个主枝，第二层2个主枝，第三层1个主枝，三层以上开心。层间距较小，第一层和第二层间距80～100厘米，第二层和第三层间距50～60厘米，层内距15～20厘米。或者主枝分两层，即第一层3个主枝，第二层2个主枝，层间距80～100厘米，层内距20～30厘米。第一层3个主枝上可配置1～2个背侧枝，第二层以上主枝不留侧枝。各主枝角度较开张，以60°～80°为宜，下层主枝角度大于上层，各主枝上合理配置中小型枝组。

（二）整形修剪技术要点

苗木定植后至春季发芽前，于地上60～80厘米饱满芽处定干，剪口下20厘米为整形带，选择整形带内的饱满芽，用刻芽技术促使芽体萌发、抽枝。当年冬剪时选出第一层主枝和中央领导干，长枝一律轻截或中截，可在翌年扩大树冠，增加枝叶量。对辅养枝缓放，增加短枝量。翌年春拉开主枝及辅养枝角度，主枝基角60°～80°，辅养枝可拉平呈90°。

从翌年冬剪开始，每年按整形的要求选留主侧枝和二层主枝。4年后，树冠基本成形，在修剪中以轻剪缓放为主，对主侧枝延长头如有空间进行轻短截，否则一律缓放不短截。辅养枝、临时枝、过渡层枝以缓放促发短枝，提早结果为主，疏除过密、过强的徒长枝及背上枝。5年后，开始大量结果，及时有计划地清理辅养枝，分期分批地控制和疏除。

三、自由纺锤形

自由纺锤形适于株行距（2～3）米×4米的栽植密度。

（一）树体结构

主干较高，60～70厘米，中干直立挺拔，树高3米左右，冠幅2.5～3米，中干上均衡配备主枝10～15个，主枝不留侧枝，主枝间距15～20厘米，平展地向四面八方延伸，互相插空分布，下部主枝长约1.5米，往上主枝逐渐短、小，同方向主枝间距应大于50厘米。下部主枝开张角度70°～90°，其上留稍大枝组；上部主枝角度稍小，其上留稍小枝组。全树呈下大上小的纺锤形，各级主轴间（中干—主枝—枝组轴）从属关系分明，差异明显，各为母枝的1/3～1/2，当主枝粗度为中心干的1/2时，应及时更新回缩。

（二）整形修剪技术要点

自由纺锤形只有主枝，不留侧枝，简化整形手续，缩短了成形时间，树体紧凑，树冠开张，树势缓和，适于密植。

要求苗木健壮，苗高1米左右。定干要高，一般80～100厘米。萌芽前，在剪口下30厘米的枝段内按所需主梢发生位置进行芽上双重刻伤（深刻两道），促发长梢，以拉开主枝枝距，称为“高定干，低刻芽”，当年即可抽生3～5个主枝。如果是壮苗，高度在100～120厘米，建园质量高，缓苗期短，栽后可不定干，完全靠定位双重芽上刻伤，以促发所需主枝，并在夏季进行适当调整。如果苗木质量差或矮弱苗，应进行重短截，待重发后第一年新梢长到80厘米以上时摘心，促发二次枝，作为主枝预备枝。

为尽早培养树形，促发下部新生枝条，保持中央干优势，结合夏季修剪，及时抹除过密新梢，并对上部将来选为主枝的2～3个过强新梢（长到15～20厘米）摘心，抑制其新梢旺长，控上促下，均衡势力。

二年生以后，缓苗期已过，中干一般较强，为了防止中心干上主枝脱空，对中干留40～50厘米短截，下部选方向适宜的进行双重刻芽促梢，并控制剪口下的竞争枝。上部新梢过强时，用夏季摘心或短截方法控制其生长。中心干势力中庸时，可不短截，有选择性地在发枝处进行秋、春两次刻芽，解决主枝布局问题。

对于主枝，前期基本不短截或轻短截，单轴延伸，拉平缓放。势力不均衡时，可做适当调整。生长过旺主枝可于萌芽前刻芽，促发短枝，防止下部光秃。对于主枝枝组的培养，幼树阶段重点是两侧和背下，背上枝组矮小，枝量要少。结合夏季修剪，及时抹除背上过多芽，一般20～30厘米选留一个，待保留芽生长到15～20厘米时进行捋梢或扭梢，及时培养成小型结果枝组。

3～4年后，树冠基本形成，及时疏除直立、过旺、过大、过密枝，保持中心干的优势，对主枝应拉枝开角，缓和势力，主枝延伸枝过长、过大时，及时回缩更新或疏除。

主枝角度小时要继续拉枝，以缓放、轻短截为主，结合夏季管理（捋梢、扭梢、摘心等），及时培养中结果枝组，主枝上枝组不可太密，一般1米范围内留10个左右小枝组为宜，过多者及时疏除。疏除中心干的竞争枝和主枝延长头的过密枝条，保持单轴延伸，防止上部和外围势力过强。

四、细长纺锤形

细长纺锤形比自由纺锤形还要细小，因而更适于矮化密植的需要，适宜株距2米左右、行距3～4米的栽植密度。

（一）树体结构

一般树高2～3米，冠径1.5～2米，在中心领导干上均匀分布势力相近的小主枝15～20个，下部略长而上部略短，全树瘦长，整个树冠呈细长圆锥形。

（二）整形修剪技术要点

一年生时，春季发芽前定干80～100厘米，若苗木粗壮，根系发达，建园基础好，可在100～120厘米处定干，在60～80厘米双重刻芽，促发分枝培养侧生主枝，对上部过强过密、方向不适宜的芽及早抹除。上部新梢生长15～20厘米时摘心，控上促下，维持势力均衡。

二年生时，选上部生长较壮枝条，作中心领导干的延长枝，若生长过强，可剪留50厘米，在其下部选留4～5个生长中庸的枝条培养侧生小主枝，只长放，不短截，以缓和势力，其余枝条作铺养枝处理，并采取多留长放不截的方法，及时疏除长势过旺过强的枝条，所有选留的主枝一律拉平，并结合春季刻芽和生长季背上抹芽、扭梢等夏季管理。

三年生时，在中央领导干上部选一个较壮的枝条作为延长枝，在延长枝下部每年选4～5个与下部侧生枝不重叠的小主枝，若不足可用双重刻芽或秋、春二次刻芽法促发分枝，每年对所有小主枝和辅养枝全部拉平（70°～90°），并采用萌芽前刻芽方法促发短枝，提早结果。

3～4年后，树冠基本形成，枝量太多时及时疏除辅养枝。基部主枝太粗（主干1/3左右时）应及时更新回缩。

纺锤形的树体培养过程遵循冬夏结合、以夏为主的原则，充分利用拉枝、抹芽、刻芽、扭梢、环剥等措施，才能成形快、结果早、树势稳定、优质、丰产。

五、圆柱形

圆柱形是株距较小（2米以下）、栽植密度较大（111株以上）条件下的一种小冠形，树体干性强，没有骨干枝，结果枝组直接着生在领导干上，水平方向延伸，树冠更小更细，上下大小相近，外形似圆柱体状，生产上便于更新和密植。

六、扇形

扇形是一个垂直扁平状的小冠形，适于行间较小、株距较大的栽植方式。树冠形成扁平树篱状群体，使树冠两面通风受光。扇形分主干直立扇形和曲式扇形两大类。

直立扇形中心干直立居中，其上分层或不分层，直接着生小主枝，主枝方向伸向行内或略有偏斜，其上直接着生结果枝组，使树冠形成厚度小于2米的扁平扇状。树高2.5～3米，主枝6～7个。

折叠式扇形能充分利用中干优势，有效地控制上强，整形时将中心干顺行向左右拉倒，使中干变成主枝，每年培养中央领导干，树高2.5米左右，主枝6～12个。

以上六种小冠树形是目前国内外常用的树形，而我国以小冠疏层形和纺锤形应用较多，比较普遍。

第六节 花果管理技术

加强果树的花期和果实管理，对提高果品的商品性状和价值，增加经济收益具有重要意义，也是实现优质、丰产、稳产和壮树的重要技术环节。花果管理的主要任务是提高坐果率，控制结果数量，减少采前落果，提高果实品质，适时采收和采后商品化处理。

一、保花保果

坐果率是形成产量的重要因素，而落花落果是造成产量低的重要原因之一。据调查，丰产苹果品种青香蕉的坐果率为22.4%，而产量低的元帅只有8.46%。因此，通过实行保花保果措施提高坐果率，是获得果树丰产的关键环节，特别对初果期幼树和自然坐果率偏低的树种品种尤为重要。各地果园引起落花落果的原因较为复杂，因此，必须具体分析实际情况，抓住主要原因，制定相应措施，才能有效地提高坐果率，其途径主要包括以下9个方面。

（一）加强综合管理，提高树体营养水平

良好的肥水管理条件、合理的树体结构、及时防治病虫害、防止花期冻害、避免旱涝等，是保证树体正常生长发育，增加果树贮藏养分积累，改善花器发育状况，提高坐果率的基础措施。

（二）配置授粉品种

苹果有自花不实的特性，栽培单一品种时，往往花而不实，低产或连年无收。因此，建园时必须配置一定比例的授粉品种。

（三）花期放蜂

苹果属虫媒花，在一般情况下，授粉受精主要靠昆虫，特别是蜜蜂。通常每公顷果园放3～4箱蜂即可，蜂箱间距以不超过500米为宜。放蜂期间果园切忌喷农药，阴雨天气影响放蜂效果。

近年来，也有部分果园用壁蜂授粉的，效果很好。目前引入的壁蜂主要有角额壁蜂、凹唇壁蜂和紫壁蜂3种，它们访花的速度快，工作时间长，授粉能力强，角额壁蜂、凹唇壁蜂在苹果上的传粉能力为蜜蜂的70～80倍，1亩苹果园放壁蜂80～100只即可完成传粉受精任务，对距蜂巢100米以内的果树都有效，此项技术值得大力推广。

（四）人工辅助授粉

在缺乏授粉品种或花期天气不良时，进行人工授粉显得格外重要。

1. 花粉采集

在主栽品种开花以前，结合疏花，采集授粉树上的大铃铛花（含苞待放的花），每序采2朵边花，将采集的花朵立即在室内剥开花瓣，搓掉花药，然后簸去花瓣等杂物，将采下的花药，放在光滑的油光纸上，在20～25℃的室温下晾干。成熟花药一般晾24小时就会散粉。此时筛出花粉，放入干燥的小瓶中备用。

2. 授粉时间的确定

授粉时间的掌握尤其重要，苹果开花时，一般都是中心花先开，两天后边花相继开放。试验证明，以花朵开放当天授粉坐果率最高，开放4天授粉坐不住果。因此，苹果人工授粉，宜在盛花初期进行，花朵开放的当天8：00—18：00均可授粉，如上午授粉，花粉管的萌发、生长经过气温高的白天，能缩短从授粉到授粉的时间，坐果率比较理想。

3. 人工授粉的方法

（1）人工点授　将花粉人工点在柱头上。此法费工，但效果好。为了节省花粉用量，可加入填充剂（滑石粉或淀粉）稀释，一般花粉和带花药外壳与填充剂的比例为1：4。

（2）机械喷粉　此法比人工点授所用花粉量多，用农用喷粉器喷时加入50～250倍填充剂，填充剂易吸水，使花粉破裂，因此要在4小时喷完。

（3）液体授粉　把花粉混入10%的糖液中（如混后立即喷授，可不加糖或减少糖量），用喷雾器喷洒，糖液可防止花粉在溶液中破裂，为增加花粉活力，可加0.1%的硼酸。配制比例为水10千克，砂糖1千克、花粉50毫克，使用前加入硼酸10克。配好后应在2小时内喷完，喷洒时间宜在盛花期。

（五）高接授粉花枝或挂罐插花枝

当授粉品种缺乏时，可在树冠内高接带有花芽的授粉品种枝组，以提高主栽品种的坐果率。对高接枝在落花后需做疏果工作，以保证当年形成足量的花芽，不影响来年授粉效果。也可以在开花初期剪取授粉品种的花枝，插在水罐或瓶中，挂在需要授粉的树上，用以促进授粉，达到坐果目的。此法简便易行，但只能作为局部补救措施。

（六）花期喷水

在花期干燥的年份，喷水能为良好授粉受精创造一个有利的环境条件，主要是满足对湿度的需要。据黄尚志等试验，花期喷水的花序坐果率比对照提高79.5%，花朵坐果率提高74.5%。

（七）花期矿质元素或稀土

微量元素硼能促进花粉萌发和花粉管伸长，以及稀土能促进花粉管的生长，有利于受精，特别对胚珠寿命短的品种，如元帅系品种会取得更好效果。因此，在盛花期喷0.2%～0.3%的硼砂，在蕾期喷0.05%～0.1%的稀土微肥，均能提高坐果率。另外，盛花期喷0.3%～0.4%的尿素能增加树体营养，也能提高坐果率，若将尿素与硼砂混喷，效果更好。

（八）喷洒化学物质

目前，用于提高苹果坐果率的化学物质有三唑酮、氨基乙氧基乙烯基甘氨酸（AVG）、多效唑、赤霉素等。红星苹果树在铃铛花期和终花期喷布2次100毫克/升或150毫克/升的三唑酮花药液，不仅对白粉病具有防效，且能显著地提高坐果率。元帅、红星品种在盛花期喷150毫克/升、250毫克/升的AVG增加坐果率50%。据试验证明，于秋季在元帅品种的幼树上，分别喷洒50毫克/升、100毫克/升的多效唑，结果平均百朵花坐果率分别为84.9%和84.8%，而对照为28.5%。在果树的小年，花期对国光、大国光、元帅等品种花期喷洒50毫克/升的九二〇（赤霉素），平均坐果率为33%。

使用生长调节剂等化学物质的种类、用量和时间等，应按照具体条件和对象进行必要的预备试验，以免造成不必要的损失。

（九）其他措施

通过摘心、疏花、旺树花期环剥和环割等措施，调节树体内营养分配转向开花坐果，使有限的养分优先输送到子房或幼果中去，也是提高坐果的措施。

二、疏花疏果

对开花多、坐果量大的树适时进行疏花疏果，是提高果实品质，减少病害侵染，预防大小年，保证树体健壮，提高抗寒性的重要措施。

（一）负载量的确定

某一树种的适宜负载量是较为复杂的，因为它依品种、树龄、栽培水平、树势和气候条件而不同。通常确定果实的适宜负载量应考虑3个条件：一是保证当年果实数量、质量及最好的经济效益；二是不影响翌年必要花果的形成；三是维持当年的健壮树势并具有较高的贮藏营养水平。就我国目前苹果主产区的技术条件、经济基础和生态条件等方面考虑，苹果每亩产量以1 500～2 500千克为宜。具体标准因土壤肥力水平而异（表2–4），并根据树势做适当调整。

1. 经验确定负载量法

辽宁省苹果产区提出“因树定产，按枝留果，看枝疏花，看梢疏果”的方法。山东省苹果产区对苹果留果量有“满树花，半树果；半树花，满树果”的谚语，要求在花期树冠上叶与花应达到绿中见白、白绿相间，结果枝和发育枝错落分布的留花量标准，对花芽过多的植株和枝组，进行适当调整，疏除弱花芽或花序，坐果后，再根据坐果量多少，进行适当调整果量。

2. 干周法

正常生长的果树，其干周长与果实负载量密切相关，据此中国农业科学院果树研究所提出了以主干周长确定负载量的方法。推算公式为：

$$Y=0.25C^2 \pm 0.125C$$

其中：Y代表负荷量，单位为千克；C代表距地面30厘米处主干周长，单位为厘米；0.125是调整系数，壮树增加，弱树减少，中庸树不加不减。

3. 叶果比法

果树上叶片总数与果实个数的比值，一般乔砧、大果形品种如富士、红星等叶果比达到60～80，中小果形品种可适当减少；矮化砧、短枝形品种叶片光合能力强，大果形品种叶果比也应达到40左右。

4. 梢果比法

当年所发新梢与果实个数之比值，一般认为梢果比应控制在3～4比较合适。

5. 平均果间距留果法

以上4种方法确定留果量虽然科学，但在实际操作中不便运作，为此在上述理论的指导下，经过大量实践，提出了“平均果间距留果法”。此法的最大优点是直观，便于掌握。果间距由品种果实大小确定，一般大果型品种如富士、秦冠、元帅系品种等为30～35厘米，中果型品种20～30厘米，小果型品种可缩至为15厘米。几种留果量标准（表2-5），已成为山东大部分苹果产区最常用的方法。

表2-4 不同土壤肥力水平的苹果适宜产量标准（束怀瑞，1990）

项目	肥力水平高（土壤有机质1%以上）	肥力水平中（土壤有机质含量0.6%～0.8%）	肥力水平低（土壤有机质含量0.4%～0.6%）
土壤和施肥标准	年施尿素675千克/公顷，磷、钾肥各225千克/公顷，土壤疏松，有灌水条件，地上部结构合理	年施尿素450千克/公顷，磷、钾肥各75～225千克/公顷，土层深60厘米以上，土壤较疏松，旱季有供水条件，地上部结构合理	年施尿素450千克/公顷，磷、钾肥各5千克/公顷，土层深60厘米以上，土壤较疏松，旱季有一定灌水条件，地上部结构合理
适宜产量（千克/公顷）	37 500	22 500～30 000	18 000～22 500

表2-5 不同树势几种留果量标准的比较

树势	叶芽数：花芽数	叶片数：花芽数	枝条数：果数	干截面积（千克/平方厘米）	间距留果（个/厘米）
弱树	4：1	（40～50）：1	—	0.30	25～30
中庸树	3：1	（30～40）：1	3：1	0.35	20～25
壮旺树	2：1	（25～30）：1	—	0.40	15～20

（二）疏花疏果的方法

从节约树体营养的角度而言，疏花比疏果效果好，早疏果比晚疏果好。但在生产实践中，为了保证充分坐果和产量，疏花和疏果要根据花量、花序初生叶的发育状况以及花期天气而定。

疏花疏果主要包括人工疏除和化学疏除两种方法。在具备疏花条件的情况下，人工疏花宜从现蕾期到盛花末期进行。疏果需进行两次，宜从谢花后10天开始，至谢花后1个月内完成。第一次疏果要根据果实适宜负载量和果实分布均匀的要求细致进行，第二次主要是调整定果。具体疏果时要根据品种的坐果量，有先有后地进行。一般地说，开花早、坐果多的品种或植株，宜早疏、早定；开花晚、易落果和坐果少的品种或植株，可晚疏、晚定。人工疏花疏果的方法主要有以下两种。

1. 以花定果的疏花技术

以花定果，实际上就是把疏果提前到疏花的一项疏果技术。具体进行时，先按前述方法确定留果数量，再加10%～20%的保险系数即为留花数量。然后，按20～25厘米（中庸树）的留花间距，选留一个壮花序，把其余花序全部一次疏掉；对于保留下来的花序，元帅系品种、富士系等大果型品种只留中心花，把边花全部疏掉；小型果品种只留两个边花，把其余花朵全部疏掉。这样留下来的花朵经过人工授粉后，坐果率一般可以达到90%左右。

以花定果的时间，以花序分离期到盛花期为宜，一次完成。不同品种可按花序分离期的早晚顺序逐次进行。

采用以花定果技术时，由于疏花以后，留下的花比较整齐，花期相近，授粉机会只有3～4天，比正常情况缩短了2～3天，减少了授粉受精的有效时间，在连续阴雨天气情况下，使坐果率受到影响，进而导致产量下降。为了解决这一问题，春天低温多雨时，可以采取先疏花序后定果的疏花疏果技术。即从花芽膨大期到开花期，按留果标准要求，选留壮枝壮花序，把其余的花序全部去掉，坐果以后再行疏果。留下的整个花序开花时间长，一般可达5～6天，授粉受精机会多，能够保证有足够的坐果量。同时，因及早疏除多余的花序，可以大量节省开花和幼果膨大所消耗的养分，使留下的幼果生长快，果品质量高。缺点是花期时间短，授粉有时来不及，如果遇低温、阴雨或大风等不良气候条件，易因坐果率低而导致产量降低。

2. 间距疏果技术

间距疏果是在总结叶果比、枝果比和干截面积留果方法的基础上，把以花定果的时间推迟到花后10～30天进行，对授粉条件差、坐果率低的果园特别适合。

化学疏花疏果具有省工、省力等优点，但因疏除效果受诸多内外因素的影响，或疏除不足，或疏除过度，致使该项技术在生产上尚不能广泛应用。药剂疏花主要有二硝基化合物（DNOC）、石硫合剂、甲萘威、萘乙酸等。

（三）果实管理

1. 果实套袋

套袋是改善果实外观品质、提高商品价值的一项重要措施。苹果套袋的优点：一能促进着色，保持果面光洁度，提高商品外观质量；二能减少尘土污染和农药残留量；三能预防病、虫和鸟类的侵害，避免枝叶擦伤。另外，专用袋还兼有防止日灼的特殊功能。但是套袋对果实风味和含糖量等内在品质，会产生一定影响。

据1992—1993年山东省烟台市对不同果园红富士套袋效果的调查，套袋果实红色面积在2/3以上的占91.65%，而对照不套袋的仅为45.32%。套袋果果皮细嫩光亮，色泽鲜红、艳丽美观，商品价值大增。金冠苹果套袋后果锈指数明显下降。

（1）袋型选择　目前，生产中应用的主要有纸袋和塑料袋，纸袋有双层纸袋（规格为18厘米×14.5厘米）和单层纸袋（规格为19厘米×15厘米）。从使用的效果看，果实外观品质以套双层纸袋者最好，果面光洁、色泽鲜艳，单层纸袋和塑料袋稍差，主要是色泽偏暗。投入成本以双层纸袋最高，单层纸袋次之，塑料袋最低。不管是哪种袋，套袋后都有不同程度的降低果实硬度和使果实风味变淡的趋势，其中以双层纸袋的影响最大。

（2）强化套袋前管理　一是严格疏花疏果，否则留果太多，果实变小、果形不正，都会影响套袋效果；二是强化病虫害防治，严防病虫入袋为害，关键是开花前后病虫害的防治工作。套袋前，树上喷一次杀菌杀虫剂，时间不能超过7天，遇雨或超过7天应重喷后再套袋。

（3）套袋和除袋时间　果实套袋的时间依品种或目的而异。为防止金冠苹果果锈，可于谢花后10天开始进行，其余品种如元帅系和富士系，套袋的适宜时间为落花后30～40天。摘除纸袋一般于采收前20～30天进行。双层纸袋先撕开外层袋，2～3天后去掉内层袋。一天内除袋的时间，宜在果面温度较高时进行，阴天则可全天摘除。晴天10：00时以后除树冠东侧和北侧袋，15：00时以前除树冠上部和西部袋。除袋时间，尤其是除内袋时间，一定要严格掌握，否则易发生日灼。纸袋摘除后，果面应喷洒一次杀菌剂。

2. 摘叶、转果和铺反光膜

富士苹果着色主要靠直射光，在散射光条件下着色不良，为此，除袋前1周，先摘除果台莲座叶和果台枝附近5～10厘米范围的叶片，使地面透光量达30%左右，然后除去外层袋，间隔数日后去除内层袋。除袋后，经过5～6天浴光，用手轻托果实转向，使阴面转向阳面，促使果实着色均匀，1周之内再转动一次，促使果实全面着色。摘叶转果时，应注意使摘叶始期与果实着色始期同步（一般在9月中旬）。一天当中转果的时间应以果面温度开始下降时为宜，阴天全天均可进行，晴天以14：00时以后较佳。另外，转果时应小心操作，以防用力过猛扭掉苹果。摘叶的同时，应疏除内膛直立枝和萌生枝。铺反光膜在果实着色期进行，将银膜铺于树下地表，行间留出作业道，边缘用砖块压住，但不拉紧，每公顷果园约铺6 750平方米。铺反光膜有利提高内膛光照强度，提高果实品质。

3. 应用生长调节剂

实践证明，应用生长调节物质可明显提高果实的商品品质，目前生产中应用较多的生长调节剂有普洛马林、果形剂、比久、萘乙酸、乙烯利等。注意，使用生长调节物质前，应先做小面积试验。

（四）果实采收与采后处理

采收成熟期的确定极其重要，因其对果实的质量及耐贮性影响很大。采收过早，果实个小、色差、味淡；采收过晚则果肉发绵，不耐储藏。因此，正确判断果实成熟度，适时采收，才能获得产量高、质量好和耐储运的果实。

1. 果实成熟度

根据不同用途，果实成熟度一般分为3种。

（1）可采成熟度　果实已经长成应有大小，有色品种开始上色，但果实应有的色泽、风味还没有充分表现出来。肉质硬，适于储运、罐藏等。

（2）食用成熟度　果实已成熟，表现出该品种应有的色、香，在化学成分上和营养价值也达到最佳点。达到这一成熟度的果实，适于当地销售，不宜长途运输或长期储藏。作为鲜食或制汁、果酱、果酒的原料，以这时采收为好。

（3）生理成熟度　果实已开始发绵，风味明显降低，但种子发育完全成熟的成熟度。采种用的果实可在此期采收。

2. 判断成熟度的方法

（1）外观性状　果实大小、形状、色泽等都达到了本品种的固有性状。

（2）生理指标　如果肉硬度、淀粉含量、含糖量、乙烯含量、呼吸强度等。

（3）根据果实的生长期　在一定的栽培条件下，苹果果实从落花到成熟都需要一定的生长天数，可由此来确定不同品种的采收期，例如：红星140～150天、陆奥150～160天、金冠140～145天、王林160～170天、乔纳金155～165天、富士170～175天。

不同地区果实生长期间的积温不同，采收期会有所差异。另外，普通型和短枝型品种也有所不同，元帅系短枝型比普通型的采收期要晚5～7天。

果实采收后，要严格按标准进行分级、包装等商品化处理，以提高商品竞争能力。水果采后的储藏、保鲜，是缓解市场压力、实现周年均衡供应的重要手段，而果实运输则是扩大营销范围、占领异地市场的重要环节。

第三章　梨

第一节　概　述

一、重要意义

梨为世界五大水果之一，也是我国传统的优势果树。由于经济效益好，营养保健价值高，以及具有鲜食、加工等多种用途，深受广大生产者和消费者欢迎。

梨因其适应性强、结果早、丰产性好、经济寿命长等特点，故在我国栽培范围极广，长期以来在促进农村经济发展和增加农民收入方面一直发挥着重要作用。我国诸多梨产区把梨果业作为农业产业结构调整的支柱产业，在振兴地方经济中作出了突出贡献。

梨果营养价值较高。每100克果肉中含蛋白质0.1克，脂肪0.1克，碳水化合物12克，钙5毫克，磷6毫克，铁0.2毫克，胡萝卜素、维生素B_1、维生素B_2各0.01毫克，烟酸0.2毫克，维生素C 3毫克。

梨果具有良好的医用价值。据古农书和古药典记载，梨果生食可祛热消毒、生津解渴、帮助消化，熟食具有化痰润肺、止咳平喘之功效。现代医学实践证明，长期食用梨果具有降低血压、软化血管的效果。

梨果味甜汁多，酥脆爽口，并有香味，是深受人们喜爱的鲜食果品，也是我国传统的出口果品。除鲜食外，还可加工梨汁、梨膏、梨干、梨酒、梨醋、罐头和梨脯等。

二、栽培历史

我国是梨属植物的中心发源地之一。生产上主要栽培的白梨、沙梨和秋子梨都原产我国。关于梨树在我国的栽培历史，多见于古书记载。根据古代文献《诗经》《夏小正》记载和近代考古资料分析，梨在我国栽培有3 000多年的历史。

我国劳动人民在梨树栽培技术上积累了丰富的经验。后魏贾思勰所著《齐民要术》中，对梨树嫁接、栽植、采收、储藏等均有较详尽的记载，充分说明我国古代对栽培技术的重视和达到的水平。在《史记》《广志》《三秦记》《花镜》等古籍中，记载了我国许多地方优良品种，如蜜梨、红梨、白梨、鹅梨等。

我国栽培的西洋梨原产于地中海沿岸至小亚细亚的亚热带地区，1870年左右，美国传教士倪氏自美国带入山东烟台之后，在各地得到传播种植，由于我国气候、品种适应性和市场等原因，至今尚未广泛形成规模栽培。

三、我国梨树的分布

根据《中国果树志·第三卷》（梨）和我国梨的分布实况，划分为7个区。

（一）寒地梨区

本区为沈阳以北、呼和浩特以东的内蒙古地区，实际上齐齐哈尔以北已很少有梨的分布。本地区主要是冬季低温，易发生冻害，年均温为0.5～7.3℃，冬季绝对低温–45.2～–25℃，年降水量400～729毫米，无霜期125～150天。本区主栽秋子梨，秋子梨适宜干燥寒冷的气候，能耐–35～–30℃；只有局部小气候地区可栽培苹果梨、明月、青皮梨及沙梨、白梨中较耐寒的品种。

（二）干寒梨区

为内蒙古西南部、甘肃、陕北、宁夏、青海西南及新疆等地，相当于我国250毫米雨量的等雨线地区。降水量均在400毫米以内，年平均气温6.9～10.8℃，无霜期125～150天。本区气温虽比寒地梨区略高，但干寒并行，且以旱为主导，易造成冻害与抽条。这里季节变化与昼夜温差都很大，日照充足，对梨树营养物质的积累、品质色泽发育都很有利，所以商品品质很高。本区主栽秋子梨、白梨和部分西洋梨，是很有希望的梨的商品基地，鸭梨、茌梨、苹果梨和抗性较强的一些日本梨品种和巴梨，在这里有灌溉条件的地区都生长很好。冬果梨、库尔勒香梨等著名品种，在大力栽树种草及引雪山水、开发黄河工程中可大量发展。

（三）温带梨区

为我国的主要梨区，产量占全国梨总产的70%。为淮河秦岭以北、寒地梨区以南、干寒梨区东南的大片地区。本区年均温10～25℃，绝对低温–29.5～–15℃，年降水量319.6～860毫米，无霜期200天左右。著名的鸭梨、雪花梨、茌梨、酥梨、秋白梨、红梨、蜜梨等品种均原产本区。白梨在本区内的西北、中北部表现较好，东南部稍差，由于加工出口需要，西洋梨近年来有所发展。

（四）暖温带梨区

指长江流域、钱塘江流域，包括上饶以北、福建西北部地区。年均气温15～18.6℃，绝对最低气温–13.8～–5.9℃，年降水量685.5～1 320.6毫米，大多在1 000毫米左右，无霜期250～300天。本区气候温暖多雨，主要栽培沙梨，为我国沙梨、日本梨的主区，白梨也有栽培。

（五）热带和亚热带梨区

为闽南、赣南、湘南以南地区。年平均气温17℃以上，亚热带梨区最低温为–4～–1℃，热带地区全年无霜，年降水量在1 500～2 100毫米。本区多雨炎热潮湿，白梨很少，主栽沙梨。热带可见梨树周年生长、四季开花结果现象，但仍以立春开花、立秋前采收为主。著名的淡水红梨、灌阳雪梨、早禾梨等品种产于本区。日本梨栽培亦多。

（六）云贵高原梨区

为云南、贵州及四川西部、大小金川以南地区，海拔1 300～1 600米的高山地带，因海拔较高的影响，成为温带落叶果树分布地带。这里雨量多，气候温凉，栽培品种以沙梨为主，少数白梨和川梨品种。著名的有宝珠梨、威宁黄梨、金川雪梨等品种。

（七）青藏高原梨区

以西藏为主，包括青海西南高原地区。多数地区海拔在4 000米以上，气候寒冷，春迟冬早，梨4月萌动，10月即被迫休眠。生长季200天左右，沙梨、白梨都可生长。而以拉萨以东的雅鲁藏布江地带气候较好，新中国成立后大量引入鸭梨、茌梨、酥梨、苹果梨、日本梨品种。

目前，我国已形成了多个以名优品种为特色的栽培区，如河北中南部鸭梨、雪花梨栽培区；山东胶东半岛茌梨、长把梨、栖霞大香水梨栽培区；黄河故道河南宁陵，陕西乾县、礼泉、眉县酥梨栽培区；辽西秋白梨、小香水梨等秋子梨栽培区；长江中下游早酥、黄花、金川雪梨栽培区；四川金川、苍溪等地金花、金川雪梨、苍溪雪梨栽培区；新疆库尔勒、喀什等地库尔勒香梨栽培区；吉林延边、甘肃河西走廊苹果梨栽培区等。

四、栽培现状和发展趋势

据国家统计局最新公布数据显示，2021年全国梨种植面积约为921.6千公顷，同比下降4.67%。虽然梨的种植面积在逐年减少但是产量仍在增加。2022年我国梨的产量达1 926.53万吨，较2021年的1 887.59万吨增加了38.94万吨，同比增长2.1%，增幅较上年缩小3.9个百分点。

从种植规模来看，2021年鲜梨种植面积排在前十位的省份：河北115.43千公顷，辽宁84.72千公顷，新疆维71.93千公顷，四川64.6千公顷，河南64.04千公顷，云南58.17千公顷，山西47.9千公顷，贵州46.48千公顷，陕西44.05千公顷，安徽40.72千公顷。

梨树生产中存在的主要问题：品种相对单一，果品质量欠佳；采后商品化处理水平和产业化程度低；优质高效新技术普及不够，很多产区仍沿用传统的高产稳产生产管理模式，特别是重树上管理、轻地下管理的误区严重。针对梨树生产现状，今后发展趋势是：稳定栽培面积和产量；调整品种结构，调整区域布局；提高果品质量，提高经济效益，提高产业化程度。应特别强化地下优化管理技术模式，如诊断施肥、果园覆盖、节水灌溉等和花果精细管理技术的普及推广。

第二节　种类和品种

一、主要种类

梨属于蔷薇科梨属植物，共有30多个种，从栽培上划分为两大栽培种类群，即西方梨和东方梨。西方梨或称欧洲梨，也称西洋梨，起源于地中海和高加索，除主栽于欧洲和北美洲外，也是南美洲、非洲和澳大利亚生产栽培的主要种类。东方梨也称亚洲梨，起源于我国，包括沙梨、白梨、秋子梨、新疆梨、川梨及野生的褐梨、杜梨、豆梨等原始种，主要栽培于中国、日本、韩国等亚洲国家。

（一）秋子梨

乔木，高达10～15米。生长旺盛，发枝力强，老枝灰黄色或黄褐色。叶多大型，广卵圆形或卵圆形，基部圆或心脏形，叶缘锯齿芒状直出。花轴短。果多近球形，暗绿色，果柄短，萼宿存，经后熟可食，抗寒力强。

（二）白梨

乔木，高8～13米。嫩枝较粗，密生白色茸毛。嫩叶紫红色，密生白色茸毛，叶大，卵圆形，基部广圆或广楔或截形，叶缘锯齿尖锐有芒，向内合，叶柄长。果倒卵形至长圆形，果皮黄色，果柄长，子房4～5室，果肉多数细脆、味甜。多数优良品种属于本种。

（三）沙梨

乔木，高7～12米。发枝少，枝多直立，嫩枝、幼叶有灰白色茸毛，二年生枝紫褐色或暗褐色。叶片大，长卵圆形，叶缘锯齿尖锐有芒，略向内合，叶基圆形或近心脏形。花一般较大。果多圆形，果皮褐色，杂交种沙梨有绿皮的，萼脱落，子房5室，肉脆、味甜、石细胞略多。

（四）西洋梨

乔木，高6～8米。枝多直立，小枝无毛有光泽。叶小，卵圆形或椭圆形，革质平展，全缘或钝锯齿，果柄细、略短。栽培品种果实多葫芦形、坛形。萼宿存，多数要后熟可食，肉软腻易溶，味美香甜。可加工，不耐储藏。

（五）杜梨

乔木，高超过10米。枝常有刺，嫩枝密生短白茸毛。叶面光滑，背面多短毛，叶片菱形或卵圆形，叶缘有粗锯齿。花小，花期晚。果球形，直径0.5～1厘米，褐色，萼脱落，子房2～3室。抗旱、抗寒、抗涝、抗碱、抗盐力均较强，分布广，类型多，为我国普遍应用的砧木。

（六）新疆梨

乔木，为西洋梨与白梨的自然杂交种，高6～9米。小枝紫褐色，无毛。叶卵圆形或椭圆形。果卵圆形至倒卵圆形，果柄先端肥大，较长，萼宿存，石细胞多。

（七）麻梨

乔木，高8～10米。嫩枝有褐色茸毛，二年生枝紫褐色。叶卵圆形至长卵圆形，具细锯齿，向内合。果小，直径1.5～2.2厘米，球形或倒卵形，色深褐，多宿萼，子房3～4室。产自华中、西北各省，为西北常用砧木。

（八）木梨

乔木，高8～10米。嫩枝无毛或稀茸毛。叶卵圆形或长卵圆形，叶基圆，实生树叶缘多钝锯齿，叶无毛。果直径1～1.5厘米，小球形或椭圆形，褐色。抗赤星病，为西北常用砧木。

（九）豆梨

乔木，高5～8米。新梢褐色无毛。叶阔卵圆形或卵圆形，叶缘细钝锯齿，叶展后即无毛。果球形，直径1厘米左右，深褐色，萼脱落，子房2～3室。为我国中南部通用砧木，适应温暖、湿润、多雨、酸性土壤地区。

（十）褐梨

乔木，高5～8米。嫩枝有白色茸毛，二年生枝褐色。果椭圆形或球形，褐色，子房3～4室，萼脱落，果实汁多、肉质绵，北京、河北东北部山区用作砧木。在西北、河北尚有部分栽培品种，果小，丰产、抗风。后熟方可食用，如吊蛋梨、糖梨、麦梨等20多个品种。

二、主要优良品种

梨品种资源十分丰富，据不完全统计，全世界有2 000多个，我国有1 200余个。现将优良新品种简介如下。

1. 早酥（苹果梨×身不知）

中国农业科学院郑州果树研究所育成。我国北方各省均有栽培。果大，重200～250克。倒卵形，顶部凸出，常具明显棱沟，绿黄色。果肉白色，质细酥脆，汁多，味甜而爽口，品质中上等。8月中旬成熟，不耐储藏。

适应性广，抗寒力略逊于苹果梨。抗黑星病、食心虫，对白粉病抵抗力差。

2. 锦丰（苹果梨×茌梨）

中国农业科学院郑州果树研究所育成。我国北方各省均有栽培。果大，平均重230克。不整齐扁圆形或圆球形。黄绿色，果点大而明显。果肉细，稍脆，汁多，味酸甜，微香，品质上等。9月下旬成熟，耐储藏，可储存至翌年5月。储藏后果皮转黄色，有蜡质光泽，风味更佳。

以短果枝结果为主，中果枝、长果枝和腋花芽均有结果能力。抗寒力强，但不及苹果梨，适于冷凉地区栽培。喜深厚砂壤土。抗黑星病能力较强，但梨小食心虫和黄粉虫为害较重。

3. 黄冠（雪花梨×新世纪）

河北省农林科学院石家庄果树研究所育成。天津、江苏、北京、湖南、浙江、青海等省（市）已引种试栽。

果实椭圆形。果大，平均单果重235克。果皮绿黄色，储藏后变为黄色，果面光洁无锈，果点小而密，美观。萼片脱落，果心小，果皮薄，果肉白色，肉质细而松脆，汁液多，酸甜适口，有蜜香，石细胞少。在河北石家庄地区，果实8月中旬成熟，果实不耐储藏，室温下可储放30天，冷藏条件下可延长储期。

植株生长健壮，幼树生长旺盛且直立，萌芽力强，成枝力中等。2～3年即可结果，以短果枝结果为主，果台副梢连续结果能力强，幼树腋花芽较多，丰产稳产。

适应性强，抗黑星病能力很强。适宜在华北、西北、淮河及长江流域的大部分地区栽培。

4. 中梨1号（早酥×幸水）

中国农业科学院郑州果树研究所育成。果实大，平均重220克。近球形，绿色。肉白色，质细脆，味甜多汁，品质上等。山东淄博7月下旬采收，常温下可存放1个月。树势中庸，栽后2～3年结果，丰产。抗病虫能力较强。

5. 七月酥（幸水×早酥）

中国农业科学院郑州果树研究所育成。果实大，平均重220克，卵圆形。黄绿色，肉质细嫩酥脆，多汁而甜，品质上等。郑州7月上旬成熟，不耐储藏，常温下可放2周。

生长势较强，定植后3年结果，较丰产。较抗旱，较抗寒，耐涝，耐盐碱，抗病性较差。

6. 红香酥（库尔勒香梨×郑州鹅梨）

中国农业科学院郑州果树研究所育成。果实大，平均重220克，纺锤形。底色绿黄色，果面2/3覆以红色。肉白酥脆，汁多味甜，品质上等。郑州9月中旬成熟，耐储藏，常温下可储2个月。

生长势较强，3～4年结果，丰产。耐寒，抗旱，耐涝，耐盐碱，抗病力强。

7. 大南果梨

为南果梨的大果型芽变，辽宁省内已推广栽培，吉林、内蒙古、甘肃等省（自治区）已引种试栽。果实扁圆形，中等大，平均单果重125克，最大可达214克。果皮绿黄色，储藏后转为黄色，阳面有红晕，果面光滑，具有蜡质光泽，果点小而多。果皮薄，果心小。果肉黄白色，肉质细脆，采收即可食，经7～10天后熟，果肉变软呈油脂状，柔软易溶于口，味酸甜并有香味，可溶性固形物含量15.5%，品质上等。在辽宁兴城果实9月上中旬成熟，不耐储运，常温条件下可储放25天左右，在冷藏条件下可储放到翌年3月底。果实可供鲜食，也可制罐。

幼树生长势强，萌芽力和成枝力均强。一般定植3年开始结果，以短果枝结果为主，并有腋花芽结果的习性。产量中等，采前落果轻，管理不善有隔年结果现象。适应性强，抗寒力强，可耐-30℃的低温。抗旱、抗黑星病、抗轮纹病、抗虫能力均较强。可在寒冷的东北和西北山区栽培。

8. 黄金梨

韩国1984年用新高与二十世纪杂交育成。果实近圆形，果形端正，果个整齐。平均单果重430克左右，最大可达500克以上。果皮乳黄色，细薄而光洁，具半透明感。果肉白色，肉质细嫩，石细胞极少，甜而清爽，果汁多，果心小，可溶性固形物含量13.5%～15%。果实9月中旬成熟，常温下储藏期为30～40天，在气调库内储藏期可达6个月以上。

生长势强，树姿较开张，树体小而紧凑。适应性强，抗黑斑病和黑星病。结果早，丰产性好。因雄蕊退化，花粉量极少，所以需配置两种授粉树。

9. 大果水晶

韩国从新高中选出的芽变品种。平均单果重500克以上。果面黄绿色，套袋乳黄色，有透明感，极易成花，丰产，含糖量14%～16%。10月上旬成熟，可延迟至11月中旬不落果，可储藏至翌年5月。大果水晶梨美观、个大、丰产、抗病、耐储藏，是一个发展前景广阔的晚熟绿皮梨新品种。

10. 金二十世纪

日本品种，系二十世纪通过辐射诱变培育而成的抗黑斑病的品种。果实圆形。单果重300～500克。果皮黄绿色，果点大，分布密，果面有果锈。果梗粗长，果心短小，纺锤形。果肉黄白色，肉质细软，含糖量10%，有酸味、香味，果汁多。

树势强，枝条粗，节间短，皮孔大，数量多。短果枝坐果多，腋花芽着生数量少。叶片卵圆形。开花期稍晚，比二十世纪稍晚成熟。不易发生心腐病、糖蜜病、裂果等，果实储藏期长，对黑斑病抗性极强。

11. 圆黄

韩国1994年用早生赤与晚三吉杂交培育而成的一个优良中熟品种。果实大，平均单果重560克，最大果重可达800克。果实圆形或扁圆形，外形美观，果皮淡黄色。果肉为透明的纯白色，肉质细腻，多汁，石细胞少，酥甜可口，并有奇特的香味，可溶性固形物含量为15%～16%，品质极佳。果实9月上中旬成熟，常温下可储藏30天左右。

该品种树势强，树姿半开张易成花，好管理，丰产，抗黑斑病。花粉多，与多数品种授粉亲和力强，也是良好的授粉树。

12. 晚秀

韩国1978年用单梨与晚三吉杂交培育而成。果实扁圆形，果皮黄褐色，外观极美。果个大，平均单果重660克。果肉白色，肉质细腻，石细胞少，无渣，汁多，味美可口，可溶性固形物含量为14%～15%，品质极上等，储藏后风味更佳。果实10月20日前后成熟，极耐储藏，低温条件下可储藏6个月以上。属优良的大果型晚熟品种。

该品种树势强，树冠似晚三吉，直立状。抗黑星病和黑斑病，抗干旱，耐瘠薄。花粉多，但自花结实率低，宜选择圆黄作授粉树。

13. 红巴梨

原名Red Bartlett，澳大利亚发现的巴梨红色芽变。果实葫芦形平均单果重250克。果面蜡质多，果点小且疏，幼果期果实全面紫红色，果实迅速膨大期阴面红色褪去变绿，成熟至后熟后的果实阳面为鲜红色，底色变黄。果肉白色，后熟后果肉柔软，细腻多汁，石细胞极少，果心小。可溶性固形物含量13.8%，味香甜，香气浓，品质极上等。果实成熟期为8月下旬，常温下储存15天，0～3℃条件下可储2～3个月且品质不变。

树势较强，树姿直立，幼树萌芽率高，成枝力中等。幼树3年结果，4年丰产。以短果枝结果为主，部分腋花芽和顶花芽结果，连续结果能力弱，自花结实能力弱，授粉树以艳红为好。采前落果少，较丰产稳产。

第三节　生物学特性

一、生长特性

（一）根系

梨为深根系果树，根系分布的深度、广度和稀密状况受砧木、品种、土质、土层深浅和结构、地下水位、地势、栽培管理等影响较大。梨树根系的垂直分布深2～3米，以20～60厘米最密，80厘米以下根很少，到150厘米根更少。在土质疏松深厚、少雨的陕西洛川地区，杜梨根可深达11米以下。水平分布一般为冠幅的2倍左右，少数可达4～5倍。水平分布则越近主干，根系越密，越远则越稀，树冠外根一般渐少，并多细长少分叉的根。

梨树根系生长一般每年有两次高峰。春季萌芽以前根系即开始活动，以后随温度上升而日见转旺。到新梢转入缓慢生长以后，根系生长明显增强，新梢停止生长后，根系生长最快，形成第一次生长高峰。以后转慢，到采果前根系生长又转强，出现第二次高峰。以后随温度的下降而进入缓慢生长期，落叶以后到寒冬时，生长微弱或被迫停止生长。

梨树根系的年生长活动因地区、年份、气候、树龄、树势和营养分配状况不同而有变化。如幼树、旺树，在萌芽前到新梢旺长前可有一次生长高峰。

（二）地上部分

梨树体高大，寿命长。秋子梨最高可达到30米，白梨次之，沙梨比白梨稍矮。

梨干性强，层性明显，萌芽力强，成枝力弱，先端优势强。在一枝上一般可抽生1～4个长梢，其余均为中短梢。一些成枝力弱的品种，在自然情况下即形成疏层形树冠。同一枝上同年发生的新梢，单枝生长势差异较大，所以竞争枝很少。同时因顶生枝特强，故常形成枝的单轴延伸。因此梨树树冠中常见无侧枝的大枝较多，而树冠稀疏。梨树幼树枝条常直立，树冠多呈紧密圆锥形，以后随结果增多，逐渐开张成圆头形或自然半圆形。

梨树多中短枝，极易形成花芽，所以一般情况下梨树均可适期结果。只有因短截过重生长过旺的树，或受旱涝、病虫为害和管理粗放、生长过弱的树，才推迟结果。枝长放后，枝逐年延伸而生长势转缓，因而枝上盲节相对增多。处在后部位置的中短枝常因营养不良，甚至枯死，形成缺枝脱节现象和树冠内膛过早光秃。梨树隐芽多而寿命长，在枝条衰老或受损以及受到某种刺激后，可萌发抽枝，以利于树冠更新和复壮。

梨树新梢加长生长主要是节间细胞活动的结果，使节间伸长，新梢也随之加长。在我国北方，新梢停止生长早。绝大多数梨树中短梢只有春季一次加长生长，无明显的春梢、秋梢之分。但在春季过于干旱又无灌水条件的地区和年份，新梢过早停止生长后遇到降水，又会重新开始生长，极像苹果的秋梢。在生长期内，长梢有2～3个生长高峰，有明显春秋梢之分。梨树新梢的加粗生长是枝条侧分生组织即形成层分生活动的结果，多与加长生长相伴进行，但加粗生长开始时活动微弱，后逐渐加强，且停止也较晚。

梨叶具有生长快、叶幕形成早的特点。5月下旬前，全树85%以上叶片完全展开并停止生长，大部分叶片在几天内呈现出油亮的光泽，生产上称为“亮叶期”。亮叶期的到来标志着叶幕基本形成，花芽分化开始。

二、花芽分化

花芽分化分为生理分化期、形态分化期和性器官形成期3个时期。

第一时期的分化与叶芽没有区别。第一时期中所形成芽的鳞片大小、数量是芽好坏的一种标志，鳞片多而大，则芽质基础较好。鳞片因树种品种、营养状况、枝龄、树势和芽分化生长发育时期的长短等不同而有差异，所以鳞片的数量、大小，又是母枝好坏、树势强弱以及营养状况的一种形态指标。

如果第一分化期后，芽的营养状况好，则进入花芽形态分化时期，反之仍然是叶芽。进入形态分化的芽，往往开始于新梢停止生长后不久，由于树势、各枝条生长强弱、停梢早迟、营养状况、环境条件等不同，花芽分化的开始时期亦有不同。中国农业科学院郑州果树研究所在河北定州观察到40年生鸭梨树，花芽分化在6月中旬开始，6月底至8月中旬为大量分化阶段；15～20年生树比老树要迟10多天。莱阳农学院研究，在梨自6月上旬开始，9月中旬结束，少数可迟到10月上旬。对具体芽来说，凡短枝上叶片多而大、枝龄较小、母枝充实健壮、生长停止早的，花芽分化开始早，芽的生长发育亦好。中长梢停长早、枝充实健壮的，花芽分化早，反之则迟。能及时停止生长的中长梢，顶花芽分化早于腋花芽。生长强旺、停梢迟的旺枝，腋花芽分化又早于顶花芽。这一时期中花芽分化生长发育要到冬季休眠时才停止。花芽在此期间依次分化花萼、花瓣、雄蕊和雌蕊原基后进入休眠。不论花芽开始分化早迟，到休眠期停止分化时，绝大部分花芽都形成了雌蕊原基。花芽分化开始迟的，分化速度快，这样花期才能表现出相对的集中。所以花芽分化开始较迟的花芽，因分化及发育的时间短，营养不足，正常花朵数少，发育不良，受精坐果能力差，所结果实也小。

经休眠后的花芽，在第三时期继续雌蕊的分化和其他各部分的发育，直到最后形成胚珠，然后萌芽开花。

三、结果特性

（一）结果枝类型

一般以短果枝结果为主，中果枝、长果枝结果较少。结果枝类型因树种、品种间差异较大，秋子梨多数品种有较多的长果枝和腋花芽结果，而沙梨中的新世纪、幸水等及西洋梨则少见。树龄时期不同结果枝类型也有变化，一般初结果期易见中长果枝结果，老年树少见。结果枝类型也与栽培管理有关，生长健壮的树，及时夏剪，使副梢结果，可形成中长果枝及腋花芽。气候条件也有影响结果枝类型及比例，渤海湾北部地区1957—1958年，许多没有长果枝、腋花芽的品种，大量形成长果枝、中果枝及腋花芽。结果枝的结果能力与枝龄有关，梨树以2～6年生枝的结果能力较强，7～8年以后随年龄增大而结果能力衰退。

梨树果台上一般可发1～2个果台副梢，发生果台副梢的数量和类型与种类品种、树势、树龄、枝的强弱等有关。但多数品种在一般情况下均易形成短果枝群，能连续结果。

（二）花和花序

梨的花芽为混合花芽，一个花芽形成一个花序，由多个花朵构成。大部分花芽为顶生，初结果幼树和高接树易形成一些侧生的腋花芽。一般顶生花芽质量高，所结果实品质好。

梨花序为伞房花序，每花序有5～10朵花。梨花序基部的花先开，先端中心花后开，先开的花坐果好。

（三）开花与结果

与苹果相比，梨具有开花量大、落花重、落果轻、坐果率高等特点。多数秋子梨、日本梨及西洋梨中个别品种坐果率较高，一般每花序可坐3个果以上；其他大部分品种可坐双果以上；少数品种可坐1个果。影响坐果多少的因素很多，气候、土壤、授粉受精、营养、树势状况等都影响梨的坐果。梨正常落花落果一般为两次，研究人员通过对茌梨的5年研究表明，落花期最早为5月2日，最迟到5月11日；生理落果期，最早5月17日，最迟在6月21日。

梨自花结果率多数很低，多数梨品种均要配置授粉品种。原浙江农业大学、云南农业大学的研究，认为梨树有花粉直感现象，能使果实外形、品质等因父本而有所变化。黄河故道地区的白酥梨，群众过去均用马蹄黄、面梨、鸡爪黄等作授粉品种，品质较差。近年发现用鸭梨授粉的果实风味、品质均较好。关于引起梨果实外形品质变化的原因较多，可因花粉直感所引起，或因同一花序中不同花朵所坐果实的差异，多数还因土壤、肥料、树势树龄的不同而发生差异，可根据变化大小、具体情况的不同，分析原因，区别对待。

梨以开花当天授粉效果最好，3天后授粉基本不能受精。据河北农业大学的研究，鸭梨从授粉到受精所需时间短，上午授粉的需48小时以上，中午和傍晚授粉的在64小时内观察，基本未能坐果。日本有研究表明，异花授粉96小时后达到受精；在15～17℃时，长十郎等5个品种的花粉在6小时后萌芽率达90%以上。据日本的研究（长十郎×今村秋），授粉后3～4天花粉管才进入胚囊受精。

（四）果实发育

梨果由花托、果心和种子三部分组成。其中种子的发育直接影响其他两部分的发育。研究表明：受精后的花，胚乳先开始发育，细胞大量增殖，与此同时花托及果心部分的细胞进行分裂，幼果体积明显增长。5月下旬到6月上旬胚乳细胞增殖减缓或停止，胚的发育加快，并吸收胚乳而逐渐占据种皮内胚乳的全部空间，时间可持续到7月中下旬，在此期间，幼果体积增大变慢。此后，果实又开始迅速膨大，但果肉细胞数量一般不再增加，主要是细胞体积膨大，直至果实成熟，此期为果实体积、重量增加最快的时期。由此可见，与苹果相比，梨果实的快速膨大期开始稍晚，但一直持续成熟，不像苹果有一个比较长的转化成熟期。

四、对环境要求

（一）温度

不同种的梨对温度的要求不同。秋子梨最耐寒，可耐−35～−30℃，白梨可耐−25～−23℃，沙梨及西洋梨可耐−20℃左右。不同的品种亦有差异，如苹果梨可耐−32℃，日本梨中的明月可耐−28℃，比其他同种梨耐寒。梨树经济栽培区的北界与1月平均温度密切相关，白梨、沙梨不低于−10℃，西洋梨不低于−8℃，秋子梨以冬季最低温−38℃作为北界指标。生长期过短，热量不够亦为限制因子，确定以高于等于10℃的日数不少于140天为栽培区界限。梨树的需冷量，一般为低于7.2℃的时数1 400小时，但树种品种间差异很大，鸭梨、茌梨需469小时，库尔勒香梨需1 371小时，秋子梨的小香水梨需1 635小时，沙梨最短，有的甚至无明显的休眠期。温度过高亦不适宜，高达35℃以上时，生理即受障碍，因此，白梨、西洋梨在年均温高于15℃的地区不宜栽培，秋子梨在高于13℃的地区不宜栽培。沙梨和西洋梨中的客发、铁头，新疆梨中的斯尔克甫梨等能耐高温。

梨树开花要求10℃以上的气温，14℃以上时开花较快。梨花粉发芽要求10℃以上气温，24℃左右时花粉管伸长最快，4～5℃时花粉管即受冻。有人认为花蕾期冻害危险温度为-2.2℃，开花期为-1.7℃。也有人认为，-30～-1℃时花器就要遭受不同程度的伤害。但气温上升后突然回寒的剧烈变化，往往气温并未降至如上低温时，亦会发生伤害。梨的花芽分化以20℃左右气温为最好。

果实在成熟过程中，昼夜温差大，夜温较低，有利于同化物质积累，从而有利于着色和糖分积累。我国西北高原、南疆地区夏季日较差多为10～13℃，所以，自东部引进的品种品质均比原产地好，耐储运力亦增强。

（二）光照

梨树喜光，年需日照在1 600～1 700小时，一般以一天内有3小时以上的直射光为好。光照不足，影响果实大小、果形、色泽、风味、果皮厚度、石细胞数量和花芽分化。根据日本田边贤二光照条件对二十世纪梨果实品质的研究（1982），认为相对光量愈低，果实色泽愈差，含糖量也愈低，短果枝上及花芽的糖与淀粉含量也相应下降，使次年开花的子房、幼果细胞分裂不充分，果实小，即或翌年气候条件很好，果实的膨大也明显差；认为全日照50%以下时，果实品质即可明显下降，20%～40%时即很差。我国辽宁省果树科学研究所以光照对秋白梨的产量、质量的影响进行研究，认为光量多少与果形大小、果重、含糖量、糖酸比呈正相关，与石细胞数、果皮厚度呈负相关。安徽砀山县果树科学研究所研究表明，90%的果和80%的叶在全光照30%～70%的范围内，可溶性固形物的含量与光照强度呈正相关，含量从9.2%～11.6%。

（三）水分

梨的需水量为353～564毫米，但种类品种间有差别。沙梨需水量最多，在年降水量1 000～1 800毫米地区，仍生长良好；白梨、西洋梨主要产在500～900毫米雨量地区；秋子梨对水分不敏感。梨比较耐涝，在较高氧水中浸渍11天开始凋萎，在低氧水中9天发生凋萎，在浅流水中20天亦不致凋萎；但在高温死水中浸渍1～2天即死树。

（四）土壤

梨对土壤要求不严，砂土、壤土、黏土都可栽培，但仍以土层深厚、土质疏松、排水良好的砂壤土为好。我国著名梨区大都是冲积沙地，或保水良好的山地，或土层深厚的黄土高原。但渤海湾地区、江南地区普遍易缺磷，黄土高原、华北地区易缺铁、锌、钙，西南高原、华中地区易缺硼。梨喜中性偏酸的土壤，但pH值为5.8～8.5均可生长良好。不同砧木对土壤的适应能力不同，沙梨、豆梨要求偏酸，杜梨可偏碱。梨亦较耐盐，但在含盐0.3%时即受害，杜梨比沙梨、豆梨耐盐力强。

第四节　栽培管理技术

一、土肥水管理

梨园土壤管理与苹果基本相同，下面主要讲述肥水管理与苹果的差异。

（一）需肥特点及需肥量

幼树阶段以营养生长为主，主要是树冠和根系发育，氮肥需求多，要适当补充钾肥和磷肥，以促进枝条成熟和安全越冬。结果期树从营养生长为主转入以生殖生长为主，氮肥不仅是不可缺少的营养元素，且随着结果量的增加而增加；钾肥对果实发育具有明显作用，使用量也随结果量的增加而增加；磷与果实品质关系密切，为提高果实品质，应注意增加磷肥的使用。

春季为梨树器官的生长与建造时期，根、枝、叶、花的生长随气温上升而加速，授粉、受精、坐果都要求有充足的氮供应，树体吸收氮、钾的第一个高峰均在5月。

5—6月是幼果膨大期，大部分叶片定型，新梢生长逐渐停止，光合作用旺盛，碳水化合物开始积累。此期对氮的需求量显著下降，但应维持平稳的氮素供应。过多易使新梢旺长，生长期延长，花芽分化减少；过少易使成叶早衰，树势下降，果实生长缓慢。8月中旬以后停止施用氮肥，对果实大小无明显影响，否则果实风味下降。

梨树对磷的最大吸收期在5—6月，7月以后降低，养分吸收与新生器官生长相联系，新梢生长、幼果发育和根系生长的高峰正是磷的吸收高峰期。

7月中旬为钾的第二个吸收高峰期，吸收量大大高于氮，此时正处于梨果迅速膨大期，钾到后期要求仍高，所以钾后期供应不足，果实不能充分发育，风味变差。

梨树每生产100千克果实需氮肥（N）0.23～0.45千克、磷肥（P_2O_5）0.2～0.32千克、钾肥（K_2O）0.28～0.4千克，且N：P：K=1：0.5：1效果最好（表3-1）。

表3-1　每生产100千克梨果的需肥量

试验地点	品种	N（千克）	P_2O_5（千克）	K_2O（千克）	N：P_2O_5：K_2O
日本	二十世纪	0.47	0.23	0.48	1：0.5：1
中国	秋白梨	0.5～0.6	—	—	1：0.5：1
吉林延边	苹果梨	0.35	0.175	0.175	1：0.5：0.5
山东	黄金梨	0.225	0.1	0.225	1：（0.5～0.7）：1
河北昌黎果树所	密植鸭梨	0.3～0.5	0.15～0.2	0.3～0.45	1：0.5：1

（二）施肥时期

1. 基肥

秋施基肥断根早、发根多，肥效较好，而从多年改土、壮树的效果来看，仍以采后施肥为好。土壤封冻前和早春土壤解冻后及早施基肥亦可。早施基肥能保证春季树体有足够的营养供生长结果之需。基肥可用条沟深施、放射沟状或全园撒施，磷肥最好结合基肥施入，施肥后应及时灌水。

2. 追肥

一般梨树每年追肥3次。第一次在萌芽至开花前，以氮肥为主，占全年用量的30%左右；第二次在幼果膨大期（疏果结束至套袋完成），氮、磷、钾配合，氮用全年用量的40%左右，钾50%～60%，磷用全年用量50%左右（如果基肥未施用磷肥）；第三次于7月末施用，氮、钾配合。每次追肥后一定结合灌水，以利根系吸收。追肥的次数和数量要结合基肥用量、树势、花量、果实负载情况综合考虑，如基肥充足、树势强壮，追肥次数和用量均可相应减少。

3. 叶面喷肥

在叶片生长25天以后至采收前，结合防治病虫，可掺入尿素、硼砂、磷酸二氢钾、硫酸亚铁等叶面肥进行喷施，能提高叶片的光合作用。

（三）灌水与排水

梨是需水量较多的树种，对水的反应亦比较敏感。我国北方梨区，干旱是主要影响因素之一。春夏干旱，对梨树生长结实影响极大；秋季干旱易引起早期落叶；冬季少雪严寒，树易受冻害。据研究测定，梨树每生产1千克干物质需水300～500千克，生产果实30吨/公顷，全年需水360～600吨，相当于360～600毫米降水量。凡降水不足的地区和出现干旱时均应及时灌水，并加强保墒工作。

早春漫灌可降低地温，对萌芽开花不利。有条件的地区应改用喷灌、滴灌，或者采用开沟渗灌。盐碱地宜浅灌不宜深灌和大水漫灌。

梨树的主要灌水时期有萌芽至开花前、花后、果实膨大期、采后和封冻灌水。特别是果实发育期，如果土壤含水量不足应及时补充水分。

位于低洼地、碱地、河谷地及湖、海滩地上的梨园，地下水位较高，雨季易涝，应建立好排水工程体系，做到能灌能排，保证雨季排涝顺畅。

二、整形修剪

（一）主要树形

我国梨区成年大树多采用主干疏层形，近年来为适应密植栽培和优质生产，树形发生了较大变化，目前生产上常用的树形如下：

1. 多主枝开心形

适于3米×5米和4米×6米密度的梨园。干高60厘米，主干上配备4～5个主枝，主枝开张角度50°～60°，其上直接着生中小枝组和短果枝群，无中心干，树高3米左右。该树形光照好，骨架牢固，丰产，易管理。

2. 单层一心形

适用于4米×6米和5米×7米密度的梨园。干高60厘米。具有明显的中心干。在中心干的下部错落着生一层主枝。主枝3～4个。层内距50～60厘米。主枝与中心干夹角55°～65°。每个主枝上着生2个侧枝。其余为中小枝组。在中心干上不再培养主枝。而是每隔40～50厘米配置一个大型枝组。树高在3.5米。该树形是原疏散分层形的改良树形，主从分明。适用于作大树改造的树形。

3. “丫”字形

适于（1～2）米×（4～5）米密度的梨园。干高40厘米。主干上着生伸向行间的两大主枝。主枝基角40°～50°，腰角55°～60°，梢角75°～85°。每个主枝上直接着生中型枝组和小型枝组和短果枝群。树高控制在2.5米左右。该树形成形快，结果早，有利于管理和提高果品质量。

4. 棚网架树形

适于（4～5）米×（6～7）米密度的梨园。干高50～60厘米，主干上着生4个主枝，主枝向四角伸展，基角50°，腰角70°，主枝上直接着生枝组。引缚于网架上。棚网距地面

2米左右。网线构成50厘米×50厘米网格。棚网架栽培。树冠扩展快。成形早，早期叶面积总量大。枝条利用率高。树势稳定。树冠内光照条件良好。生产出的果实个大均匀，果实品质好，但架材成本较高。

（二）主要修剪特点

梨与苹果相比，修剪具有三方面的特点。一是根据梨树冠大、极性明显、干性较强的特点，以及枝条硬脆、开张角度小的特性，必须重视控制顶端优势，限制树高，重视生长期开张角度，平衡骨干枝生长势；二是根据梨萌芽率高而成枝力低的特点和枝条基部有盲节的现象，为保证早期结果面积，并防止中后期衰弱，应在修剪中适当增加短截量，减少疏枝量，少用重短截，尽量利用各类枝；三是根据多数梨以中果枝、短果枝、短果枝群结果为主的习性，必须注意培养中型枝组、大型枝组，精细修剪短果枝群。

三、花果管理

（一）辅助授粉

梨多数品种自花不实，要异花授粉才能结实，即使配置了一定比例授粉品种，当花期遇到大风、连阴雨、花期低温等不良天气时，影响传粉昆虫活动，授粉不良，造成坐果率降低、果实畸形等问题。因此，梨园除配置好授粉品种外，应采用蜜蜂或壁蜂传粉和人工授粉，才能确保产量，提高果实品质。具体方法参照苹果。

（二）人工疏花疏果

疏花应从冬季修剪开始，花芽量过多时，应疏弱留壮，少留腋花芽；花芽萌动至盛花期均可继续疏花，主要疏除发育不良、开花晚及过密的花序。凡是留用的花序，应留基部1~2朵花，疏去其余的花，以节省养分。留花要力求分布均匀，内膛、外围可少留，树冠中部应多留；叶多而大的壮枝多留，弱枝少留；光照良好的区域多留，阴暗部位少留。

在花期过后7~10天，未授粉的花脱落，即可开始疏果。一般在5月上旬开始，最好在25天内疏完，要一次疏果到位。疏果的标准应因树因地而异，疏果的原则是：树势壮、土壤肥力水平较高者可多留，反之要少留。具体操作可参考苹果。

（三）果实套袋

果实套袋可明显改善果实外观品质和果实肉质，防止病虫侵害和机械伤，增强果实耐贮性，降低了果实有害污染，易生产无公害果品，提高果品市场竞争能力。

（1）纸袋选择　目前，生产上多采用全木浆黄色单层袋和内层为黑色、外层为黄色的双层纸袋。这两种纸袋既能改善果实外观品质，成本造价又低。

（2）套袋时期　果实套袋宜在疏果后至果点锈斑出现前进行。套袋早晚对果品外观质量影响较大，过晚果点变大、锈斑面积增大，过早则影响幼果膨大。套袋开始时间以盛花后25天左右为宜，持续25~30天套完。

（3）套袋　选定梨果后，先撑开袋口，托起袋底，用手或吹气令袋体膨胀，使袋底两角的通气放水口张开，然后手执袋口下2~3厘米处，套上果实，从中间向两侧依次按折扇的方式折叠袋口，接着在袋口下方2厘米处将袋口绑紧，果实袋应捆绑在果柄上部，使果实在袋内悬空，防止袋纸贴近果皮而造成磨伤或日灼。绑口时切勿把袋口绑成喇叭口状，以免害虫入袋和过多的药液流入袋内污染果面。

（4）除袋　着色品种应于果实采收前30天左右除袋，以保证果实着色。其他品种可在果实采摘时连同袋一同摘下。

（5）树体管理　套袋栽培不同于一般栽培模式，在整形修剪、施肥、花果期管理、病虫防治等方面均需加强管理，如控制树高在3～3.5米，控制枝量，配方施肥，精细疏花疏果，严格进行病虫防治。套袋前喷布杀虫杀菌剂，一次喷药可套袋3～5天，要分期用药，分期套袋，以免将害虫套入果袋内。套袋结束后要立即喷施杀虫剂，主治黄粉虫、康氏粉蚧和梨木虱，果实生长期内要间隔15天左右用药。

四、适期采收

采收时期早晚对梨果的外观和内在品质、产量及耐储性都有很大影响。采收过早，果个尚未充分膨大，物质积累过程尚未完成，不仅产量低，而且果实品质差，同时由于果皮发育不完善，易失水皱皮。采收过晚，果实过度成熟，易造成大量落果，储藏中品质衰退也较快。过早过晚采收都可能使某些生理病害加重发生。

适期采收就是在果实进入成熟阶段后，根据果实采后的用途，在适当的成熟度采收，可达到最好的效果。

第四章 桃

第一节 概 述

一、重要意义

桃是我国主要落叶果树之一，也是深受广大人民喜爱的水果之一。桃果不仅外观艳丽，肉质细腻，而且汁多味美，营养丰富。每100克可食部分含糖7～15克，有机酸0.2～0.9克，蛋白质0.4～0.8克，脂肪0.1～0.5克。桃果用途广泛，既可生食，又可加工制作罐头、桃脯、桃酱、桃汁、桃干、速冻水果等；根、叶、花、仁均可入药；桃仁中含油45%，可榨取工业用油。桃供应期长，适应性较强，幼树生长快，有“三早”的优点：早结果、早丰产、早收益。管理得当，易获丰产，即使粗放管理也有一定的收成。

二、栽培历史

桃原产于我国黄河上游海拔1 200～2 000米的高原地带，我国《诗经》《尔雅》等古书上都有记载，估计至今有4 000年的历史。我国北起黑龙江，南到广东，西自新疆库尔勒、西藏拉萨，东到滨海各省都有桃树栽培。其中，以北京、河北、河南、山东、江苏、浙江、陕西、甘肃等地栽培为多。山东的肥城、青州，河北的深州，甘肃的宁县、张掖，江苏的太仓、无锡，浙江的奉化、宁波等地是历史上著名的桃产区。北京的平谷，河北的乐亭和临漳为桃的新兴产区。

三、栽培现状

近年来我国桃果生产发展迅速，主要表现在以下4个方面。

（一）栽培面积逐年扩大，产量大幅度上升

中国是生产桃和油桃最多地区，也是主要的桃和油桃出口国家。2020年中国桃和油桃种植面积约为86.7万公顷，同比增长3.1%；中国桃和油桃产量约为1 663.4万吨，同比增长5%。受全球疫情影响，进出口贸易也有所影响。2020年中国中国桃和油桃出口数量为7.76万吨，同比下降36%；中国桃和油桃出口金额为1.4亿美元，同比下降31.6%。

（二）鲜食品种发展较快

目前在桃树栽培中，鲜食桃发展较快。其中普通桃品种占栽培面积的80%，以白肉桃品种为主，黄肉桃有所发展。油桃以其果面无毛、色泽鲜艳在市场上崭露头角，发展的速度也较快。蟠桃、油蟠桃作为花色品种，在北京、上海、江浙一带的市场看好，因此也有所发展。

（三）加工品种的栽培面积太小

近年来由于罐藏工业不景气，使加工桃面积逐年递减。但由于加工制品太少，目前优良的罐藏加工桃果罐头反而进入饭店、宾馆等高档消费场所，因其风味浓郁而很受消费者欢迎。

（四）促早栽培发展迅速

由于促早栽培能促使桃果提早成熟上市，满足人们尝鲜消费的习惯，市场容量大，售价高，经济效益极佳，使广大果农得到了实惠。所以近年来促早栽培在我国北方各省区发展迅速，以辽宁（几万亩）、山东的面积最大。

在我国桃果被视为吉祥之物，素有“仙桃”“寿桃”之称。但我国传统水蜜桃或蜜桃成熟后汁多皮薄，容易腐烂，多数不耐储运。近年从国外引入和自行选育的油桃，储运性大有提高，颇有开发前途，但尚需解决风味偏酸和在多雨地区栽培容易产生裂果等问题。因此，可先适当发展较耐储运的优质脆桃（硬肉桃）应市。

第二节　种类和品种

一、主要种类

桃属于蔷薇科桃属。桃属共有6个种，即桃、新疆桃、甘肃桃、光核桃、山桃和陕甘山桃。

（一）桃（*Amygdalus persica* L.）

又名毛桃、普通桃。果实圆形，果面有毛。核大，长扁圆形，核表面有沟纹。世界上的栽培品种多属于此种及其变种，有蟠桃、油桃、寿星桃和碧桃4个变种。

（二）山桃（*Amygdalus davidiana* Maxim.）

果实圆形，成熟时干裂，不能食用。核圆形，表面有沟纹、点纹。山桃耐寒、耐旱、耐盐，但是不耐湿。有红花和白花两个类型，可作桃的砧木。

二、品种群

（一）按果实形态分类

1. 按果面茸毛的有无

分普通桃（有毛）和油桃（无毛）。

2. 按核与果肉的黏离度

分离核桃、黏核桃和半黏核桃品种。黏核是进化类型。离核品种果肉组织较松，有成熟不匀的现象。黏核品种果肉较致密，纤维少，宜加工制罐头，果肉成熟度较为均匀。

3. 按果肉颜色

分白肉桃、黄肉桃和红肉桃。

4. 按果实成熟时肉质的特性

分肉溶质、肉不溶质和硬肉桃。黏核桃、黄肉桃和不溶质桃为罐桃品种。

（二）在栽培上按形态、生态和生物学特性将桃分类

1. 北方品种群

树姿直立或半直立，成枝力弱，中果枝、短果枝较多，单花芽多。果形大，果实顶端有突尖，缝合线深。果实硬质，致密。较耐储运。包括蜜桃、硬桃、黄桃和油桃等类型。著名品种有肥城桃、五月鲜等。

2. 南方品种群

树姿较直立或半张开，成枝力强，中果枝、长果枝比例较大，复花芽多。果实圆形或长圆形，果顶平圆或微凹；果肉柔软多汁或硬脆致密。包括水蜜桃、蟠桃和硬肉桃。如上海水蜜等品种。

3. 黄肉桃品种群

树姿较直立或半张开，生长势强，成枝力较北方品种群稍强，中果枝、长果枝比例亦稍多。果实圆或长圆形，果皮与果肉均金黄色，肉质紧密强韧，适于加工制罐。如黄甘桃、晚黄金、黄露桃、郑黄2号、金童6号等品种。

4. 蟠桃品种群

树姿张开，成枝力强，中果枝、短果枝多，复花芽多。果实扁圆形，多白肉，柔软多汁。如撒花红蟠桃、陈圃蟠桃、白芒蟠桃、早蟠桃、黄金蟠桃、早露蟠桃、早油蟠桃、瑞蟠8号、中油蟠2号等品种。

5. 油桃品种群

果实光滑无毛，果肉紧密，硬脆，多黄色，离核或半离核。如新疆李光桃、甘肃紫胭桃等。目前生产上的优良油桃品种很多，如瑞光5号、早红2号、曙光、华光、艳光、霞光、丽春、超红珠、春光、千年红、中油4号、双喜红等品种。

三、主要优良品种

（一）目前生产上推广的品种

从盛花期到果实成熟期为果实的发育期。生产上依果实发育期的长短不同把桃为分早熟品种、中熟品种、晚熟品种。目前生产上已推广的品种有以下品种。

1. 早熟品种

果实发育期不足100天的品种为早熟品种。

（1）春蕾　由上海市农业科学院园艺研究所培育的极早熟鲜食品种。果实发育期55天左右。在郑州地区果实于5月底至6月初成熟。适于促早栽培。

该品种树势强健，树姿开张，以中果枝、长果枝结果为主，复花芽多，有花粉，花粉量多，产量中等。平均果重70克，最大果重116克。果实卵圆形，果皮底色黄白色，果顶鲜红色，皮易剥离。离核，果肉乳白色，肉质软溶，汁液中多，食味淡甜，可溶性固形物含量9.3%左右。

（2）京春　由北京市农林科学院果树研究所培育的鲜食品种。果实生育期66天左右。在郑州地区果实于6月10日左右成熟。

该品种树势中庸，树姿半开张，各类果枝均能结果，有花粉，花粉量多，丰产、稳产。平均单果重126克。果实近圆形，果顶平，缝合线浅。果皮底色绿白色，果面近全红色，果肉白色，硬溶质，味甜，成熟后柔软多汁，品质好。可溶性固形物含量10%左右。

（3）华光　由中国农业科学院郑州果树研究所培育的油桃鲜食品种。果实发育期62天左右，在郑州地区果实于6月3日左右成熟。

该品种树势中强，树姿半开张，以中果枝、长果枝结果为主，复花芽多，有花粉，花粉量多，丰产。平均果重80克。果实近圆形，果皮底色乳白，果面1/2以上着玫瑰红色。黏核，果肉白色，肉质软溶，风味浓，有香气，有裂果现象，可溶性固形物含量12%左右。

（4）曙光　由中国农业科学院郑州果树研究所培育的黄肉油桃鲜食品种。果实发育期65天左右，在郑州地区果实于6月6日左右成熟。

该品种树势中庸，树姿半开张，以中果枝、长果枝结果为主，单花芽多，有花粉，花粉量多，丰产性好。平均果重96克，最大单果重150克。果实近圆形，全面着浓红色。黏核，果肉黄色，肉质硬溶，风味甜，有香气，可溶性固形物含量10%左右。休眠期需冷量650~700小时。

（5）艳光　由中国农业科学院郑州果树研究所培育的油桃鲜食品种。果实发育期70天左右，在郑州地区果实于6月15日左右成熟。

该品种树势强健，树姿较直立，以中果枝、长果枝结果为主，有花粉，花粉量多，丰产性好。平均果重120克。果实椭圆形，果面50%着玫瑰红色。黏核，果肉白色，肉质软溶，风味浓甜，有香气，可溶性固形物含量11%左右。多雨年份有裂果现象。

（6）沙红桃　果实发育期78天。果实圆形至扁圆形，果顶凹入，平均单果重255克。果皮底色乳白，80%以上果面着红色。果肉白色，果实硬溶质，硬度大，风味甜。自然结实率高，丰产，抗病性强，虫害少，适应范围广。

（7）大果甜　由河南农业大学选育的鲜食品种。果实发育期85天左右，在郑州地区果实于6月底至7月初成熟。

该品种树姿较开张，长势中庸，中果枝、长果枝结果，复花芽多，有花粉，高产、稳产。平均果重165克，最大果重260克。果实圆形，果皮底色绿白色到黄白色，果顶及缝合线两侧着鲜红到紫红色晕，皮薄易剥离。离核，果肉水白色，肉质硬溶，汁液多，食味浓甜，微有香气，可溶性固形物含量13%左右。抗花期低温的能力强，个别年份未充分成熟的果实有成熟度不均匀的现象。

2. 中熟品种

果实发育期100~120天的品种为中熟品种。

（1）豫甜　由河南农业大学选育的鲜食加工兼用品种。果实发育期100天左右，在郑州地区果实于7月中旬成熟。

该品种树势强健，树势半开张，长枝多而粗壮，中果枝、长果枝结果为主，复花芽多，有花粉，花粉量大，丰产。平均果重180克，最大果重865克。果实近圆形，果皮底色黄白色，缝合线两侧及阳面着鲜红色晕，果皮易剥离。黏核，果肉乳白色，肉质硬溶。风味浓甜，品质上等，六成熟即脆甜可食。果皮较厚，耐储藏运输性强。可溶性固形物含量12%～14%。

（2）豫红　由河南农业大学选育的鲜食品种。果实发育期100天左右，在河南省中部地区果实于7月中旬成熟。

该品种树势旺盛，树势开张，以中果枝、长果枝结果为主，复花芽多，花粉多，自花结实率高，丰产。平均果重180克，最大果重400克。果实近圆形，顶端微突，整个果实略呈心脏形，即民间所说的“仙桃”形或“寿桃”形，果皮底色黄白色到粉白色，果顶及缝合线两侧着红色到鲜红色晕和宽条纹，果皮易剥离。离核，果肉底色雪白色，着色粉红色到鲜红色，果肉硬溶质。果汁中等，稍带香味，品质上等，可溶性固形物含量15%以上。

（3）豫香　由河南农业大学选育的鲜食品种。果实发育期105天左右，在郑州地区果实于7月20日左右成熟。

该品种树势中庸，树势开张，以中果枝、长果枝结果为主，有花粉，花粉量多，自花结实力强，丰产。平均果重220克，最大果重362克。果实长圆形，果皮底色黄白色，果顶及缝合线两侧、向阳处着红色到鲜红色晕或宽条纹，果皮易剥离。黏核，果肉白色，肉质硬溶，汁液多，食味浓甜，并有香气，品质极上等，六成熟即脆甜可食，故可提早上市。果肉稍韧，耐储藏运输性强，抵抗早春不良气候的能力强。可溶性固形物含量10%～14%。

（4）豫白　由河南农业大学选育的白肉加工和鲜食兼用品种。果实发育期105天左右，在河南省中部地区果实于7月中下旬成熟。

该品种树势强健，树势开张直立，以中果枝、长果枝结果为主，单花芽多，有花粉，花粉量多，自花结实率高，丰产，但进入丰产期较迟。平均果重150克，最大果重375克。果实圆形，呈乳白色，果皮不易剥离。黏核，果肉纯白色、无红晕，肉质细致，不溶质，有韧性，汁水较少，风味浓甜，香气浓，鲜食、加工品质属上等。可溶性固形物含量10%～15%。

3. 晚熟品种

果实发育期120天以上的为晚熟品种。

（1）秋甜　由河南农业大学选育的鲜食品种。果实发育期125天左右，在郑州地区果实于8月15日左右成熟。

该品种植株长势中庸，树冠开张，各类果枝均能结果，复花芽多，有花粉，花粉量多，自花结实力强，丰产。平均果重180克，最大果重240克。果实圆形，果皮底色黄白色，果顶及缝合线两侧着鲜红色晕。黏核，果肉白色、肉硬质，充分成熟柔软多汁，食味浓甜，品质极上等，果皮厚，耐储藏运输。可溶性固形物含量12%～14%。

（2）中华寿桃　由山东省选育的晚熟品种。果实发育期195天左右，在郑州地区果实于10月中旬成熟。

该品种生长势强，树姿直立，以短果枝结果为主，有花粉，自花结实能力强，早期丰产性好。平均果重278克，最大果重975克。果实近圆形，顶端微凸出，果皮底色乳白，着红晕。黏核，果肉乳白，肉质硬溶，耐储藏运输，风味甜，可溶性固形物含量18%。但该品种裂果严重，应套袋栽培。在储藏期间果肉易褐变。

（3）雪桃　河北省满城农家鲜食品种。果实发育期210天左右，在河南省中部地区果实于11月上旬成熟。

该品种株势中庸，树姿较直立，单花芽多，以中果枝、短果枝结果为主。平均果重150克，最大果重550克。果实近圆形，顶端突出成尖状，为典型的北方“仙桃形”品种。果皮底色绿白色，向阳面有微细的红色沙点或轻微的粉红色晕，果皮薄，不易剥离。黏核，果肉白色，不溶质，硬度高，汁水少，汁脆味甜或稍带香味，品质上等，可溶性固形物含量24%。对初冬和早春气温急剧变化的抵抗力较差。

（二）新育成的品种与品系

近年来新育成的桃品种与品系很多，现将有突出特点的优良品种与品系介绍如下。

1. 金蜜

由河南农业大学育成的黄肉鲜食新品系。果实发育期80天左右，在郑州地区果实于6月下旬至7月上旬成熟。

该品系植株长势旺盛，树姿开张。各类果枝均能结果，复花芽多，有花粉，自花结实率高，丰产。平均果重160克，最大果重264克。果实椭圆形倒卵圆形，果皮底色金黄色，着鲜红色到紫红色晕，外观艳丽，果皮易剥离。离核，果肉金黄色，肉质硬溶，汁液中等，风味纯甜，香气浓郁，可溶性固形物含量12%以上。

2. 早魁蜜

由江苏省农业科学院园艺研究所育成的蟠桃鲜食新品种。果实发育期95天左右，在南京地区果实于7月初成熟。

该品种树势强健，树姿较开张，以中果枝、长果枝结果为主，复花芽多，有花粉，花粉量大，丰产性好。平均果重130克，最大果重180克。果实扁平，果皮底色乳黄色，果面有玫瑰色红晕。肉质柔软多汁，风味纯甜，有香气，可溶性固形物含量12%～15%。

3. 中油蟠1号

由中国农业科学院郑州果树研究所选育的油蟠桃鲜食品种。果实发育期120天左右，在郑州地区果实于7月底成熟。

该品种树势中庸，树姿较开张，各类果枝均能结果，复花芽多，有花粉，花粉量多，丰产性好。平均果重190克，果实扁平，果皮光滑无毛，果顶扁平凹入，果皮底色浅绿白色，果顶有红色斑点或晕，外观美。黏核，果肉乳白色，肉质硬溶，汁液中等，风味纯甜，可溶性固形物含量15%～17%。在多雨年份有裂果现象。

4. 秋蜜红

由河南农业大学育成的晚熟鲜食新品系。果实发育期150天左右，在郑州地区果实于8月底至9月上旬成熟。

该品系植株长势中庸，树姿开张。以中果枝、长果枝结果为主，复花芽多，小花型，有花粉，花粉量多，自花结实率高，丰产性好。平均果重182克，最大果重357克。果实近圆形，果皮底色黄白色，全面着鲜红色到紫红色晕，整个果面红白相衬，观感鲜艳是晚熟品种所少见的，果皮可剥离。黏核，果肉乳白色，肉质硬溶，果汁黏稠似蜜，风味纯甜，品质极上等，果皮厚，耐储藏运输，可溶性固形物含量15%～18%。

第三节　生物学特性

一、生长结果习性

桃树栽后2～3年开始结果，4～5年进入盛果期，经济寿命15～25年。

（一）根

桃树为浅根性果树。水平根主要分布在10～40厘米土层中。以树冠外围附近最为集中。垂直根不发达，其分布受土壤条件影响较大，在土壤黏重、排水不良、地下水位高的桃园，根系分布主要集中在5～15厘米的浅土层中。而在西北黄土高原的细砂壤土上，桃树的根系可超过100厘米。根系分布也与桃树砧木有关，例如：山桃砧根系分布较深，须根少；李砧根系分布浅，细根多。

在年周期中，桃根春季生长较早，地温在0℃以上，根即能顺利地吸收并同化氮素，5℃左右即有新根发生。一年中有两次生长高峰，第一次在5月下旬至7月上旬，第二次在9月下旬。桃树耐旱性强而耐涝性差，土壤含氧量保持在15%左右，根系才能正常生长。在11月上旬，当土温降至11℃时停止生长进入冬季休眠。

（二）枝

桃树干性弱，枝条生长量大。幼树生长旺盛，一年中可有2～3次生长高峰，形成2～3次副梢，树冠形成快。进入盛果期后树势缓和，短枝比例提高。

营养枝按其生长强弱分为徒长枝、发育枝和丛生枝。徒长枝常发生在树冠内膛和剪锯口附近，生长虚旺，长60厘米左右，粗1.5～2.5厘米，其上多为叶芽，有少量花芽，有大量副梢，可培养骨干枝，后培养大型结果枝组。叶丛枝是只有一个顶生叶芽的极短枝，长1厘米左右，其生长势弱，寿命短，但在营养、光照好的条件下，能发生壮枝，可用于枝组的更新。

结果枝按长度分为徒长性结果枝、长果枝、中果枝、短果枝和花束状结果枝5类（图4–1）。主要结果枝类型和特性见表4–1。

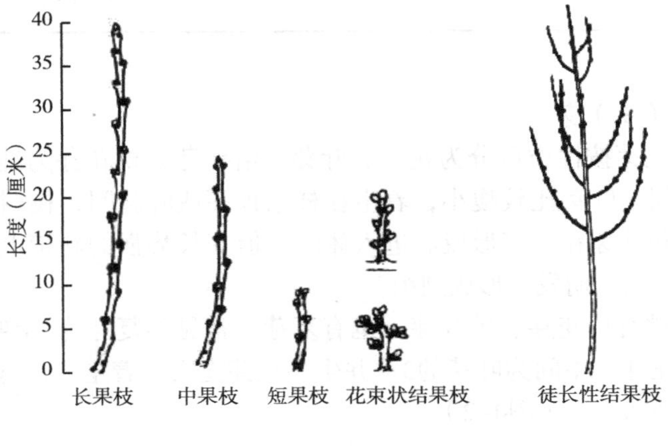

图4–1　桃树的结果枝

桃叶芽萌发后，经过约1周的缓慢生长期（叶簇期）后，随气温上升进入迅速生长期。生长弱的枝停止生长早；生长中庸的枝有1～2次生长高峰；生长强旺的枝有2～3次生长高峰。同时，旺长枝的部分侧芽萌发形成副梢（二次枝、三次枝），早期副梢亦能形成花芽。桃的枝组分为大、中、小3个类型。大型枝组有10个以上的结果枝，长度大于等于50厘米，结果多，寿命长；中型枝组有5～10个结果枝，长度30～50厘米，一般7～8年后衰老；小型枝组的结果枝数少于5个，长度小于等于30厘米，结果少，寿命短，一般3～5年后衰老。

表4–1　桃主要结果枝种类及特性

结果枝种类	长度、粗度（厘米）	生长及花芽特性	功能
徒长性结果枝	长60～80 粗1.0～1.5	上部有少量副梢，花芽质量较差，坐果率低。但有的品种结实较好	培养大型结果枝组、中型结果枝组
长果枝	长30～59 粗0.5～1.0	一般无副梢，复花芽多，花芽比例高、充实，坐果能力强，是多数品种的主要结果枝	结果同时发出的新梢能形成新的长果枝
中果枝	长15～29 粗0.3～0.5	单、复花芽混生。坐果率高，是多数品种的主要结果枝	结果同时发出长势中庸的结果枝
短果枝	长5～14 粗0.3～0.5	顶芽为叶芽，其余多为单花芽，为北方品种群的主要结果枝	结果后能形成新的结果枝
花束状结果枝	长<5	顶芽为叶芽，其余均为单花芽，结果后发枝能力差，易衰亡	结果后发枝差，易枯死

（三）芽

桃芽按性质可分为花芽、叶芽、潜伏芽。桃花芽为纯花芽，芽体饱满，着生于新梢叶腋间。叶芽比较瘦小，着生在枝条顶端或叶腋间，桃树各类枝条的顶芽都是叶芽。桃花芽和叶芽在当年形成后进入休眠。但在长势强的新梢上，无鳞片的早熟性芽随着新梢的生长当年萌发，形成副梢。

桃有单花芽、单叶芽，也有复芽。常见的复芽为1个叶芽和1个花芽的双芽并生和两侧为花芽、中间为叶芽的3芽并生。花芽充实、着生节位低、排列紧凑及复花芽多是桃树丰产性状之一（图4–2）。

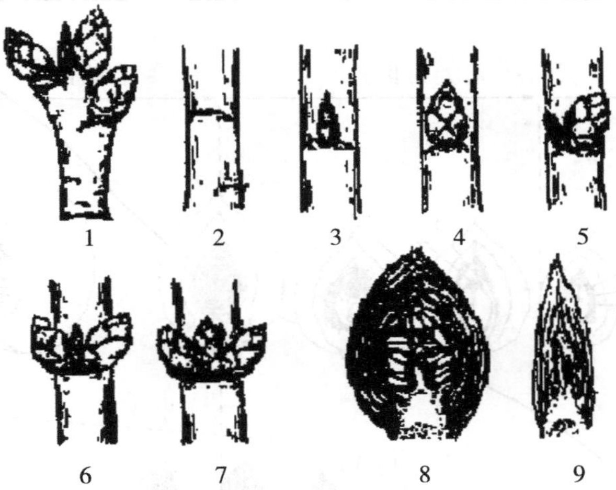

1—短果枝上的单芽；2—隐芽；3—单叶芽；4—单花芽；

5~7—复芽；8—花芽剖面；9—叶芽剖面

图4–2 桃树的芽（吴光林）

（四）花芽分化

桃花芽分化属夏秋分化型，主要集中在7—9月，其过程分生理分化期、形态分化期、休眠期和性细胞形成期4个阶段。

桃花芽生理分化期出现在形态分化前5～10天。桃树新梢缓慢生长期与花芽生理分化期相符，此期树体营养竞争相对较小，增施氮、磷肥，进行夏季修剪，改善光照条件有利于花芽分化。

花芽分化在秋季形成柱头和子房后，进入休眠期。翌年早春，当气温上升到0℃以上时开始减数分裂，开花前形成单核花粉与胚珠。

（五）花

桃花为子房上位周位花，多数一芽一花。从花冠形态上分为两种类型，一类是蔷薇状花，花冠大，开花后花瓣平展；另一类是铃形花，花冠小，开花后花瓣不平展。

桃花多数品种为完全花，是自花授粉结实率较高的树种。但有的品种只有正常的雌蕊，雄蕊败育，称为雌能花品种，如深州水蜜、丰白、仓方早生等，建园时应配置授粉树。

桃花芽膨大后，经过露萼期、露瓣期、初花期到盛花期。桃开花期要求平均温度在10℃以上，适温为12～14℃。同一品种的开花期短则3～4天，长则7～10天。遇干热风开花期仅2～3天。

（六）坐果及果实发育

桃子房中有2个胚珠，在受精后2～4天，较小的胚珠退化，较大的继续发育成种子。个别子房未经授粉受精或授粉受精不充分而形成的单性结实果，俗称“桃奴”。“桃奴”果个小，没有商品价值。

桃果实发育分3个阶段，在两个迅速生长期之间有一个缓慢生长期，构成双“S”形生长曲线（图4–3）。

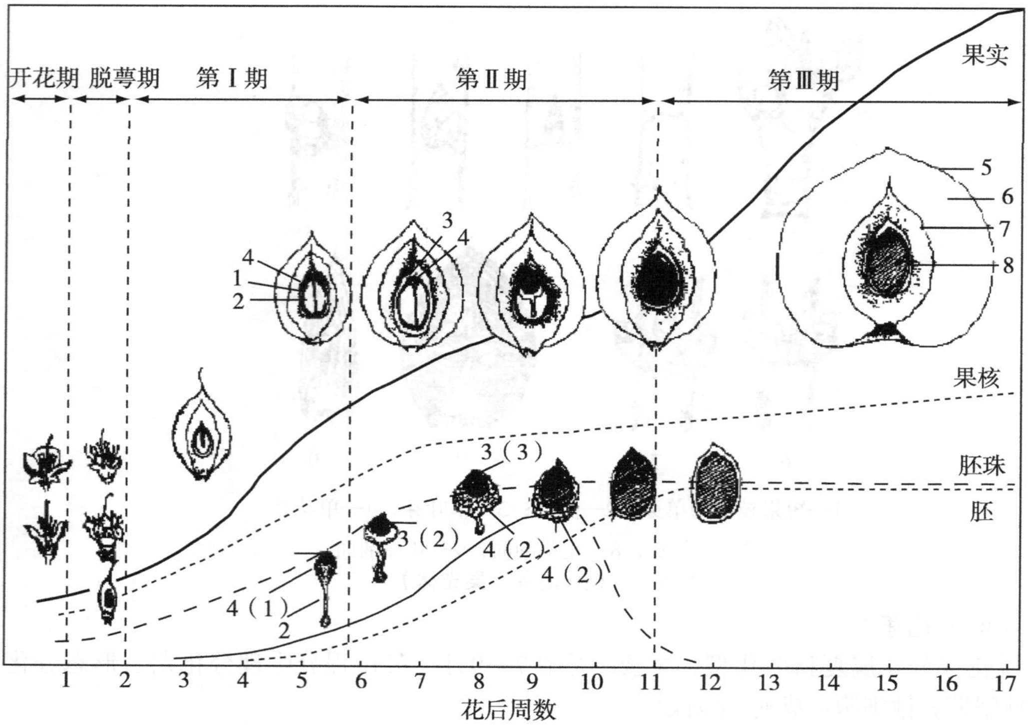

1—胚珠珠心；2—胚囊；3—（1）球形胚 （2）心形胚 （3）子叶胚；

4—（1）核胚乳 （2）胚乳组织（细胞胚乳）；5—果皮；6—果肉； 7—果核； 8—种仁

图4–3 桃果实各部分发育示意图

1. 第一次迅速生长期

从受精后子房开始发育到果核开始木质化为止，白色果核自核尖呈现淡黄色为木质化开始。此期一般持续36～40天。

2. 缓慢生长期或硬核期

由果核开始硬化至果核坚硬。果核逐渐木质化，长到应有的大小，并达到一定的硬度。早熟品种硬核期为2～3周，中熟品种4～5周，晚熟品种6～7周或更长。

3. 第二次迅速生长期

由硬核期结束，果实再次出现迅速生长开始，到果实成熟。此期果实增长很快，果实重量的增长占果实总重的50%～70%，增长最快时期在采收前2～3周。种皮逐渐变褐，种仁干重迅速增加。以果面丰满、底色明显改变并出现品种固有的色彩、果实硬度下降并具有一定的弹性为果实进入成熟的标志。油桃有些品种第二期和第三期都处于渐增状态。

二、对环境条件的要求

（一）温度

桃树适宜冷凉温和的气候，通常在年平均温度8～17℃，生长期平均气温13～18℃的地区均可栽培。

桃的生长适温为18～23℃，果实成熟适温24.5℃；温度过高，果顶先熟，味淡，品质下降，枝干也易灼伤。夏季土温高于26℃，新根生长不良。

冬季严寒和春季晚霜是桃栽培的限制因子，一般品种在-25～-22℃时可能发生冻害。有些花芽耐寒力弱的品种，如五月鲜、深州蜜桃等，在-18～-15℃时即遭冻害。因此，寒冷地区桃树的经济寿命比较短，盛果期后不久即死亡。桃花芽萌动后，-6.6～-1.7℃即受冻，开花期-2～-1℃、幼果期-1.1℃受冻。

（二）光照

桃树喜光，对光照反应敏感。光照不足影响花芽分化，可导致产量降低，树冠内部光秃，结果部位上移、外移。所以宜采用开心树形，栽植密度也不能过大。但夏季直射光过强，可引起枝干日灼，影响树势。一般南方品种群的耐阴性高于北方品种群。

（三）水分

桃树对水分反应敏感，尤其早春开花前后和果实第二次迅速生长期必须有充足的水分。春季雨水不足，萌芽慢，开花迟，在西北干旱地区易发生抽条。桃树不耐涝，桃园连续积水两昼夜就会造成树体落叶，甚至死亡。

（四）土壤

桃树适宜在土质疏松、排水良好的砂壤土或砂土地上栽培。要求土壤含氧量在15%左右，土壤黏重易患流胶病。在肥沃土壤上营养生长旺盛，易发生多次生长，并引起流胶。在pH值为4.5～7.5时均可生长，最适宜pH值为5.5～6.5的微酸性土壤。在碱性土中，当pH值在7.5以上时，由于缺铁易发生黄叶病。桃树栽培忌重茬。

第四节　整形修剪技术

桃树与其他果树相比宜采用开心树形，如采用有中心干树形也要注意扶持中心干的生长势。桃萌芽率高，潜伏芽少且寿命短，多年生枝下部光秃后更新较难，所以要注意树冠内部的通风透光及下部枝组的更新复壮。桃成枝力强，成形快，结果早，容易造成树冠郁闭，必须注重生长期修剪。桃树耐修剪性强，无论是休眠期还是生长季修剪，修剪量都比较大，可以通过修剪控制树冠的大小。

一、常用树形及整形过程

（一）自然开心形

通常留3个主枝，不留中干，又称三主枝自然开心形。具有整形容易、树体光照好，易丰产等特点。

1. 基本结构

干高30～50厘米。主干以上错落着生3个主枝，相距15厘米左右。主枝开张角度40°～60°，第一主枝角度可张开60°，第二主枝略小，第三主枝则张开60°～80°，第一主枝最好朝北，其他主枝也不宜正朝南，以免影响光照。主枝直线或弯曲延伸。每主枝留2个平斜生侧枝，张开角度60°～80°，各主枝第一侧枝顺一个方向，第二侧枝着生在第一侧枝对面，第一侧枝距主枝基部50～70厘米，第二侧枝距第一侧枝50厘米左右。在主枝上培养大型、中型、小型枝组（图4–4）。

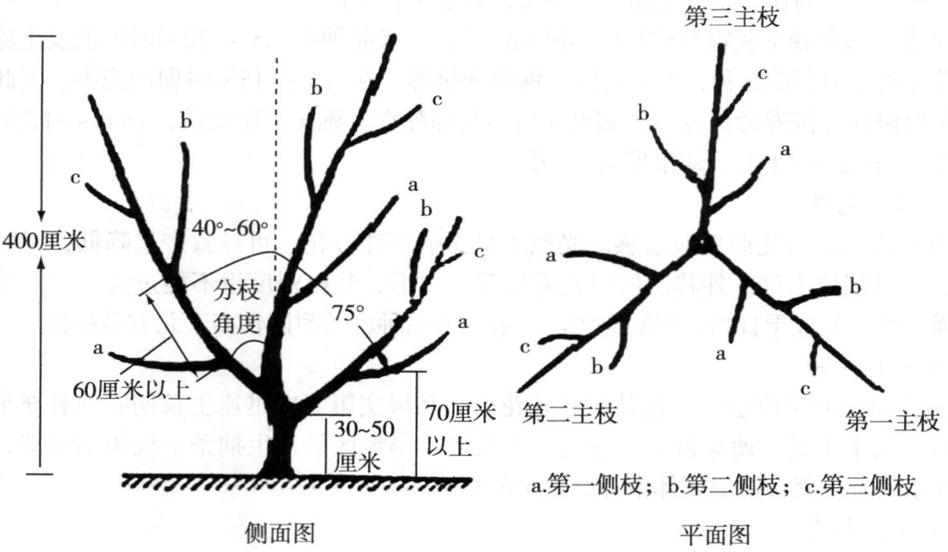

图4–4　桃树三主枝自然开心形示意图

2. 整形过程

定干高度60～80厘米，整形带15～30厘米，带内有5个以上饱满芽。

春季萌芽后抹去整形带以下的芽，在整形带内选4～5个新梢。当新梢长到30～40厘米时，选3个生长健壮、相距15厘米左右、方位和角度符合要求的3个新梢作为主枝培养。其他枝缓放，辅养树体。

第一年冬季修剪时，留作三个主枝的一年生枝剪留60～70厘米。春季萌芽后，在顶端选择健壮外芽萌发的新梢作主枝的延长梢。同时在延长梢下部选择方位、角度合适的新梢培养第一侧枝。

第二年冬季修剪时，3个主枝延长枝剪留50～70厘米，第一侧枝剪留40～50厘米。春季萌芽后，继续选留主枝延长枝，同时在延长枝下部、第一侧枝的另一侧选择新梢培养第二侧枝。

第三年冬季修剪时，主枝延长枝继续剪留50～60厘米，侧枝延长枝剪留40厘米左右。春季萌芽后继续以前的操作。这样到第四年冬季修剪时，树形基本形成。

桃树的年生长量大，在生长季当主枝或侧枝的延长枝长度达到60～80厘米进行剪梢处理，以促进分枝，增加尖削度，并在分枝的副梢中选择角度开张、健壮的代替原头。采用此法可以加快整形进度。

整形过程中，在主枝、侧枝培养大型枝组、中型枝组、小型枝组，使枝组均匀分布在骨干枝上。树形形成时要使骨干枝均衡牢固、占满空间，结果枝组疏密适当、圆满紧凑。

（二）二主枝开心形

树体结构与自然开心形相近，只留两个主枝，更适合在较高栽植密度下采用。

1. 基本结构

干高40～50厘米，主干上着生两个主枝，长势相近，反向延伸。主枝开张角度45°～60°，每个主枝上着生2个侧枝。第一侧枝距主干50～60厘米，在另一侧着生第二侧枝，第二侧枝距第一侧枝40～50厘米。侧枝以平斜生为宜，侧枝与主枝夹角为45°～70°，在主侧枝上配置结果枝组（图4–5）。

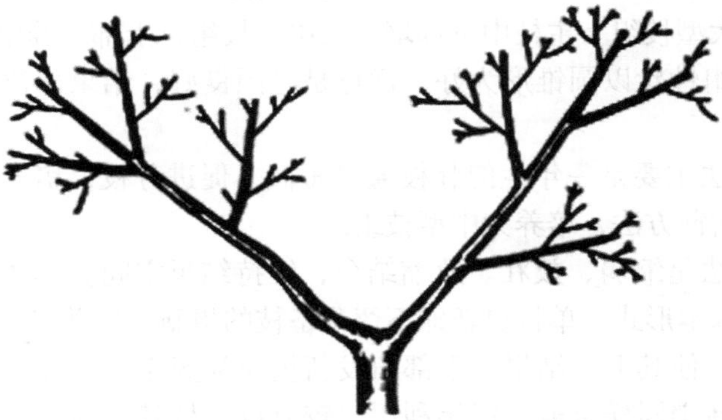

图4–5　桃树二主枝自然开心形示意图

2. 整形过程

定干高度60厘米，在整形带内选留两个对侧的新梢培养主枝。两个主枝一个朝东，一个朝西。第一年冬季修剪时主枝剪留50～60厘米，第二年选出第一侧枝，第三年在第一侧枝选出第二侧枝。其他枝条按培养枝组的要求修剪，到第四年树体基本成形。

（三）纺锤形

适合高密度栽培和设施栽培，要及时调整上部大型结果枝组，切忌上强下弱。

1. 基本结构

干高50厘米左右，在中心干上着生8～10个主枝，基部主枝长0.9～1.2米，基角55°～65°，以上主枝长度0.7～0.9米，基角65°～80°。主枝在中心干上均匀分布，间距25～30厘米，同方向主枝间距50～60厘米。结果枝组直接着生在主枝和中心干上。树高2.5～3厘米，如果栽植密度加大，中心干上主枝上下相差不多，则为细纺锤形。

2. 整形过程

定干高度80～90厘米。春季萌芽后在剪口下30厘米处选留新梢培养第一主枝，剪口下第三芽梢培养第二主枝，顶芽梢直立生长培养中心干。当中心干延长梢长到60～80厘米时摘心，利用下部副梢培养第三个主枝和第四个主枝，主枝按螺旋状上升排列。第一年冬季修剪时，所选主枝尽可能长留，一般留80～100厘米。第二年冬季修剪时，主枝延长枝不再短截。生长季主枝拉至70°～80°。一般3年后可完成8～10个主枝的选留，整形过程结束。

二、结果树修剪技术

（一）骨干枝修剪

主侧枝延长枝一般栽后第一年剪留50厘米左右，第二年剪留50～70厘米，盛果期留

30厘米左右。侧枝延长枝的剪留长度为主枝延长枝的2/3～3/4。当树冠达到应有大小的时候，通过缩放延长枝的方法进行控制树冠大小和树势强弱。

骨干枝的角度可通过生长季拉枝、用副梢换原头等方法进行调整。

（二）结果枝组修剪

结果枝组在主枝上的分布要均衡，一般小型枝组间距20～30厘米，中型枝组间距30～50厘米，大型枝组间距50～60厘米。结果枝组的配置以排列在骨干枝两侧向上斜生为主，背下也可安排大型枝组。主枝中下部培养大中型枝组，上部培养中型枝组，小型枝组分布其间。结果枝组性状以圆锥形为好，优点是光照良好，结果部位外移慢，生长结果平衡。

枝组的培养方法主要是一年生健壮枝通过短截，促进分枝，培养中小型枝组。也可将强壮枝通过先放后截方法，培养大中型枝组。

枝组更新的方法是缩弱、放壮。放缩结合，维持结果空间。具体更新方法有单枝更新和双枝更新两种基本形式。单枝更新即不留预备枝的更新，修剪时，将中长果枝留3～5个饱满芽适当重剪，使其上部结果，下部萌发新梢作为翌年结果枝。冬剪时，将结过果的果枝剪去，下部新梢同样重剪。每年利用比较靠近母枝基部的枝条更新。双枝更新即留预备枝更新，修剪时，在一个部位留两个结果枝，修剪时上位枝长留，以结果为主，下位枝适当短留，以培养预备枝为主。此外，目前一些地区在北方品种群上采用三枝更新的方法，即在一个基枝上选相近的3个枝条：一个中短截结果枝、一个长放促发短果枝和一个留2～3个叶芽重短截促生发育枝。亦称为三套枝修剪法。在大型枝组、中型枝组更新修剪上可以综合采用单枝、双枝和三枝更新修剪的方法，有效地控制结果部位外移速度，延长结果枝组的寿命。

长期应用双枝更新，由于预备枝处于下部位置，光照不良，生长上不占优势，经过2～3年后，预备枝只能长成细弱的中短枝，导致产量下降。因此生产上采用长留结果枝，培养预备枝。即上部结果枝尽量长留，开花时疏掉基部的花，让中上部结果，这样结果枝在结果后压弯而下垂，使预备枝处于顶端位置，可以发育成健壮结果枝。

（三）结果枝的修剪

初结果树结果枝以长果枝、中果枝居多，花芽着生节位偏高偏少，对结果枝应适当长留、多留，以缓和树势。也可利用副梢结果。

盛果期结果枝的修剪主要是短截修剪。北方品种群以轻短截为主，长果枝或花芽节位高的枝，剪留7～10节或更长，中果枝5～7节，短果枝不剪。南方品种群结果枝一般以中短截为主，长果枝剪留5～7节，中果枝4～5节，短果枝不剪或疏剪（亦称长梢修剪技术），即骨干枝和大型枝组上每15～20厘米留1个结果枝，结果枝剪留长度为45～70厘米，总枝量为短截枝的50%～60%。更新方式为单枝更新，果实与叶片使枝条下垂，极性部位转移至枝条基部，使枝条基部发生1～2个较长的新梢，做预备枝培养，冬剪时把已结果的母枝回缩至基部的预备枝处。

（四）生长季修剪

一般幼树、旺树每年进行3～4次，盛果期树可进行3次。

1. 春季修剪

从萌芽到坐果后进行，主要包括抹芽疏梢，除去过密的、无用的、内膛徒长的、剪口下竞争的芽或新梢；选留、调整骨干枝延长梢；对冬剪时长留的结果枝，前部未结果的缩剪到有果部位；未坐果的果枝疏除或缩剪称预备枝修剪。

2. 夏季修剪

一般可进行2次。第一次在新梢旺长期进行。主要包括竞争枝疏除或扭梢。疏除细弱枝、密生枝、下垂枝，改善光照，节省营养。对旺长枝、准备改造利用的徒长枝，可以留5～6片叶摘心或剪梢促发二次枝，培养为枝组。对骨干枝延长枝达到要求长度的可以剪主梢留副梢，促发分枝。开张角度，缓和生长。对其他新梢可在长到20～30厘米时，通过摘心培养结果枝组，第二次夏剪在6月下旬至7月上旬进行，主要是控制旺枝生长，对尚未停长的枝条可通过捋枝、拉枝等方法控制，但修剪量不能过重。

3. 秋季修剪

在8月上中旬进行。疏除过密枝、病虫枝、徒长枝。对摘心后形成的顶生花丛状副梢，把上部副梢“挖心”剪掉，留下部1～2个副梢，改善光照条件，促进花芽分化和营养的积累。同时拉枝调整骨干枝的角度、方位和长势。对尚未停长的新梢进行摘心，可使枝条充实，提高抗寒力。

三、不同品种群修剪特点

（一）北方品种群的修剪特点

北方品种群树冠比较直立，主枝开张角度小，下部枝条易枯死而造成光秃，结果部位外移较快。因此，在整形上要注意开张主侧枝的角度，延长枝的修剪要做到轻剪缓放，待后部生长变弱时再回缩，促枝短截要轻，缓和修剪，培育短枝，以利结果。北方品种群的结果枝单花芽较多，短截时要注意剪口下留叶芽。

（二）南方品种群的修剪特点

南方品种群树冠比较开张，整形时主侧枝延长枝可适当长留，开张角度不宜过大，到后期还要注意抬高角度。南方品种群生长势一般不如北方品种群强旺，以中果枝、长果枝结果为主。修剪上可以稍重，促发较多的中长果枝。南方品种群结果枝复花芽多，坐果率高，结果枝修剪可适当短留和少留，以免结果过多，使树体衰弱。

四、放任桃树的修剪

一般群众零星栽种的桃树多放任生长，不加修剪。这种桃树多数表现主枝很多，徒长枝很多，无明显的侧枝和主从关系，下部枝组和果枝枯死很快，空膛、结果部位上移，往往结果三五年即表现衰老，被群众作为老树拔掉。如按年龄计算，这种树都在6～8龄，正是刚刚进入盛果期的时候，如果适当的修剪，便能继续恢复树势和盛果期，延长经济栽培时间。对这种树的修剪原则是随枝作形，理顺各类枝条的主从关系，适当回缩，促使内膛重发枝或重新形成树冠，以达到尽快恢复结果盛期的目的。

具体修剪的方法是：首先确定可以留作主枝用的3～4个大枝，而后对多余的并生大枝可分1次或分2次进行疏除。暂时不能疏除的大枝，应疏去其上的徒长枝、无花枝，只保留果枝令其结果，以后再进行疏除。被当作主枝保留的大枝应向下回缩到适当的分枝处进行换头，将其上面的徒长枝和适宜分枝亦进行适度回缩，逐渐改造成侧枝或大型枝组，在两三年内基本上形成一定的树形。对于原有分枝上的各类结果枝应多留预备枝，少留结果枝，注意培养各类结果枝组。对于新发生的分枝要轻剪长放，扩大体积，尽快充实树冠下部和内膛，形成丰产的树冠结构。

第五节　防止油桃裂果的技术

一、油桃裂果的原因

油桃易裂果，降低了果实的商品价值，丰产不丰收。因此，栽培油桃要采取一些必要的措施，防止或减轻裂果。桃果实发育期可分为3个时期，第一时期、第二时期不裂果或很少裂果，第三时期果实体积增大较快，主要是靠细胞体积增大来完成果实的迅速生长，所以这一时期水分非常重要，油桃裂果常发生在这一时期。水蜜桃组织松软，当遇阴雨天气或大量灌水后，果肉急剧膨胀，由于果皮韧性较大，很少裂果。再者水蜜桃含水量高，由于热容量大，对调节果实温度、防止日灼有一定作用，所以对下雨引起的骤然降温反应不敏感，裂果较少。但油桃果皮没有茸毛，果皮韧性较小，果肉硬脆，含水量较低，夏季阳光照射，果面温度较高，如遇降水，温度骤变，果肉细胞急剧膨胀时，就会产生裂果现象。

二、防止油桃裂果的主要措施

（一）合理灌溉

滴灌是较为理想的灌溉方式，可以为油桃生长发育提供较稳定的土壤水分和空气温度，有利于果肉细胞的平稳增大，可减轻裂果。如果是漫灌，也应在果实发育的第三时期适宜灌水，以保持土壤温度相对稳定。

（二）套袋

套袋是为油桃的果实增加了一层保护膜，无论天气如何变化，果实则处于一个相对稳定的环境中，而且套袋后果实的成熟度均匀一致，增加了果肉和果皮的弹性，可减轻裂果。试验证明，套袋的好果率可达95%，而不套袋的好果率只有37.5%。

（三）疏除细弱的结果枝

位于树冠下部细弱结果枝所结果实裂果多，修剪时可疏除这些细弱结果枝，节约养分，同时改善树体的通风透光条件。

第六节　密植桃园的树体管理

密植桃园的管理必须有效地控制树冠体积，使每株桃树都能长期在有限的空间生长结果，因此，其树体管理上有以下特点。

一、选择适宜树形

选择适宜树形，每年进行系统修剪，可以使桃树在密植环境中保持树冠小而丰产。

二、合理修剪

高密植桃园光照条件较差，为了防止果园郁闭，保证高产、稳产、优质，延长盛果期，应尤其重视以控制枝条旺长、解决通风透光、促进花芽分化为目的的夏季修剪。冬季修剪时应去旺枝，疏弱枝，多留预备枝，及时更新结果枝组。

三、适时改变树形

高密植桃园郁闭后，光照更进一步恶化，需要对单株和整体结构作出相应调整。可通过疏、截、缩的方法改变原有树形，改善光照条件。

四、适时间伐

计划密植的桃园，要在利用疏枝、回缩改变临时植株树形的同时，按原计划适时间伐临时植株，改善桃园的通风透光条件。

第五章 葡 萄

第一节 概 述

一、葡萄栽培历史

葡萄属落叶藤本植物，是地球上最古老的植物之一，也是人类最早栽培的果树之一。作为世界四大文明古国之一的中国，栽培葡萄的历史亦很悠久，原产于我国的葡萄属植物就有30多种（包括变种）。例如，分布在我国北部及中部的山葡萄，产于中部和南部的葛，产于中部至西南部的刺葡萄，分布广泛的野葡萄等。

“葡萄”本身是个外来词，我国各地广泛栽培的葡萄主要为欧洲系统，已经有两千多年的历史，是从西域引入的。中国本土也有许多野生葡萄，名叫葛藟，可以食用和酿酒。由于西域引入的葡萄获得普遍种植，中国固有的野生葡萄资源处于隐退、很少利用的状态。近几年，浙江新石器时代遗址发掘中，有好几处遗址出土了葡萄种子，其年代距今5 000年左右，不亚于西方葡萄栽培的历史。历史文献中也记载，在欧洲葡萄传入我国之前，我国居民已经普遍把葡萄作为水果食用。各种迹象显示我国可能有本土葡萄的驯化栽培历史。

我国最早的葡萄的文字记载见于《诗经》。殷商时代（公元前17世纪初至公元前11世纪），人们就已经知道采集并食用各种野葡萄了。

二、发展葡萄生产的意义

葡萄是我国人民非常喜欢的果品，目前全国的葡萄栽培面积已达到了300余万亩。

（一）适应性强，分布广

葡萄是一种适应性很强的落叶果树，全世界从热带到亚热带、温带几乎到处都有葡萄的分布。葡萄对气候、土壤的适应性大大强于其他各种果树，甚至在瘠薄的山地、滩地，只要注意土壤的改良，都能发展葡萄生产并获得良好的经济效益。在我国，从台湾、福建到西藏，从黑龙江到海南，几乎各省（自治区、直辖市）都有葡萄的栽培。

葡萄属于蔓生植物，在人为的整形修剪下，它可向不同的方向延伸生长，从而有效地利用各种土地和空间。正因如此，葡萄也成为发展庭院果树和盆栽果树中的首选树种。

强大的适应性为葡萄生产的广泛性奠定了良好的生物基础。葡萄也是一种最适宜设施中栽培的果树，在设施中葡萄能随人为条件的改变，相应提早或延迟成熟采收时期，延长葡萄的鲜果供应时期，从而获得更高的经济收益。

（二）栽培容易，效益好

葡萄容易栽培，从育苗到栽植，从管理到保鲜储藏，各项技术都容易掌握和普及，群众形容葡萄栽培是“一学就会，一栽就灵”。

葡萄花芽容易形成，大部分品种第一年栽植，第二年即可开始结果，在良好的管理条件下，第二年每公顷产量可达15吨以上，第三年即可进入丰产期，产量达30吨／公顷以上。近年来，我国各地先后出现了许多第一年栽植、第二年结果、第三年丰收，一举脱贫致富的先进典型。新疆、宁夏、陕西、河南、河北、辽宁、山东、江苏、浙江、北京、天津、上海等省（自治区、直辖市）许多地方涌现出不少栽植后第三年每公顷收益达15万元的案例。北京市郊区、河北唐山市、辽宁盖州市等地区采用设施栽培，第二年每公顷产值即超过45万元。收效之快、收益之高是其他果树远不能比拟的。

（三）营养丰富，用途多

葡萄果实营养成分丰富，不仅含有一般果品所共有的糖、酸、矿物质，而且含有与人类健康密切相关的生物活性物质，如叶酸、维生素等。近来研究表明，葡萄中含有的白藜芦醇和多种维生素，对防治癌症和心血管病有良好的作用，现已被制成成为国际公认的重要保健果品。

葡萄用途很广，除了果实可以鲜食、加工、制酒、制汁、制干、制罐外，加工剩余的种子和皮渣还可提炼单宁和高级食用油以及化工原料；尤其是用葡萄酿制的葡萄酒，是世界上重要的饮料酒，随着我国酒类结构由粮食酒向果酒转变和人们对葡萄酒保健功能的认识，葡萄酒的消费量逐年急骤增加，发展酿酒葡萄生产，前景十分广阔。同时，葡萄叶也是一种良好的饲料，葡萄种子可以榨油，从葡萄种子中提取的“葡乐安”（OPC）已成为重要的保健药品，并已投入应用；葡萄根还可入药。葡萄一身都是宝。当前，在人类对葡萄、葡萄酒保健作用日益重视的今天，葡萄生产将愈来愈受到人们的重视。

第二节 建 园

葡萄建园应考虑种植者所在的区域、气候、土壤等环境条件；还应考虑适宜栽什么品种，采用什么架式、株行距等因素。

一、园址选择

从葡萄所需的环境条件来看，它主要与气候、水分和土壤有关。

（一）气候

世界葡萄栽植区分布在北纬20°～52°及南纬30°～45°。好的葡萄栽植区多在北纬40°左右。经济栽培区要求等于或大于10℃有效积温不应少于2 500℃。春季，欧洲种在12℃左右才开始萌芽；20～25℃是生长结果的适宜温度，开花期气温不能低于14℃，浆果生长期不宜低于20℃，成熟期不低于16℃。高温对葡萄生长有害，40℃以上的高温将使叶片变黄变褐，果实日灼。低温霜害是选择园址应考虑的问题。春季晚霜将使幼嫩的梢尖、花序受害；北方地区也易受秋季早霜的危害。因此，吉林、黑龙江、辽宁、内蒙古、山西等一些地区因受热量的限制，许多品种不能如期成熟，只能栽植早熟和中熟品种。冬季严寒对欧洲种葡萄威胁很大，成熟枝条的芽眼能耐受-20～-18℃的低温，如果-18℃的低温持续3～5天，不仅芽眼受冻，枝条也将受害。欧洲种葡萄的根系，-5～-4℃时即受冻。因此，北方严冬地区不得不采用抗寒砧木。

（二）水分

建园地址还应考虑水源条件，有适度而均衡的水分供应是葡萄正常生长的保证。建园时要做到旱能浇，涝能排。

（三）土壤

最适宜葡萄种植的应该是疏松透气性好，含有机质多的土壤；含有砾石的壤土，保水保肥力强，葡萄产量高。

河滩地葡萄园：建园前换沙填土，葡萄沟底多铺未腐熟的秸秆，上层施用有机肥，提高土壤保水力和保肥力。

山地葡萄园：辽宁闾山脚下的北镇，河北昌黎凤凰山，山东平度大泽山都是我国著名的山地葡萄园。他们改良土壤的方法主要是深翻扩穴，清除大石砾，填入肥沃的土壤和粪肥。最好先修好梯田，或按等高栽植，修好撩壕，防止水土流失。建园后，随树体生长逐年扩大树穴。

盐碱地葡萄园：这类葡萄园多分布在滨海和内陆低洼地区，如天津市郊县、汉沽、宁河一带，辽宁盘锦的葡萄园。这类地区地下水位高，土壤含盐量高，土质黏重，透气性差，早春地温回升慢，建园时，应将地下水位控制在80～100厘米，淡水压碱，作台田、条田排水透碱或暗管排碱，使土壤的含盐量不超过千分之一。盐碱较重的台面上可用黄土加沙掺和有机肥混合换土。

二、品种选择

葡萄品种选择是葡萄园建设中最重要的问题。品种选择正确与否关系将来葡萄园的成败。从用途来分，葡萄分为鲜食、酿酒、制汁、制罐、制干等品种。

（一）外观及品质

鲜食品种商品性状最主要的是外观。在零售市场给消费者的第一感观就是果实的外观。影响外观因素是果粒的大小、形状、色泽及果粉厚薄。果穗的大小、整齐度、松紧度。大果粒无疑较小果粒更能吸引消费者，红地球、瑞必尔、秋黑等在香港市场上售价高于品质上等的新疆无核白。果形不是外观主要因素。但是，果形长束腰形（牛奶葡萄），长椭圆形或长圆形（里查马特）更受消费者欢迎。浆果的色泽、颜色一致而有光泽，晶莹透亮，更为重要。中国消费者喜欢红色。果穗大小比形状更显得重要，每穗400～500克，更有利标准化包装。果肉脆、肉质细、酸甜适口、香气浓郁会受到消费者的欢迎。红地球、里查马特、牛奶葡萄在市场受欢迎是因其果肉脆而细，甚至用刀可切成片。玫瑰香、泽香品种受到欢迎，是由于它有浓郁的玫瑰香味。加工品种则以其加工品质、工艺要求选择品种，特别是酿酒、制汁品种，更应突出内在品质。

（二）丰产、稳产、适应性强

葡萄品种对不良气候环境的抗性，是栽培首要考虑因素。抗旱、抗寒品种是我国西北地区适宜品种，抗盐碱对内陆低洼盐碱地十分重要，抗病、抗高温多湿品种是南方一些地区的首选。

（三）耐储运

葡萄属浆果，易伤、易脱粒，鲜食葡萄必须考虑它的耐储和耐运性。葡萄耐储运的品种，通常果肉脆硬、果梗粗壮、果皮稍厚，如红地球、秋黑、意大利等。不同品种在市场销售价格有很大差异。欧洲种的红地球、里查马特、无核白鸡心在市场上比欧美杂交种巨峰的售价要高出一倍。另外，堵淡抢鲜也是选择鲜食葡萄品种的一个重要原则。

（四）适宜当前发展的鲜食优良品种

1. 早熟品种

早熟品种一般从萌芽到成熟约需120天，在华北地区早熟葡萄品种露地栽培成熟期在7月中下旬左右。早熟品种果实上市早，经济效益较好，是靠近城市和工矿区发展的主要类型，尤其在设施栽培中，早熟品种有着特别重要的意义。

（1）潘诺尼亚　欧亚种，它的突出特点是丰产性好，副梢结实力强，极易获得果穗较大的副梢二次果，果穗大，700克左右，果穗松紧适度，整齐，果粒较大，平均粒重6克以上，圆或椭圆形，果皮乳黄色。

（2）乍娜　欧亚种，是早熟种中果粒大的品种，平均粒重9克，最大17克，粉红色到紫红色。果肉厚，脆，味酸甜，果穗大，品质上等。生长势强，较丰产。是北方地区设施栽培中常用品种。

（3）凤凰51号　欧亚种，该品种树势健壮，易形成花芽，坐果率高，果穗较大，平均重400～500克，果粒圆形，果实呈鲜红色，果粒上有明显的肋，平均粒重7克，最大粒重12克，品质极优。栽培上因坐果率较高，应进行适当的疏花疏果。

（4）京秀　欧亚种，果穗圆锥形，平均穗重500克，最大1 000克。果粒椭圆形，平均粒重6克，最大9克，玫瑰红或紫红色。肉厚特脆，味甜，较丰产。

（5）京亚　欧美杂交种，四倍体品种，果穗圆柱形，平均穗重400克，果粒短椭圆形，平均粒重11.5克，大的可达18克，果皮紫黑色，果粉厚。果肉软，稍有草莓香味，含酸量稍高。京亚是巨峰系品种中一个早熟品种，抗病性强，丰产性好。

（6）早熟红无核　又名火焰无核，欧亚种，平均粒重3.5克，用赤霉素处理后果粒可增重至6～8克。果皮薄而脆无涩味。果汁甘甜爽口，略有香味。

2. 中熟品种

一般中熟品种从萌芽到成熟需140～155天。由于中熟品种成熟期正值葡萄集中上市时期，加上其他果品、瓜类也多在此期成熟，因此市场竞争最为激烈。正因如此，中熟品种的果实品质对其市场竞争力的影响就更为显著。

（1）玫瑰香　是目前世界上种植比较普遍的鲜食和酿酒兼用品种，我国天津王朝干白葡萄酒即是用玫瑰香酿制而成。果穗中大，平均穗重400克左右，圆锥形，疏松或中等紧密。粒重4～5克，椭圆形，红紫色或黑紫色，果皮中等厚，果粉较厚，有大小粒现象。果肉多汁，有浓郁的玫瑰香味，副梢结实力强，通过合理的夏季修剪较易形成二次结果。产量高，是一个品质优良的中熟品种。

（2）里查马特　又名玫瑰牛奶，欧亚种，果穗特大，平均穗重850克，大的可达2 500克以上。果粒长椭圆形，平均粒重10克以上，最大26克，成熟时果皮呈现蔷薇色到鲜红色，最后呈紫红色，果形及外观艳丽，果皮薄，肉质脆，味甜，清淡可口，品质上等。该品种抗病性中等，运输中易碰伤易掉粒。

（3）无核白鸡心　欧亚种，也称世纪无核。平均穗重500克以上，粒重5～6克，赤霉素处理后粒重可达10克。果皮底色绿，成熟时呈淡黄绿色，极为美丽，皮薄而韧，不裂果。果肉硬而脆，略有玫瑰香味，甜、无种子，品质极上。树势健旺，丰产，较抗霜霉病。该品种是目前无核品种中综合性状较优良的一个品种。

（4）巨峰　欧美杂交种，是巨峰系品种中最早推广的一个品种。植株生长势强，芽眼萌发率高，结实力强。果穗大，圆锥形，平均重450克，果粒大，近圆形，平均粒重10～13克，果皮厚，紫黑色至蓝黑色，有肉囊，果汁多，味酸甜，有较明显的草莓香味，副芽、副梢结实力强。结果早，产量高，成熟期受负载量影响较大，易落花落果。该品种粒大、抗病，是我国东部地区及南方地区的第一主栽品种。

3. 晚熟品种

晚熟品种从萌芽到开花一般需155天以上，在华北地区成熟期集中在9月下旬至10月上旬，喜逢我国双节（国庆节和中秋节），所以，发展晚熟品种对繁荣节日市场供应有重要的作用。另外，晚熟品种多数耐储运，是进行保鲜储藏供冬春季销售的主要葡萄品种。

（1）龙眼　欧亚种，原产我国，植株生长势旺盛，果穗大或极大，重600克左右，外形美观，果粒圆形，平均粒重4.5克，果皮紫红色，果肉柔软多汁，味道清爽酸甜，耐旱，耐瘠薄，适于棚架整形和长、中梢修剪。

（2）牛奶　欧亚种，别名马奶子，是原产我国的优良鲜食葡萄品种。果穗重300～500克，圆锥形，穗梗长，穗松散、整齐。果粒大，长圆柱形，粒重5.5克，果皮极薄，黄绿色。果肉甜脆、清香，鲜食品质极佳，抗病性差，适宜在干旱少雨地区栽培。

（3）意大利　欧亚种，是世界上著名的优良鲜食品种。果皮薄果粉厚，果肉甜脆，充分成熟时，有极优雅的玫瑰香味，适合欧洲人的口味。

（4）红地球　南方市场俗称为美国红提。果穗长圆锥形，穗重800克，大的可达2 500克。果粒圆形或卵圆形，平均粒重12克，果粒着生偏紧。果皮中厚，粉红或紫红色。果肉硬脆，味甜，果粒着生极牢固，耐拉力强，不脱粒，耐储藏运输，可储藏至翌年4月。树势强壮，但幼树新梢易贪青而致枝条成熟稍差，入冬后极易受冻。适宜在我国华北、西北无霜期180天以上的干旱和半干旱有灌溉条件的地区推广发展，但在栽培上必须重视病害防治与及时埋土防寒。

（5）秋黑　果穗长圆锥形，平均穗重720克，果粒阔卵圆形，平均粒重7～10克，着生紧密。果皮厚，蓝黑色，果粉厚，外观美。果肉硬脆，味酸甜，品质佳。果刷长，果粒着生牢固，极耐储运。

（五）适宜加工的优良葡萄品种

酿酒品种主要用于酿制葡萄酒的品种，除少量兼用品种一般不能作为鲜食葡萄栽植。世界葡萄酒酿造业对酒用葡萄从品种到栽培要求很严格，要求名酒要有名品种和严格的区域化和栽培的标准化。

1. 红葡萄酒用品种

（1）赤霞珠　是世界著名的酿造葡萄品种。果穗小，果粒小，粒重1.25克，紫黑色，果肉多汁。赤霞珠果实完全成熟需积温量较高，喜肥水，适宜在积温较高地区的肥沃壤土和砂壤土上栽培，宜篱架栽培。

（2）梅鹿辄　是近代很时髦的酿制红葡萄酒的品种。果穗、果粒中等大，紫黑色，果皮较厚，果肉多汁，有柔和的青草味，中晚熟品种。做红酒的品种还有法国兰、黑比诺等。

2. 白葡萄酒用品种

有意斯林、霞多丽、白玉霓、赛美蓉、雷司令等。 适宜在排水良好的砂壤土或丘陵坡地栽培，宜篱架栽培。

3. 制汁品种

葡萄汁是国际上颇为流行的果汁饮料，目前我国在这一领域开发研究尚少，随着人民生活水平的不断提高，葡萄汁生产越来越引起人们的重视。康克是国际上通用的品种，蓝黑或紫黑色，果肉多汁，有肉囊，浆果成熟时散发出强烈浓郁的草莓香味。

三、架式

葡萄架分为篱架和棚架两种。

（一）篱架

篱架架面与地面基本垂直，葡萄枝叶分布其上，好似篱笆或篱壁。篱架中应用最普通的是单臂篱架。篱架适于北方少雨地区，具有管理方便、通风透光好、架面叶面积系数高等优点。架高一般为1.7～1.9米，行距2.0～2.5米。篱壁架需要严格精细的夏季修剪，稍有疏忽，极易出现枝梢郁蔽现象。篱架（按架高1.8米计算）边柱粗10厘米×12厘米或12厘米×12厘米，内用4根粗钢筋为骨架，柱长260～270厘米。中柱粗8厘米×8厘米或10厘米×10厘米，柱长230～250厘米，柱间距4～6米。篱架的力主要由边柱承受。因此，边柱必须斜埋，坠上锚石。篱架走向必须是南北向，保证两个面的枝叶都能得到直接光照。篱架通常拉4道铁丝。距地面50厘米拉第一道。向上均匀摆布三道铁丝，间距为40～50厘米。铁丝粗度为10～12号。

（二）棚架

棚架的面与地面平行或略有倾斜。葡萄枝蔓主要分布在离地面较高的棚面上，枝蔓可以利用较宽大的空间，北方重度埋土防寒或南方高温多湿地区多采用这种架式。棚架按架的长度分为大棚架和小棚架两种。7米以上架长的为大棚架，7米以下为小棚架。为了方便更新和获得早期丰产，架长以4～6米小棚架为好。广泛应用的小棚架有两种类型。

1. 水平棚架

因为棚架成为一个水平面所以叫水平棚架。水平棚架的架高2～2.1米，柱间距4～5米，边柱粗12厘米×12厘米或12厘米×14厘米，角柱15厘米×15厘米。边柱和角柱须用6根粗钢筋为骨架，长度270～300厘米。中柱8厘米×8厘米或10厘米×10厘米，可用8号铁丝为筋，柱长240～260厘米，水平棚架的主要力承受在角柱和边柱上。因此，角柱和边柱必须斜埋并下锚石。标准水平架是由10号铁丝双股拧成麻花状为骨干线，与行垂直，所在水泥柱顶端都拉上这种骨干线，然后用10号铁丝与干线垂直，每50厘米拉一道铁丝。

水平棚架适合建在地块较大、平整、整齐的园田，地块一般不小于1公顷。如地块过小，必然会增加边柱和角柱、锚石等数量，这样就浪费了投资。水平棚架的葡萄枝叶在棚面上均匀分布，所以，栽植的行向不受方向的限制。但是应注意葡萄蔓的走向，蔓子的走向应与当地生长期有害风向顺行，以防止新梢被大风吹折。同时，每行蔓不能相搭，并要留1～1.5米的光道。

2. 倾斜式小棚架

适合零散小块地或坡度较大的山地葡萄园。葡萄蔓的爬向不宜向南，小棚架的架顶横杆多用较粗（10厘米左右）的竹竿、木杆或角钢、铁管，然后上面按50厘米的间距拉铁丝。山区可就地取材利用石柱、木杆或为柱材。但连叠式小棚架一定要保证架与架之间留有光道，防止郁蔽。

四、苗木的准备

苗木是葡萄建园的基础，必须有充足数量的、符合规格的苗木，才能保证建园成功。

五、栽植

（一）栽植方式与密度

栽植时应合理密植：一般情况下，篱架葡萄行株距为（2.0～2.5）米×（0.6～1.0）米，每亩栽植266～555株；棚架行株距为（4.0～6.0）米×（0.8～1.0）米，每亩栽177～210株，北方地区较南方稍密一些，生长势中弱的品种较生长势强的品种稍密一些。

（二）挖沟施肥

栽植葡萄苗的沟深0.8～1.0米，沟宽0.8～1.0米，挖沟时将表土、心土分开放，底层回填秸秆与表土，中层填心土与腐熟粪肥，上层回填表土，然后灌一次透水。

（三）定植技术

北方葡萄埋土区，一般在萌芽前定植，京津、河北中部地区多在4月中旬，定植前先覆地膜，地膜覆盖可以提高地温与保持水分，利于葡萄早期生长，同时能控制土壤返盐，是提高盐碱地葡萄成活率的关键。缺水的干旱地区，需实施深沟浅埋，可于秋季栽植，栽后及时埋土防寒。定植前将苗木的地上部分用5波美度石硫合剂消毒，将苗木根系剪留15～20厘米，地上部留2～3芽剪去，然后在秋季已挖沟施肥的土地上挖穴，穴深20～30厘米，将苗放入穴内，使根系舒展开。苗木的地上部仅将2～3芽露出地面，然后覆盖3～5厘米厚的砂壤土或疏松土（切忌黏土）。干旱、半干旱地区早春干旱，空气干燥，覆土厚度可增至10～15厘米，萌发时，再扒去一部分，留下约3厘米，让芽自己钻出，切不可将覆土除净，避免大风将嫩芽吹干。

第三节 土肥水管理

一、土壤管理

葡萄适应性很强，对土壤要求不很严格。但是，为了获得稳产，对于土壤仍尽可能进行改良。除建园时已进行过一些田间工程，在葡萄的整个生长过程中，还需经常进行深翻、洗盐压碱、调节土壤酸碱度，修整和维护水土保护工程和灌排设施。我国多数葡萄园采用清耕法（园内不搞间作），北方少雨区，清耕有利于春季地温回升和保持水分、疏松土壤、熟化土壤。新疆、河北塞外张家口产区，实行秋季清耕，有利晚熟葡萄利用地面散射光和辐射热，提高果实的糖度。 清耕除草的具体方法，北方果园从春季开始凡灌水后或雨后，结合除草耕松土壤，松土深为10～15厘米。北方地区果实成熟期，正是根系第二次生长高峰期，要进行一次深中耕，目的在于清除浅土层根系，使根系向深土层发展，以利葡萄抗寒和抗旱。 在幼龄葡萄园可利用较宽的行距，在行间种植矮秆作物如绿肥或黄豆、花生等。种植绿肥如“豌豆”，可于生长开花时将豆秧翻入行间以增加土壤有机质。在北方干旱或半干旱区，行间实行这种间作有利防风固沙。

北方多数用小麦秸，将麦秸覆于果园的地面上，覆草的厚度约在10厘米以上，南方多用稻草。果园覆草的好处在于它减少了土壤水分蒸发，防止杂草丛生，到秋季深翻时将覆草翻入土壤中，年复一年可以大大增加土壤中的有机质。

二、施肥

（一）葡萄对营养元素的需求特点

葡萄各部位含磷量高于其他果树，叶和根含磷量大约为0.4%，枝条和浆果大约0.3%。生长前期施磷肥，可增加浆果含糖量。葡萄增施磷肥最好与有机肥混合发酵后作基肥使用。早期供应磷，也可结合喷药防病对叶面喷洒0.1%磷酸二氢钾。 葡萄对钾肥的需求量超过氮和磷，故将葡萄称为“钾质植物”，各部位含量，叶约2%，浆果1%，根和蔓0.3%～0.5%，因此，施用量与氮等量至倍量为宜。 葡萄叶面喷施钙对采后果实品质有提高，可以延长储藏期。葡萄缺铁、缺镁易出现叶片失绿黄化现象。缺镁是酸性土壤常见的生理病害，碱性土壤易发生缺铁症。追施铁镁肥或叶面喷施0.1%～0.2%硫酸镁、硫酸亚铁均有良好效果。 花期前后葡萄对硼要求最盛，花前施硼或叶面喷施0.1%～0.3%硼砂，对提高坐果率有明显效果。 此外，葡萄喷施0.1%左右的硫酸锌对提高产量及质量有明显效果。其他如钼、镍、钴、钒等微量元素对葡萄的生长发育也有重要作用。

（二）施肥量

日本科学家综合各地研究者的材料提出：1吨葡萄所需三大要素吸收量为氮6.0千克，磷3.0千克，钾7.2千克，其比例为2：1：2.4。辽宁省果农每亩约产果1 500～

2 000千克的巨峰、玫瑰香园，优质厩肥的每年亩施用量为3 000～6 000千克，即每千克葡萄需底肥2千克。连续10年，树势中庸，产量稳定。据辽宁、河北等地果农的施肥经验，在有机肥施用量充足的情况下，每100千克有机肥混入过磷酸钙1～3千克，随秋施肥施入土壤深层，其他速效化肥如尿素、硫酸钾等按100千克果全年施入1～3千克。有机肥质好，化肥可控制在1千克；有机肥质量稍差，可增至2～3千克。

（三）施肥时期和方法

1. 基肥

每年葡萄采收后秋季施入最适宜，及早施肥对于恢复树势、增加储备营养十分重要。基肥以有机肥为主，并与磷、钾肥混合施用。通常采用沟施，沟的深度以葡萄根系的分布情况而定。北方大部分葡萄园植株根系在20～60厘米深处，南方地下水位高的葡萄园，根系多在10～30厘米深处，有机肥应施在根系分布层稍深稍远处，诱导根系向深广发展。一般可距植株50～80厘米处，挖深、宽各40～60厘米的沟施入基肥。当前很多葡萄产区的果农在施有机肥前，先在施肥沟底铺垫一层厚10～20厘米的秸秆或碎草。

2. 追肥

分为土施和叶面喷施两种。在生长季节每年最少3次，多者可达5次，分别为催芽肥、催条肥、坐果肥、着色肥，根据需要可在硬核期加1次。

当年栽植的苗木，待新梢长到20厘米以上时，新根开始大量发生，应追第一次追肥。北方在7月前，连续追施两次以氮肥为主的化肥，促进生长。7月以后开始控氮，追施1～2次磷钾肥，促进枝条成熟。在根系密布层上方，环绕植株开环状小沟，施肥后覆土。北方砂土地种葡萄，漏水漏肥，果农在葡萄生长季节铺施鸡粪代替速效化肥。葡萄进入结果期后，通常根据树体长相（简称树相）确定催芽肥。秋施基肥数量较大，树势又偏旺，尤其实行短梢修剪的植株，可不施催芽肥；土壤瘠薄的山地、丘陵地树势较弱，可适量追施氮肥，一般每株50克尿素。若植株长势过弱，可适当加量或再追一次催条肥。坐果以后，新梢生长高峰已过，果实的发育进入第一次生长高峰期，正是树体需要补充营养时期。每株可追施50克尿素加50克复合磷肥，砂土漏水漏肥地可铺施一些腐熟的有机肥，并混入少量尿素。果实上色始期，浆果进入第二次生长高峰期，促进上色增糖的有效方法是追施一次硫酸钾或以磷酸钾为主的复合肥，每株50克，南方也可追施草木灰。在这期间不可施用氮素化肥，防止新梢二次生长，影响果实成熟上色，枝条成熟。也可结合防病打药，每次加入磷酸二氢钾前期浓度为0.1%～0.2%，后期为0.2%～0.3%。前期也可补加0.1%的尿素。根据土壤状况和植株表现追施各种微量元素肥料。

三、灌水和排水

至少应浇五水：一开始为催芽水、花前水，另外，在坐果后至浆果硬核末期、浆果上色至成熟期、采后及越冬期再浇三次水。

（一）催芽水

北方埋土区在葡萄出土上架后，结合催芽肥立即灌水。灌水量以湿润50厘米以上土层即可，过多将影响地温回升。长城以南轻度埋土区，埋土厚度一般在20厘米左右，若冬春降雪少，常会引起抽条。因此，在葡萄出土前、早春气温回升后，顺取土沟灌一次水，能明显防止抽条。

（二）花前水

北方春季干旱少雨，花前水应在花前10天左右，不应迟于始花期前一周。这次水要灌透，使土壤水分能保持到坐果稳定后。北方葡萄园如忽视花前灌水，一旦出现较长时间的高温干旱天气，将导致花期严重落果，尤其是中庸或树势较弱的植株，更需注意催芽水。开花期切忌灌水，以防加剧落花落果。

（三）坐果后至浆果硬核末期

随果实负载量的不断增加，新梢的营养生长明显减少，应加强灌水，增强副梢叶量，防止新梢过早停长。但此时雨季即将来临，灌水次数视情况酌定。试验证明：先期水分丰富，后期干燥落叶最重，同时影响养分吸收，尤其是磷，其次是钾、钙、镁的吸收。梅雨期土壤保持70%含水量，以后保持60%，果个及品质最好。

（四）浆果上色至成熟期

为提高浆果品质，增加果实的色、香、味，抑制营养生长，促进枝条成熟，此期应控制灌水，加强排水，若遇长期干旱，可少量灌水。

（五）采后及越冬期

浆果采后应及时灌水以恢复树势，促使根系在第二次生长高峰期大量发根。北方灌好埋土前的越冬水，对于葡萄安全越冬十分重要。南方冬季也相对少雨干燥，应视墒情及时灌水。

尽管葡萄较其他果树耐涝，但长时间泡水，生长也不好。因此，雨季排水也十分重要，如果没有三级排灌系统不能在多雨的盐碱地上种植葡萄。排水系统不健全的情况下，提高畦面的台面是一种补救方法。

四、清洁果园

清洁果园包含两层含义：一是在生长季节中，除保持葡萄园四周及园内的道路、渠埂、树行间的绿肥等间作物外，应随时清除杂草；二是树下无病叶、落果，秋季采收后，整枝修剪下来的病枝、枯枝、落叶、落果、废袋、绳索等废物，均应彻底干净地予以清扫或深坑埋掉，因为几乎所有的病菌及害虫都依赖上述废弃物越冬。如果秋末冬初对果园彻底清理，将给翌年的病虫害防治打下非常良好的基础。

第四节 整形修剪技术

一、树形和整形

葡萄和许多果树一样需要整形修剪，其作用有以下几点：第一，葡萄是蔓性植物，必须支架和把树冠培养成一定的树形，使果穗与枝叶均匀合理分布于架面上，充分利用架面空间；第二，在栽植后的较短时间内使枝条布满架面，实现早结果早丰产；第三，保持较长时间的结果能力，有利于稳产优质；第四，修剪时，北部地区要注意枝蔓埋土防寒，同时还要考虑到品种的生长势及当地特定的自然条件。

（一）棚架树形

对棚架相适应的树形，多采用龙干形。所谓龙干就是自地面由一主干上发生的一至数条主蔓称为龙干。每条主蔓从葡萄架后部延伸到架面前端，结果枝组按20～30厘米距离直接着生在主蔓上，通常结果枝组上枝条用短梢修剪，主蔓的延长枝进行中长梢或长梢修剪。

龙干树形按有无主干和主蔓多少分类。无主干龙干形又分为独龙干形、双龙干形和多龙干形，这类树形多用于北方埋土防寒区，而南方地区多采用有主干多主蔓树形。生产上最广泛使用的是独龙干和双龙干。独龙干即1株只留1个主蔓从地面一直延伸到棚架的架面上，结果枝组均匀分布于龙干的两侧（龙爪状）；双龙干、多龙干即自地面使之直接发出2个主蔓或多个主蔓。独龙干形养分集中，修剪方法简单易行，成形快，有利早期丰产。为实现早期丰产和防止重剪引起的新梢徒长，普遍对结果枝组采用双枝更新方法。北方地区选择靠近龙干的中庸枝条留2个芽作更新枝；南方则选择靠近龙干的中庸偏弱枝留2个芽作更新枝，结果母枝的剪留长度则根据新梢长势而定，这既可以增加早期产量，又可防止树势过旺。对于肥水充足或降水偏多的南方地区，防止长势过旺，保持中庸树势是整形修剪中的一项重要的技术。

（二）篱架整形

在大面积栽植葡萄时不用棚架，而多用篱架，篱架整形按主蔓在架面上的分布形式，大体分为扇形整形和水平整形两大类。但生产上应用最广泛的是扇形整枝。扇形整枝又分为篱架多主蔓规则扇形、篱架一穴多株规则扇形和篱架多主蔓自然扇形3种树形。

1. 篱架多主蔓规则扇形

由地面直接分生出多个主蔓，主蔓上无侧蔓，结果枝组按一定距离规则地排列在主蔓上。主蔓呈扇形排列在架面上。这类树形与棚架龙干形一样，用短梢修剪，留更新枝，每株3～6个主蔓，株距1.5～2.0米。近年来，各地普遍将株距加密到0.5～1.0米，利于提早成形进入丰产期。

2. 篱架一穴多株规则扇形

这种树形与多主蔓规则扇形无区别。多主蔓规则扇形是一株苗从基部分生几个主蔓，而一穴多株规则扇形是在一穴中栽植2～3株，每株从基部只生1～2主蔓。通常每亩栽植500株，翌年即可获得1 500千克左右的产量。进入丰产期后，则根据树势确定是否疏去一部分植株。

3. 篱架多主蔓自然扇形

同多主蔓规则扇形的区别是主蔓上不规则地配置侧蔓，主侧蔓之间保持一定的从属关系。采用长、中、短梢结合，以中短梢为主的冬季修剪方法。根据枝条强弱确定结果母枝的长短，修剪灵活，树势容易控制。

二、幼龄树当年的枝蔓管理

目前，葡萄的早期丰产技术已在全国普及，一般在栽植翌年即可丰产或初丰产。早期丰产的关键在于建园当年的管理。如通过覆地膜、地表铺施熟性厩肥或勤松土来提高早春地温，少量多次追施化肥或增施腐熟人粪尿是增加植株生长量的重要措施，也是实现翌年丰产的关键。幼龄枝蔓管理的主要目的是使有限的生长都集中到骨干枝的生长上。对幼树的修剪要注意夏季修剪和冬季修剪。

（一）夏季修剪

幼树的夏季修剪主要是促进主蔓延伸，同时通过副梢处理和主蔓摘心控制徒长，使冬芽饱满树势健壮。要求夏剪的目标是在冬季修剪时使冬季修剪下的枝条鲜重只相当于当年植株总生长量的20%以下。北方地区，留作主蔓的新梢长达1.0～1.2米时，进行第一次摘心（不晚于7月上旬）。摘心可以促使摘心口以下一段新梢的冬芽发育，避免出现芽不饱满而引起翌年第一道和第二道铁丝间（50～100厘米）主蔓出现光杆现象，同时也有利于主蔓基部加粗。第二、第三次摘心时间，取决于新梢第一次摘心后，先端副梢的长势，若梢头弯曲生长，说明还有较强的长势，这类先端副梢应让其继续延伸生长50厘米左右再进行第二次摘心。对于以后先端延长副梢，则留1～3片叶反复摘心控制。这种多次堵截的目的是使营养集中到保留的枝段，保证主蔓基部粗壮，保证在篱架面上不同部位的冬芽眼十分饱满，形成良好的分层结果带。 对于当年主蔓上萌发的副梢要反复摘心控制，促进冬芽发育和形成多叶龄层次的营养团，保证主蔓有较多的功能叶。后期对那些已基本失去光合作用的下部老叶可以打掉，并对嫩梢、嫩叶应反复摘心控制生长。 南方地区，可以在生长势强的主蔓上选留少数副梢作翌年的结果母枝。凡留作结果母枝的副梢，在5～7节处摘心。二次副梢可留1～2片叶反复摘心。

（二）冬季修剪

葡萄冬季修剪的目的是调节生长与结果的关系，使枝蔓分布均匀，通风透光良好，防止结果外移，保持一定的树形、更新复壮、连年稳产。

北方葡萄冬季埋土地区的冬剪在早霜后，叶片干枯，地表层土壤未结冰前进行。长城以北在9月下至10月上中旬，长城以南在10月下旬至11月中旬；不埋土地区以1月中旬至2月中旬为宜。

对幼树冬剪包括两个方面：一是主蔓先端延长梢的修剪，二是主蔓上的副梢（或2年生树两侧的一年生枝）的修剪。在修剪时确定先端延长梢的剪口位置是第一年冬剪的关键。肥水条件好的葡萄园，篱架剪口粗度为0.8厘米左右。植株较弱，植株先端的剪口粗度要定在1厘米左右。生长过于瘦弱的植株，要回缩，只留基部2～3芽。第一年棚架主蔓延长梢的剪口粗度约为1厘米，较篱架粗的原因是适当减少第二年的留果量，以保证主蔓延长枝有较大的生长量。在确定第一年主蔓冬剪剪留长度时，还要看主蔓的基部粗度。北方棚架葡萄基部蔓粗度在1.2厘米以下，篱架1.1厘米以下，应回缩至基部留2～3芽，冬剪时，通常将主蔓上的副梢全部剪除。

三、葡萄第二年的管理

幼龄结果树的特点是边结果、边长树，在管理上与成龄结果树不同。

就是这样，它也包括冬季修剪，光是夏季修剪就包括抹芽疏枝、花前修剪、疏花疏果、果穗整形和花后修剪方面的内容。

（一）夏季修剪

1. 抹芽疏枝

萌芽后首先抹除靠近地表的嫩芽嫩梢，干旱、半干旱地区抹除靠近地表30厘米以内的嫩芽嫩梢；低洼、盐碱地50厘米，南方多雨地区60～70厘米，保证第一道铁线（距地面50厘米）以下的部位通风透光，减少病虫为害。另外，每个节位上的双芽，也应将弱芽抹去。

2. 花前修剪

始花前3～5天，结果新梢摘心。摘心程度不以叶片数为界，而以新梢先端比成龄叶直径小一半的嫩叶为界，小于“半叶”部分的嫩梢端摘除，这种摘心方法称为“半叶摘心法”，同过去以新梢花序上留几片叶的摘心方法，比较更容易掌握。副梢的处理：抹除果穗上下的副梢，只保留新梢先端的1～2个副梢一般留2～3片叶反复摘心控制。

3. 疏花疏果

生长势强或较强的鲜食品种，实施“四、八”疏花法：始花期结果新梢长度在40厘米以下的，抹除所有花序；40～80厘米的，保留1个花序（指平均果穗重超过350克以上的品种）；80厘米以上的，保留全部（2个）花序。同时掐去所有花序上的副穗和总花序的1/5～1/4的穗尖。主蔓延长梢一般不留花序以保证延长梢的正常生长。对于一些坐果率高的紧穗形葡萄品种，可在花后再摘心如红地球、京秀、普列文玫瑰等。 为实现葡萄生产的标准化，应严格控制产量，确保每1千克果有1平方米左右的叶面积。生产上操作时，通常以梢果比控制产量和保证果实品质：大穗形品种，控制果穗重在700～800克，梢果比为（2～2.5）：1；中大穗形品种，果穗重350～600克，梢果比为（1.5～2）：1；中小穗形品种，果穗重250克左右，梢果比1:1。

酿酒品种二年生葡萄的修剪，对它们夏季始花期应疏去不足20厘米长的新梢上的花序，其他新梢的花序可不疏除，也不必掐穗尖，去副穗。因为酿酒葡萄仅注意加工品质，不注意外观。但要严格控制亩产量在1 000千克左右或以下。

4. 果穗整形

近年，各葡萄产区已开始重视果穗整形，这是实现鲜食葡萄商品化，包装标准化的重要技术措施。以巨峰品种为例，通常结合花前疏花疏果，掐去花序上的副穗和花序上部1～4个花序分枝，同时掐去花序底端半厘米到1厘米的穗尖，只保留花行中间段14～18个花序分枝，当果实成熟时，每个果穗都是圆柱形的穗形，果粒数在40粒左右，穗重400～500克。

5. 花后修剪

坐果前，要通过摘心、抹嫩梢、除嫩叶，严格控制结果枝先端的副梢生长；坐果后，允许副梢适当延长来补充架面的空缺处，充分利用光能，增加树体的总体营养水平；着色始期，除延长梢外，其余的嫩梢、嫩叶随时除去，使营养集中在果实生长发育上，促进果实的着色和成熟。为了果实的优质，还应对果穗修整，去掉小果、畸形果芽，并进行套袋。

（二）冬季修剪

1. 篱架

第一道铁丝以下的枝剪除，在第一道铁丝附近（距地面50厘米）选留芽一个更新枝，然后沿着主蔓向上，隔20～30厘米，留一个更新枝，剪留1～2个芽。主蔓上其余枝条留为临时结果母枝，依枝条强弱，留2～4芽。延长枝留4～6节。

2. 棚架

棚架葡萄未结果树及幼龄结果树的树体管理与篱架相似。为了实现早结果、早丰产，多采用先篱架面结果，逐步移向棚面，边结果、边放蔓的办法。4～6米行距的小棚架，完成整形进入盛果期，需要4～5年，每年放蔓1～1.5米，生长势强的品种可放1.5～2米。在未完成整形以前，棚架与篱架冬剪的主要区别如下。

第一，主蔓新梢先端的剪口粗度第一年应提高到1.1厘米，第2～3年定在1.0厘米左右。完成整形后才把剪口粗度定为0.9～1.0厘米。因为篱架整枝，主蔓长度仅1.5米，而棚架整形的主蔓长6～7米。

第二，对于龙干形主蔓，一般从距地面1.5米以上才按照20～30厘米距离均匀分布固定的结果枝组。距地面0.5～1.5米的蔓段上，仅在早期根据主蔓粗壮程度按照篱架整形方法保留结果母枝，不用考虑安排枝组，随着主蔓不断延长，伸向棚面，逐步剔除篱架面的临时结果母枝。

四、盛果期的修剪

不论采用任何方式建园，第三年都应进入盛果期。盛果期的管理应以优质、稳产为目标，前期兼顾完成结果枝组的培养，后期注意更新结果枝组、老蔓更新、根系更新等。

（一）夏季修剪

根据年生长周期的特点，盛果期的夏季管理可归纳为“控–放–控”3个时期。控：坐果前是新梢旺盛生长时期，同时也是补充花芽分化、花序形成和授粉受精、坐果的关键时期。此时的夏剪应以严格控制新梢（包括副梢）生长为主。如抹除无用芽、枝，结果枝花前摘心，反复摘心控制副梢生长等。放：坐果后根据架面叶幕疏密情况，适当放些副梢叶，构成单位面积大量功能叶的局面。控：上色始期后，通过肥水管理及夏剪使营养生长处于缓慢状态，使光合营养集中在果实和枝条充分成熟上。

具体修剪方法：为保证稳产优质，首先应根据栽培的品种的生长势、土壤肥力，管理精细程度特别是品质的要求，确定每平方米架面的保留新梢数，一般篱架每平方米架面留10～15个新梢，棚架6～13个新梢。生长势旺，管理人工紧缺，土壤肥沃而品质要求高的应少留新梢；反之，生长势弱，土壤瘠薄、管理精细的可适当多留新梢。

具体修剪方法是花前摘心后，抹除所有新梢两侧叶腋下的夏芽副梢，只保留先端的夏芽副梢，待其长到3～4片叶时，仍留先端1个二次夏芽梢，抹除其他副梢。二次副梢先端再萌出三次副梢仍留1个先端的四次副梢，反复控制，新梢两侧副梢则全部去除。但是，对强树势植株或强壮新梢，可采用逼冬芽夏剪法。

逼冬芽法，即在始花期前新梢摘心，分次抹去已萌发的叶腋下的夏芽副梢，不留先端副梢，一般在坐果中后期先端冬芽即可萌发，等冬芽长出3～4片叶时，对冬芽副梢第二次摘心，并抹除冬芽副梢叶腋下的夏芽副梢，逼迫二次冬芽萌发。一般中弱枝条，新梢上的冬芽几乎不再萌发或只萌发一个较弱的冬芽副梢，以后就停止生长。强壮枝条可萌发2～3个冬芽副梢。

（二）冬季修剪

盛果期修剪主要是使树势稳定，枝蔓分布均衡，稳定产量，保证果实优质。前期注意结果枝组的培养，后期随时更新衰老的结果枝组与老蔓。结果枝组的培养与更新：篱架整形方式在第3～4年即可完成结果枝组的培养，棚架将推迟到5～6年。随着主蔓延长梢的延伸，继续按每20～30厘米的间距在主蔓上选留更新枝，剪留1～2节。所谓结果枝组，实际上就是在主蔓上每隔一定距离选留的一个结果环节。单枝更新的结果枝组，是在每个结果环节上只留一个结果母枝，并兼作更新枝；采用双枝更新结果枝组的留2个结果母枝，其中靠近主蔓的就是更新枝。无论单枝或双枝更新的更新枝，冬剪时只能留1～2个芽，这样才能使枝组减缓外移。由于更新枝只留1～2芽更新，因此，应选中庸枝作更新枝。双枝更新时，更新枝前端的结果母枝，每年结果后，就要从根际连同二年生枝段剪掉，再从更新枝发出的两个枝的下端选留新的更新枝，上端选留新的结果母枝，每年周而复始。随着树龄的增加，结果枝组上的结果母枝将逐渐外移或老化成一个疙瘩头，养分输导能力下降，导致发枝力下降或不发枝，所以要注意从主蔓上萌发的隐芽枝，选留新的更新枝。

冬剪时留芽量的确定：冬剪前，首先要确定冬剪的留芽量。根据历年的修剪经验和调查结果，了解所修剪品种在短梢修剪时，每芽翌年可负担的果实量，一般玫瑰香、巨峰等品种留3～4个芽，可保证翌年有1千克果的产量。果穗小的酿酒品种如意斯林等，为获得同样产量则需留5～7个芽。按此推算，如翌年计划每亩产2 000千克，玫瑰香每亩留7 000～8 000个芽；而意斯林则每亩需留1万～1.4万个芽。枝条生长健壮、肥水条件好的适当少留芽，反之则多留芽。具体操作方法：以天津东部滨海盐碱地区的玫瑰香为例，采用单枝更新方法，即每个枝组只留1个结果母枝（也是更新枝）。当地采取的整形方法可简单归纳为“1–3–5”整形法，即每株葡萄留3个主蔓，5个结果母枝。主蔓两侧的结果枝留1～2芽剪截，中弱枝条留1芽，中强枝条冬剪时留2节作结果母枝。主蔓延长枝按健壮程度增加2芽。这样，每根主蔓总留芽量为8～12个。每亩7 000～9 000个芽。棚架树形的结果枝组配置与篱架相似。每个主蔓上每延长米留3个枝组，每枝组留2个结果母枝，合计6个结果母枝。冬剪时每个结果母枝留1～2芽，即1米延长枝留8～12芽，简称“1–3–6–9–12”冬剪法。

（三）主蔓的更新

一般篱架蔓龄7年以上，棚架蔓龄在10年以上时，蔓的加粗使埋土防寒感到压埋不便，因此，篱架葡萄株龄到5年，棚架7年后，应在植株靠近基部萌发的隐芽枝中逐步选留壮条留作新主蔓。一般3～4年后，可培养成功。老蔓更新要分批逐年进行，切勿操之过急，造成减产。

五、葡萄的采收、包装与储藏

葡萄的采收是果园管理中很重要的环节，合理采收确保优质、丰产、丰收，也是保证葡萄成为优质商品果的关键措施。不可采收过早，并要注意采收技术运用。

（一）葡萄成熟期

分开始成熟期、完全成熟期和过熟期。

1. 开始成熟期

有色品种果实开始上色为标志，白色品种果实开始变软为标志。此时不是食用采收期，含糖不高，含酸较高，不好食用。

2. 完全成熟期

有色品种果实完全呈现该品种特有的色泽、风味、芳香气时即达到了完全成熟。白色品种果实变软，近乎透明，色泽由绿转黄，种子外皮变得坚硬并全部呈现棕褐色时即达到了完全成熟，果实糖分含量达到最高点，此为最佳采收期。

3. 过熟期

已经完全成熟以后如不采收，果实果粒因过熟而落粒或易落粒，水分通过果皮散失，浆果开始萎缩。

（二）采收

一旦确定采收期，依据销售要求，做好采收计划及工具和人力准备工作。一般果园用剪刀，以及果筐、果箱或流动箱，装果箱容量不宜过大，防止挤压果穗。在采收时应选晴天进行，阴雨、有露水或烈日暴晒的中午不宜采收。鲜食品种果穗梗剪留4～5厘米，以便提拿放置。采收要求轻拿轻放，对于破碎或病残果要剔除，向外地运输要及时包装，并进行分级。

（三）储藏

葡萄储藏的原理是降温、保湿、调节气体成分，抑制真菌活动，降低呼吸作用，冷库温度保持-1～0℃，可储藏3～6个月。

第六章　枣

枣是我国特产果树之一。果实营养丰富，可以鲜食，又可制成干枣、蜜枣、乌枣、醉枣、枣泥、枣酒和枣糕。枣是中药中常用的滋补剂。枣的花期长，含蜜多，是主要蜜源植物之一。枣适应性强，结果早，收益快，寿命长，易管理。一年栽植，多年受益，有“铁杆庄稼”之称。

枣原产我国，是我国果树栽培历史最久的果树之一。我国枣的栽培历史距今已有3 000年以上。枣在我国的分布位于北纬23.0°～42.5°，东经76°～124°范围内，几乎遍及全国各地。北枣主要分布中心为陕西、山西、河北、山东、河南等省；南枣主要分布中心为四川、湖北、安徽、浙江等省。

第一节　优良品种

枣为鼠李科枣属植物。枣属植物约有50种，我国有13种。但在果树栽培上主要的种类是枣，酸枣用作砧木。

据统计，枣品种有500多个。按15℃等温线分成南枣和北枣两大品种群；按用途分为制干、鲜食和加工3类；按果实形状和大小，分为大枣和小枣两类，大枣平均单果重8克以上，小枣5克左右。下面介绍主要优良品种。

一、金丝小枣

主产区为山东的乐陵、无棣、庆云、惠民、寿光、阳信，河北的沧县、献县、交河、盐山等地。名优品种，栽培历史悠久。生食、制干兼用品种。

树势较弱，成年树常无刺，叶片较大，花量多，结果稳定，丰产，采用环剥（开甲）更能丰产。果实较小，果形繁多，一般为椭圆形或倒卵形，平均单果重4～6克。果皮薄，鲜红色。肉质致密细脆，汁中等多，味甘美，含可溶性固性物34%～38%。核细小。制干率55%～58%，红枣深红光润，皮薄坚韧，皱纹细浅，极耐储运，含糖74%～80%，酸1%～1.5%。品质极好。主产区9月中下旬成熟。对环境条件要求高，喜肥沃壤土和黏壤土，不耐瘠薄，抗盐碱。

二、赞皇大枣

分布河北省赞皇一带太行山区。红枣品质优良，有“金丝大枣”之称。鲜食、制干兼用品种。

树势中庸，分枝性较差，树姿开张，树冠较稀。结果早，丰产。果实大而整齐，长圆形，平均单果重15～17克。果皮较厚，暗红色。肉质致密，汁较少，味浓。核较大。制干率47%，红枣含糖62%，酸0.25%，品质上等，较储储运。9月下旬成熟。耐瘠，耐旱，抗涝性较强，自花结实性差，产区多配置斑枣作授粉树。

三、灵宝大枣

原产陕西南部，主产区为河南灵宝和山西平陆、芮城等地。在灵宝栽培历史有300年以上。制干品种。

树势强，树体高大直立，枝粗壮。早实性较差，较丰产稳产。果实大，短圆形，平均单果重18～20克，最大果重30克。果面有不明显的五棱凸起。果皮中厚，深红色，有不规则黑点。果肉厚，肉质较细硬，汁少，含糖23.4%～26.5%。核大。制干率50%，红枣皱纹粗浅，肉质粗松，含糖70%～72%，酸1.1%，甜味较淡，品质中上等。耐储运力中等。产地9月中下旬成熟。对土壤适应性强，抗旱、抗枣疯病能力较强。

四、冬枣

分布在山东、河北、河南等地。近年来各地发展迅速。为优良生食品种。

树势较弱，树姿开张，枝较细直，花量较多，较丰产。果实中等大，圆形或扁圆形，平均单果重13克，最大23.2克。果皮薄而脆，赭红色光亮。果肉较厚，细嫩多汁，无渣，甜味极浓，含可溶性固性物34%～38%，鲜食极为可口，品质极佳。果核较大。10月上中旬成熟。适于偏碱性壤土，对气候和地下水位要求较为严格。

五、梨枣

分布在山东北部。为近年发展较快的生食品种。

树势中等，树姿开张。结果枝粗长。花量多，结果早，产量较高而稳定。果实大，梨形，平均单果重15～20克，最大35～55克，大小不整齐，果皮凹凸不平，皮薄，鲜红色，富光泽。果肉厚，松脆细嫩多汁，含可溶性固形物25%～28%，味较淡，品质中上等。核大。9月上中旬成熟，成熟期不整齐。适于较肥沃的土壤。

其他优良品种：金丝1号、无核小枣、临泽小枣、婆枣、骏枣、灰枣、晋枣、长红枣、相枣、冷枣、敦煌大枣、鸣山大枣、宣城圆枣、泗洪大枣和鸡蛋枣。

第二节　生物学特性

一、生长结果习性

（一）生命周期

嫁接枣树栽植后当年即可开花结果，根蘖苗栽植后2～3年开花结果。寿命一般为70～80年。结果期长，经过几次自然更新，二三百年的老树仍能正常开花结果。

（二）根系

枣根生长力强，水平根较发达，一般超过冠径3～6倍，以深15～40厘米土层内最多，50厘米以下很少有水平根。垂直根比水平根生长弱。小枣根系较浅，大枣根系较深。侧根多沿水平方向生长，有的斜生或下垂，很少向上生长。

枣树容易生长根蘖。嫁接树和生长较弱的树，根蘖发生少；分株繁殖树和生长强壮的植株，根蘖发生多。根蘖苗可用来繁殖新植株。

（三）芽

枣树的主芽和副芽着生在同一节位上，上下排列。

1. 主芽

主芽着生在枣头、枣股的顶端及枣头一次枝、二次枝的叶腋间。主芽形成当年不萌发，第二年萌发为枣股或枣头，不萌发则成为潜伏芽，这种潜伏芽的寿命可达30年之久。

着生在枣头顶端的主芽，冬前已分化出主雏梢和副雏梢。春季萌发后，主雏梢长成枣头的主轴，副雏梢多形成脱落性枝。春季萌发后分化的副雏梢形成枣头的永久性二次枝。幼树枣头顶端的主芽可连续生长7～8年，只有当生长衰退时才停止萌发或形成枣股。

侧生于枣头上的主芽，在当年分化较迟缓，构造与顶生主芽相同，只是鳞片不是针刺状。当年一般不萌发，第二年萌发形成枣股，或不萌发而成为潜伏芽，如受到刺激可萌发成枣头。枣头二次枝上的主芽第二年大多萌发为枣股，少数萌发为枣头（图6–1）。

枣股顶端的主芽，萌发后生长很弱，年生长量仅1～2毫米，只有受到刺激时才萌发成枣头。枣股的侧生主芽，多不萌发，成潜伏芽，潜伏芽的寿命很长，当枣股衰老时，才萌发成枣股，使其分杈，形成分杈的枣股，生长弱，结实力差。

2. 副芽

着生在一次枝和二次枝的节部，位于主芽的侧上方，为早熟性芽，当年即可萌发，只能萌发二次枝、三次枝和枣吊。枣头上的侧生副芽，下部的萌发成枣吊，中上部的成永久性二次枝。枣头永久性二次枝各节叶腋间的副芽，萌发为三次枝。枣股上的副芽多萌发为枣吊，开花结果。

3. 花芽分化

枣花芽分化具有当年分化，多次分化，分化速度快，单花分化期短，持续时间长等特点。一般是从枣吊或枣头的萌发开始进行分化，随着枣吊的生长由下而上不断分化，一直到枣吊生长停止而结束。一朵花完成形态分化需5～8天，一个花序8～20天，一个枣吊可持续1个月左右，单株分化期可长达2～3个月。

4. 萌芽

当春季气温达13～14℃芽开始萌动。同一株上，枣股萌芽最早，枣头的顶芽次之，其侧芽萌发最晚，前后相差3～5天。

（四）枝

枣的枝有枣头（发育枝）、枣股（结果母枝）和枣吊（结果枝）3种（图6–1）。

1. 枣头

枣头即枣的发育枝，由主芽萌发抽生，是形成骨干枝和结果基枝（枝组）的基础。枣头由一次枝、二次枝和三次枝组成。一次枝是枣头的轴枝，长度可达1～2米。顶端具顶芽；基部3～8节为短节，不具叶；短节以上为长节，每节具叶，呈“之”字形生长，叶腋具主芽、副芽各一个，主芽当年不萌发，副芽当年萌发成非脱落性二次枝。二次枝有永久性和脱落性之分，在一次枝中上部的二次枝，都是永久性的，基部短节上的二次枝是脱落性的。永久性二次枝无顶芽，叶腋中也各有一个主芽和一个副芽。主芽当年不萌发，副芽当年萌发为三次枝，三次枝为脱落性枝。

幼树和健壮树，一个枣头一般可形成10～20个永久性二次枝，每个永久性二次枝有5～10节，每节的主芽第二年可萌发成枣股。

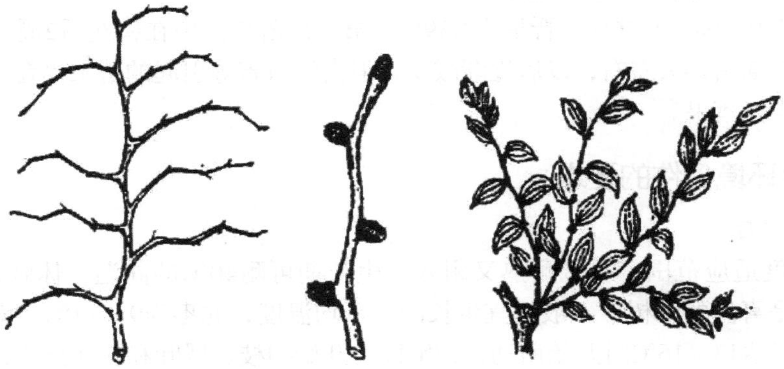

图6–1 枣树的枝条类型

2. 枣股

是枣树的一种短缩结果母枝。由枣头一次枝及其上非脱落性二次枝的主芽萌发而成。枣股顶生主芽每年萌发，年生长量仅1～2毫米。其副芽萌发抽生形成脱落性枝，即枣吊。

枣股的寿命因着生部位而不同，一般为6～15年。枣头一次枝上的枣股寿命较长，二次枝上的枣股寿命较短。枣股每年发生2～10个脱落性枝，新生和老年的枣股、生长势弱的枣股，脱落性枝均少，结果能力差，3～6年生的枣股抽生脱落性枝结果最好；二次枝上的枣股结果能力比一次枝上的枣股强；树冠外围的枣股结果能力比内膛枣股强。由于枣股寿命长，枝短，使枣树结果部位比较稳定。少数枣股可以由侧芽分杈形成分杈枣股。有的枣股由于营养和修剪的影响，生长转旺，其顶芽也能萌发为枣头。

3. 枣吊

为枣树的脱落性结果枝。是着生叶片和花果的主要部位。多由枣股的副芽发出，也可由枣头的二次枝各节的副芽抽生。枣吊一般长15～35厘米，10～25节；单轴生长，少数有分枝；各节单叶互生；从基部第二叶腋或第三叶腋起着生花序，不具腋芽。枣吊春季随枣股和枣头的生长而发生，秋季由基部产生离层带叶一起脱落。

（五）花

枣为聚伞花序，着生在枣吊的叶腋间。每一花序有花3～15朵，一般8朵左右。花为典型的虫媒花。单花的开花期在1天内，但授粉期可延至1～3天。在一个枣吊上，以中部各节的花序开花早，坐果率高。一个花序中以中心花坐果最好，一般一个枣吊结果1～4个。每一个枣吊开花期平均10天左右，全树花期为2～3个月，只要条件适宜，各期花朵都能结果，但后开的结果差。

枣的多数品种能自花授粉，正常结实。配有授粉树可提高坐果率，增加产量。

（六）果实

枣果发育可分为迅速增长期、缓慢增长期和熟前增长期3个时期，具有核果类果实发育的特点。果实成熟时个别品种出现裂果现象，尤以多雨年份更严重。

枣的花量大，而落花落果也很严重，自然坐果率在1%左右，如金丝小枣为0.4%～1.6%，铃枣为0.13%～0.36%，晋枣为1.39%。第一次落果集中在盛花后2周左右，第二次落果在盛花末期后10天左右，以后逐渐减少，但由病虫害等引起的落果仍在继续，一直到采收，仍有少量落果。

二、对环境条件的要求

（一）温度

枣对温度适应范围广，既耐热又耐寒，生长期可耐40℃的高温，休眠期可耐-35℃的低温。枣是喜温的果树，一般适宜生长的年平均温度，北枣为9～14℃，南枣为15℃以上。春季气温达13～16℃时开始萌动，17℃以上开始抽枝、展叶和花芽分化，20℃以上开始开花，22～25℃进入盛花期，24～25℃利于花粉发芽，坐果则以22～25℃为宜，果实成熟期适温为18～22℃。根系生长要求土温7.2℃以上，22～25℃达到生长高峰。气温下降到15℃开始落叶。

（二）水分

对降水量有较广的适应范围，在200～1 500毫米地区均生长良好。花期需要较高的空气湿度，花粉发芽相对湿度在70%～80%为宜。果实成熟期需要较低的空气湿度，切忌多雨，否则会引起落果、裂果，降低品质。

（三）光照

枣是喜光树种，生长在阳坡和光照充足地方的枣树，树体健壮，产量高，品质好。

（四）土壤

对土壤适应范围广。除重黏土外，不论是砾质土、砂质土、壤土、黏壤土或黏土，以及酸性土或碱性土，都能适应；高山、丘陵、平原均可栽植。在土层深厚的砂壤土上生长健壮，产量高；适宜的土壤pH值5.5～8.4。抗盐力亦强，在总盐量低于0.2%～0.3%的土壤上表现正常。

第三节　传统栽培管理技术

一、土肥水管理

1. 土壤管理

山区应修整梯田，尤其利用野生酸枣改接大枣时，必须做好水土保持工作。滨海盐碱地须修台田，配套水利工程，绿肥压青，覆草埋草，培肥地力。

初冬季节进行耕翻，深度15～30厘米，在不伤根的前提下尽量深翻。北方干旱地区，每年可进行多次，如发芽前、入伏、立秋各翻1次，均应在墒情较好时进行。掏根是北方旱地栽培措施之一，通过深刨冠内树盘，切断表层根系。没有育苗任务的枣园，要及时清刨根蘖。我国枣区多实行清耕，每年应进行多次中耕除草，松土保墒。枣园或枣粮间作物有豆科绿肥、小麦、豆类、花生、油菜、薯类等。

2. 施肥

枣树要求施肥量比较大。100千克鲜枣约施氮1.5千克、磷1千克、钾1.3千克，比苹果100千克需肥量高0.5～1倍，因为枣鲜果的干物质、糖分含量比苹果高1.2～1.8倍。一般在果实采收后，立即施基肥，盛果期株施土杂肥50～100千克，加磷酸二铵或果树专用肥0.5～1千克，用放射沟施或全园沟施。

追肥全年进行3～5次，一般在发芽前、谢花后、果实迅速生长期施用，前期以氮肥为主，株施尿素0.5～1千克，后期多施磷钾肥，株施磷酸二铵0.5～1千克或果树专用肥0.75～1千克。结合喷药每年叶面施肥2～4次，花期和幼果树喷0.3%的尿素和0.08%的稀土液，采果前喷1次0.3%的磷酸二氢钾。

3. 灌水

北方枣区，生长前期正值少雨季节，萌芽前、开花前、开花期、幼果发育期注意灌水，花期和幼果迅速生长期灌水尤其重要。花期灌水，量不宜过大，根系分布层达到70%即可，如果干旱期长，10～15天后可再灌1次。南方枣区，一般年份自然降水即能满足枣树生长和结果的需要，一般不需灌溉。但7—8月干旱的年份，则要及时灌水，以免果实生长受到抑制而减产。雨季注意排水防涝。

二、整形修剪

1. 整形

枣树干性强、层次分明的品种，如晋枣宜用主干疏层形和纺锤形；生长势较弱的品种，如长红枣、赞皇大枣等宜用自然半圆形和开心形。纯枣园干高0.5～1.2米，枣粮间作干高1.2～1.6米。主干疏层形主枝8～9个，分3～4层，开张角度50°～60°，每主枝留1～3个侧枝，层间距50～70厘米。自然半圆形主枝6～8个，无层次，在中心干上错落排开，每主枝2～3个侧枝，树顶开张。自由纺锤形在中心干上均匀着生10～14个水平延伸的主枝，长度由下到上逐渐变短，树高2.5米以下，是密植枣树的理想树形。

2. 休眠期修剪

按照确定的树形进行整形，培养骨干枝。幼树要轻剪，避免造成徒长，随树龄增长，修剪量逐渐加重。扩大树冠时，对枣头短截，刺激主芽萌发形成新枣头。短截枣头时，剪口下的第一个二次枝必须疏除，否则主芽一般不萌发。疏去主、侧枝基部的直立枝和树冠顶部的直立枝，疏除不足30厘米、无力抽生二次枝或抽生极弱二次枝的枣头，以及过密枝、交叉枝、重叠枝、病虫枝和干枯枝，改善通风透光条件，增强树势。缩剪多年生的细弱枝、冗长枝、下垂枝，抬高枝条角度，增强生长势。为刺激主芽的萌发，可在准备萌发枝条的芽上方刻伤或环剥。通过选留、刻芽和回缩等方法更新结果枝组。老弱树更新，根据更新程度的轻、中、重，分别回缩骨干枝长度的1/3、1/2和2/3。

3. 生长期修剪

一般在发芽后到枣头停长前进行，主要是疏枝和摘心。春季、夏季枣股上萌发的新枣头，或枣头基部及树冠内萌发的新枣头，如果不利用均应及时疏除。枣头萌发后，生长很快，过多过密的，可于6月在枣头长度的1/3处短截。

三、花果管理

1. 保花保果

枣落花落果极为严重，提高坐果率除采用综合技术措施提高营养水平外，还应直接采取一些措施，调节营养分配，创造授粉受精的良好条件。

（1）环剥　亦称开甲。干粗在10厘米以上的盛果期树，盛花初期天气晴朗时进行。密植树干径达5厘米即可开甲。剥口宽度0.3～0.6厘米。初开树在主干距地面20～30厘米处开第一刀，以后相距3～5厘米逐年上移（图6–2）。剥口处抹残效期长的胃毒剂或触杀剂农药，防治虫害。

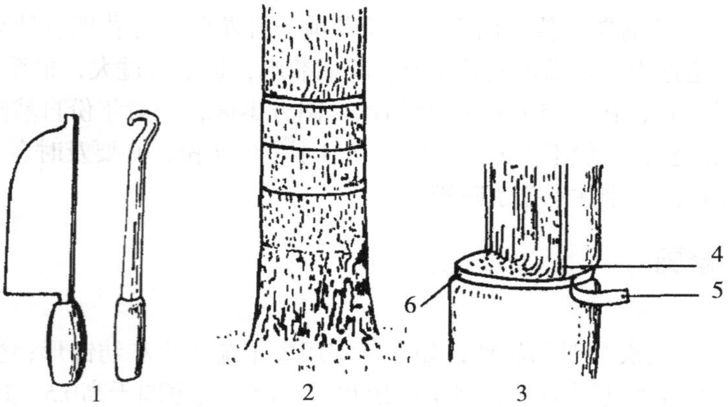

1—工具；2—环剥部位；3—树干；4—木质部；5—环剥皮层；6—环剥宽度和深度

图6–2　枣树环剥示意图

（2）喷水　盛花期早、晚喷清水或用喷灌改变局部湿度条件。

（3）摘心　6月对枣头摘心，控制枣头生长，可提高坐果率。在枣头迅速生长高峰时期后的一个月，摘心效果更好。

（4）放蜂　花期放蜂，可增加授粉机会。

（5）喷植物生长调节剂和微量元素　盛花初期喷10～15毫克/千克赤霉素水溶液、硼砂等均可提高坐果率。

2. 果实采收

按果实颜色、果肉质地的变化，枣的成熟期分为白熟、脆熟和完熟3个时期。要根据用途确定果实的采收期，制作蜜枣在白熟期；制作乌枣、醉枣等在脆熟期；制作干枣在完熟期。

采收方法有人工摇落、机械振落、乙烯利催落、拾落枣等。用0.02%乙烯利全树喷布

1次，喷后5～6天即能催落全部已成熟的果实。可在树下铺布单等，防止果实损伤。鲜食品种多用手摘，在果实达到半红时，用手托起果实，连果柄一起摘下，轻拿轻放，防止碰伤和落地，随摘收随分级，当天入库储存。

第四节　枣优质轻简高效栽培技术

当主栽品种灰枣被引入新疆后，因新疆独特的光热资源和干旱少雨的气候特征，所产枣果质地优良，深受消费者喜爱。冬枣品种资源的广泛开发利用也使鲜食枣在果品市场中异军突起。21世纪初，主栽品种枣价格高达30～40元/千克，为让枣树早结果、高产，种植户普遍采取矮化密植的技术形式，通常栽培密度株行距0.5米×2米，但高密度栽植需要严格控制树势，修枝抹芽工作重，通风透光差，人工管理成本高。近年来，随市场供求发生的变化，枣田间收购价格红枣跌落至6元/千克，冬枣非反季节种植价格也跌落至4～6元/千克，而劳动力价格却一路攀升，高密度种植，高投入管理模式种植效益低下，甚至入不敷出，弃管现象突出，不再适应当前枣业的持续健康发展。优质轻简高效栽培成为已成为当前经济林产业发展的主题，枣优质轻简高效栽培首先要解决宜机栽培等问题，需要降低生产成本，提升果实品质，提高生产效率。枣优质轻简高效栽培技术主要包括宜机化栽植模式、轻简化树形培育、简化花果调控技术、肥水一体化技术、轻简高效控草技术、生态友好型病虫害防控技术。

一、宜机化栽植模式

宜机栽培首先要解决栽植行距问题，需要放宽行距方便机械进入地块进行机械作业。同时为保证产量，株距可以密植，依据现行研究结果和示范推广实际情况，株行距设置在（1.5～3）米×（3～5）米，既可以保证产量，又能保证机械作业。

二、轻简化树形培育

传统主干型树形或开心型适合矮化密植，主枝分枝高度50～60厘米，二次枝保留4～5个枣股，以堵（修剪）方式限制营养生长，较为费工。同时因分枝高度低，无法进行机械化除草或化学除草，施肥、采摘等工作均不便开展。且二次枝因为仅保持4～5个枣股需不停抹芽，费时费工，效益低下。

轻简化树形新模式需在宽行栽植，宜机管理的基础上进行，管理理念变“堵”为“疏”。具体操作要求为第一分枝高度为1.3米，第一层骨干枝保留3个，均匀分布行间。第二层骨干枝高度为1.7米，保留2个骨干枝结果，与第一层骨干枝伸展方向交错分布。

结果枝培养采用长放枝技术，当年放枝长度依据栽培密度可以放到3米。长放枝可以在宽行栽植的模式下保证整个地块的最大光合面积，保证产量，亦方便机械作业。同时，长放枝条不再堵截营养生长，放枝疏导营养生长，大大减少了抹芽工作量。

骨干枝形成后每年新培养1～2个结果枝，用于轮替更新的结果枝，当年看似为直立徒长枝，但可以起到疏导树体过剩营养，充分给予其营养生长空间，减少抹芽工作量，第二年通过拉枝处理后又变为新的结果枝。

三、简化花果调控技术

枣自然坐果率不到1%，主栽品种灰枣和冬枣均需在盛花期开甲（环剥）和喷施坐果剂促丰，实现丰产稳产。

1. 开甲技术

开甲在盛花初期（枣吊30%左右的花开放）采用主干开甲或主枝开甲的方式进行。环剥方法：用刀刮去主干或主枝环剥部位老树皮，露出粉白色韧皮部，再用专用环剥刀按要求宽度进行环剥，深达木质部，但不伤木质部，环剥口宽度0.5～0.7厘米，环剥口不能及时愈合时，可绑缚塑料布促进愈合；注意甲口虫（皮暗斑螟）的防治。环剥应在生长势较强的植株上进行。

2. 喷施坐果剂

坐果剂喷施宜在开花量达到40%左右和70%左右时进行，第一次喷施15毫克/千克赤霉素+0.80毫升/千克流体硼，第二次喷施0.3毫升/千克噻苯隆+15毫克/千克赤霉素。有条件的采用无人机喷施，典型种植模式下（株行距1米×3米、株高1.2米），植保无人机适宜的飞行参数：高度为3.7米、速度为5.0米/秒，雾滴沉积分布和穿透性较高。同时，为保持枣园花期的湿度，盛花期遭遇严重干旱时，隔日采用无人机进行叶面喷水1次，可持续1～2次。

3. 枣园放蜂

在盛花期的前1周进行放蜂，一般情况下，每3～5亩放置1箱蜂即可，持续10～20天即可。

4. 果实品质提升技术

（1）褪黑素提升枣果品质技术　褪黑素可调控鲜食枣果实品质，浓度以150～200微摩尔/升最佳，可使果实阳面颜色更红，可溶性固形物增加4.30%，可溶性糖5.58%。褪黑素在枣树栽培中研究应用尚属首次，试验结果表明，喷施褪黑素提高了枣树叶片的叶绿素a/b值，而叶绿素a/b值反映的是植物叶片对光能的利用率，因而提高了枣树的光合能力。

（2）疏果　鲜食枣冬枣产量控制在1 000～1 200千克/亩，制干红枣如灰枣的产量在500～600千克/亩为宜，进入坐果期后，从7月上旬开始，每个枣股上保留2～3个，每个早枣吊不超过4个枣果，并适时疏去小果、病虫果、畸形果，疏除的枣果及时集中深埋。

四、肥水一体化技术

肥水一体化技术适合规模化种植，不仅节约劳动，还能提高肥料利用率，适宜在新兴产区新疆推广发展。依据枣的需肥规律和需水规律，采用新型水溶肥料，在新兴产区新疆制定了红枣水肥一体化灌溉制度，灌溉定额180～210米^3/亩，肥料用量为100～120千克/亩，尿素40千克/亩，坐果前分2次结合灌溉施入，磷酸二氢钾80千克/亩，坐果后分6～8次施入。

五、轻简高效控草技术

1. 园艺地布铺设技术

铺设园艺地布是降低果园人工成本的一个重要途径，园艺地布具有防草、保湿的效果，在早春的时候还可提高地温，以促进根系的生长。地布一般采用黑色无纺布材料制成，成本偏高，但透气且不影响枣树根系，同时还可降解，避免环境污染。

（1）铺设前准备　清园和平整园地，清除园内药瓶、药袋、枯枝、杂草等，使果园干净整洁。

（2）铺设要点　铺设时间在早春，根系开始活动，但杂草还没有生长之前，河南等传统产区建议在3月初铺设，新兴产区建议在4月初铺设。铺设的宽度根据树体大小来调整，成年树可1米宽，幼树可0.6米宽。在铺设园艺地布时，中要在宽度方向有一定的搭接，搭接长度应不小于10厘米（设施内）或20厘米（露地）。设施内搭接时，自然摆放即可，而露地搭接最好采用一些附加的固定措施。固定时除了使用地钉以外，建议用泥浆将边缘固定，以防止大风将地布掀起，平时也注意检查，发现有被吹开的地方尽快固定好。建议雨后趁墒覆盖，保墒增肥效果好。

2. 生草栽培技术

生草栽培可以降低夏季枣园日均空气温度1～3℃，有利于枣树生长发育。同时生草栽培能维持枣园的昆虫数量，减少了枣树上的害虫数量，适宜的生草栽培方式可以促进枣果实品质提升。常采用的草种有苜蓿、黑麦草、早熟禾和密叶油菜等，研究表明密叶油菜不仅可以有效覆盖杂草，显著降低枣园温度，还可以提升果实品质，该模式枣果维生素C含量较高，可溶性糖含量比清耕果园增加1.03%。同时，豆科植物具有生物固氮功能，通过生草还田有效增加了土壤有机质，并减少了控草成本。

3. 生物控草+机械辅助控草技术

生物控草改变以往清耕后使用4～5次除草剂的传统控草方法。春季5月初采用放养2个月的半大鹅苗5～6只/亩，对于鹅不食用的部分阔叶草种结合机械除草，每年3次，株间部分机械不到的地方人工协助除草，每年控草成本从传统的除草剂控草75元/亩降到生物控草+机械辅助60元/亩，更重要的是避免了除草剂对土壤及果品的不良影响，保证了果品的安全性和土壤微生物的健康环境，试验第二年，在灌溉后第10天土壤检测结果表明，新型生态控草技术显著降低了0～40厘米土壤中的盐分，提高了土壤湿度，增加了土壤的有机质，表层有机质提高4.38%。同时，商品果率增加12.37%。

六、生态友好型病虫害防控技术

枣树主要病虫害采取“预防为主，综合防治”的方针。

常见虫害有绿盲蝽、红蜘蛛、蓟马和枣瘿蚊等，可结合修剪及清理果园减少虫卵，在春季芽前喷施波尔多液杀灭虫卵，可以有效减少病虫害发生量。优先采用物理方法杀虫，每亩设置3套杀虫灯，每3株树挂粘虫板1个，对蓟马等防治效果较好。虫害发生期主要采用新型生物农药防治，绿盲蝽成虫为害期可用0.36%的苦参碱水剂600倍液防治，防治枣瘿蚊采用苦参碱+大蒜油，防治红蜘蛛、蓟马采用吡虫啉。

缩果病是由多病原病害引起的危害枣果较为严重的病害，防治原理是杀菌。通过自主研发的靓果安+大蒜油+沃丰素组合生物药剂与几种生产常用防治缩果病药剂及走访群众采用的普通药剂防治效果对比，筛选最佳防治缩果方法。结果表明，85%枣病克星可湿性粉剂病果率最低，仅1.63%，靓果安+大蒜油+沃丰素防治缩果病次之，其他药剂防治病果率均低于生物组合制剂。代森锰锌、甲基硫菌灵、多菌灵和氟硅唑也可以起到比较好的防治作用。从果个均匀度和果面光洁度来看，靓果安+大蒜油+沃丰素使用后果个整齐度最高，果面最为光洁，且该配方无毒副作用，推荐在生产中推广使用，结合生产上缩果病发生时期，宜在8月初进行。

第七章 石 榴

石榴原产伊朗及阿富汗等中亚地带，汉代时传入我国，是一种珍稀鲜食水果。石榴既可鲜食，也可加工成果汁，还是重要的园林观赏和盆景树木。石榴的叶、花、果、枝均有很高的观赏价值。石榴的果皮、叶、根等器官还有一定的医疗作用。

第一节 优良品种

石榴别名安石榴、若榴、天浆等，属石榴科石榴属，为落叶小乔木或灌木。亦属浆果类果树。生产上按栽培目的分为果石榴（即食用石榴）和花石榴（即观赏石榴）两类。果石榴的主要品种有以下5种。

一、泰山红

山东省果树研究所在泰山南麓庭院内发现。自然开张性强，叶大，花红色，单瓣。果实圆形或扁圆形，平均单果重450克。果皮鲜红色，果面光洁艳丽。籽粒鲜红色，晶莹剔透，粒大肉厚，平均百粒重54克，含可溶性固形物17%～19%，味甜微酸，核小半软，口感好，风味极佳。果实9月下旬或10月上旬成熟，不裂果，果实耐储运。结果早，丰产、稳产，适应性强。

二、三白甜

又名白净皮、白石榴，产于临潼。因其花萼、花瓣、果皮、籽粒均为黄白色至乳白色，故名"三白"。果实大，圆球形，平均单果重300克。汁液多，味浓甜且有香味，可溶性固形物15%～16%，品质极佳。一般9月中下旬果实成熟。采收期遇连阴雨易裂果。树势健旺，抗寒耐旱。

三、河阴软籽

它最突出优点是籽大核软，可食率高，是河南省珍稀品种之一。萌芽率和成枝力较低。果面有斑点果锈。平均果重243克，含糖量11.58%。果实于9月中旬成熟。

四、江石榴

又名水晶江石榴，山西临猗县的优良品种。果实扁圆形，平均单果重250克。果皮鲜红，果面净洁光亮。籽粒大，软仁，深红色，晶莹透亮。味甜微酸，汁液多，品质极佳。果实9月中下旬成熟，耐储运，可储至翌年2—3月。果实成熟前后遇雨易裂果。

五、叶城甜石榴

新疆叶城主栽品种。果实圆形，平均单果重275克。果皮有水红色彩。籽粒大，淡红色，风味甜，品质佳。果实于9月中旬成熟。丰产。

第二节 生物学特性

一、生长结果习性

用嫁接、扦插或分株繁殖的苗木，栽后3～4年开始结果，而用种子繁殖的实生苗需十多年才能开花结果。石榴寿命长，可活百年以上，经济结果年限60～70年。

（一）根系

石榴的根系，可分为骨干根、须根和吸收根3个部分。根系在土壤中的水平分布，主要在主干周围4～5米，比树冠大1倍左右的面积范围内。根系的垂直分布，主要在15～60厘米深的土壤内。营养繁殖的石榴没有明显的主根，须根十分发达。石榴的根蘖多，可用来进行分株繁殖。

（二）枝条

石榴的枝条一般比较纤细，腋芽明显，枝条先端成针刺，皆为对生。一年生枝长短不一，长枝和徒长枝先端多自行干枯或成针状，没有顶芽。生长较弱、基部簇生数叶的短枝，先端有一个顶芽，这些短枝如当年营养良好，顶芽即成混合芽。生长强旺的徒长枝，往往一年可达1米以上，并发生二次枝和三次枝。这些二次枝和三次枝与母枝几乎成直角，一般生长并不强，当年成为短枝，有时先端个别枝可伸展为长枝，也有发生较早的二次枝当年能形成混合芽。着生混合芽的一年生枝称为结果母枝。结果母枝春季抽生结果枝，结果枝是着生花的短新梢（图7–1）。

1—短营养枝抽生新梢；
2—短结果母枝抽生结果枝；
3—结果枝；4—新梢

图7–1 石榴的开花与结果状况

石榴枝条有2～3次生长，如外界条件适宜，营养充足它们均有可能成为结果母枝，但以春梢和初夏形成的夏梢抽生结果枝最多，坐果率最高。结果枝从春到夏陆续抽生，陆续开花，一般花期可延续2～3个月。每抽一次枝，开一次花，坐一次果。故花期可分为三期，即头花、二花和三花。一般头花坐果率高，果实大，成熟好。

（三）芽

石榴的芽着生位置的不同，可分为腋芽和顶芽。顶芽最易形成混合花芽。按石榴芽的功用，可分为叶芽和混合芽。叶芽只抽生发育枝。混合芽可以抽生带叶片的结果枝。还有一些隐芽。

（四）花

石榴的花以一朵或两朵以上（多的可达9朵）着生在当年果枝新梢顶端及顶端以下的叶腋间，其中一朵在顶端（顶生花芽），余则为侧生（腋花芽）。在一个花枝上，顶花先开，侧花后开。

石榴的花根据其发育情况可分为完全花和不完全花两种。正常花的花冠大，子房也肥大，整个花呈葫芦状（图7–2）。这种花易完成受精作用而形成大的籽粒（种子）。中间型花，其花冠、萼筒较大，近似于圆筒形，花粉粒略大，部分可以正常萌发，坐果率中等。退化型花，花冠小，子房瘦小。这种花没有受精成为籽粒的作用。

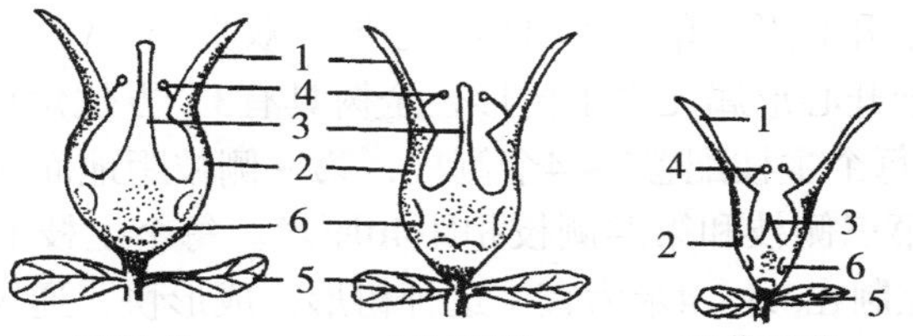

1—萼片；2—萼筒；3—雌蕊；4—雄蕊；5—托叶；6—心皮

图7–2 石榴不同类型花的纵剖面

（五）果实

开花后，正常花有一个幼果转色期，即由红（黄）转绿，这是坐稳果的一个重要标志。石榴果一旦坐住便很少落果，而落花现象却左右着石榴的产量。幼果脱落一般集中在盛花后期，脱落量占全年落果总数的80%～96%，以后则逐渐减少。石榴在成熟前，还会出现部分裂果和落果现象。生产中应根据具体情况，采取相应措施，以提高坐果率，减少落花落果，达到丰产目的。

（六）种子

石榴属浆果。籽粒（种子）由外种皮、内种皮和胚组成，食用部分为多汁的外种皮。内种皮为角质，较坚硬。也有内种皮变软的，就成为软仁石榴，或叫软籽石榴。

二、对环境条件的要求

（一）温度

石榴原产亚热带，适宜温暖的气候条件。对高温反应不敏感。冬季在–15℃以下时，则会出现冻害。故–15℃是石榴露地越冬的临界温度。

（二）光照

石榴是喜光树种。光照充足，正常花分化率高，果实色泽艳丽，籽粒品质好。

（三）水分

石榴是较抗干旱的树种，但要正常生长发育，仍需适宜的水分。果实成熟期，以气候干燥、土壤湿润为宜。较长时间的干旱、突然降水或浇水，会引起严重裂果，影响果实外观品质。

（四）土壤

石榴对土壤要求不严格，在pH值为4.5～8.2的各类土壤上均可生长，但pH值为6.5～7.5的中性土壤或微酸、微碱性土壤最适于石榴的生长和结果。

第三节　栽培管理技术

一、关键技术

（一）整形与修剪

石榴可选用三主干开心形、单主干自然开心形、双主干“V”形、三主枝自然圆头形等树形。其中，三主干开心形属无主干树形，全树具有3个方位角120°的主枝，每个主枝与地面水平夹角45°。每个主枝配置3～4个侧枝，第一侧枝距地面60厘米，第二侧枝距第一侧枝60厘米左右，第三侧枝和第四侧枝相距40厘米。每个主枝上配置10～15个大中型结果枝组。树冠高度控制在3.5～4米为宜。这种树形，成形快，通风透光，结果早，主干多，易于更新。

幼树整形处理好骨干枝的剪留量。1年生枝要轻短截，促发较多分枝，以利骨干枝的生长。3～4年生幼树，延长枝一般剪留40～50厘米，侧生枝短些，以利枝条的均衡生长。树冠内膛各级枝上的小枝，疏除过密、交叉乱生枝，其他枝抛放不动，使其尽早形成果枝，以利提高结果和早期丰产。盛果期的石榴树，疏弱枝留强枝，复壮衰老的结果枝组，改善树体通风透光条件。石榴的混合芽均着生在健壮的短枝顶部或近顶部。对这些短枝（结果母枝）应注意保留不应短截修剪。石榴树衰老期要对衰弱的主枝、侧枝等进行较重的回缩剪，一般缩剪主枝的1/3～1/2。剪口要保留结果枝组。对保留的结果枝组，不再进行缩剪，以保证枝组上的芽眼萌发为较旺的更新枝和选出主侧枝的延长枝。

（二）提高坐果率

石榴开花多，坐果少，主要是由于花在分化过程中营养不足，授粉受精不良和环境条件造成的。生产上可采取如下几项技术提高坐果率。一是建园时注意合理配置授粉树，并加强土肥水管理、病虫害防治和合理修剪。二是花芽分化前树冠外围挖40～50厘米深沟断根，抑制旺长。三是花期疏去过多的细小果枝，环状剥皮，放蜂，人工授粉，喷布0.1%～0.2%硼砂、0.05%赤霉素等。在能辨出退化花蕾时，及时摘除退化花蕾，以节约营养。四是合理负载，于6月上中旬，一茬花和二茬花的幼果坐稳后进行疏果，坐果不多时部分留双果，坐果足够时留单果。疏除畸形果、病虫果，保留头花果，选留二花果，疏除三花果，不留或少留中长枝果，保留中短枝果。成年树按中短结果母枝基部茎粗确定留果量，直径1厘米的留2～3个果，2～3厘米的留3个果。一般3年生树留果15～30个，4年生留果50～100个，5年生留果100～150个。

（三）预防冻害

主要技术：当年苗或2～3年生幼树埋土，或先包草再外包塑料薄膜；3年生以上树干基部埋土至主干分枝处；树干涂白等。

二、周年管理要点

（一）休眠期

采用主干涂白、主干束草、包裹农膜、基部培土堆或埋入土中等方法防寒。整形修剪，疏除病虫害枝、过密大枝，更新调整结果枝组。萌芽前解除主干束草、平整根部堆土，全园浅耕，追萌芽肥后浇萌芽水。刮刷枝干翘皮，清理病虫枝果，喷3～5波美度石硫合剂或50～80倍液索利巴尔（多硫化钡），消灭树上越冬的桃蛀螟、龟蜡蚧、刺蛾等害虫以及干腐病、落叶病的病原菌。

（二）萌芽及新梢生长期

春季主要是调整果枝比，疏去过多的细小果枝，使果枝与营养枝比例在1∶（5～15）。抹去主枝主干上位置不适宜的萌芽，旺枝摘心，拉枝开角，旺枝、旺树环切、环剥。在花前5～10天每株施清粪水20～40千克加尿素0.1～0.3千克。

设置黑光灯或糖醋液诱杀桃蛀螟成虫，树冠下土壤喷50%辛硫磷100倍液，树盘土锄松、耙平，防治桃小食心虫、步曲虫。树上喷氰戊菊酯2 000倍液加50%辛硫磷1 000倍液加500倍液40%多菌灵胶悬剂或40%代森锰锌溶液等，防治桃小、桃蛀螟、茶翅蝽、绒蚧、龟蜡蚧等害虫以及干腐病、落叶病。

（三）开花坐果期

人工授粉，花期喷0.1%～0.2%硼砂、0.05%赤霉素、0.1%～0.2%比久，疏枝环剥等。疏去退化花蕾，多留头花果，选留二次果，疏除三次果。

石榴园的行间可以适当进行间作（如豆类、薯类、瓜类、一些蔬菜和药材等），株间和树盘内一般应保持疏松无草状态。株间距大时也可间作绿肥等作物。或地面覆盖。喷施叶面肥，幼旺树加喷0.1%多效唑等抑制剂。

（四）果实发育期

用1份40%辛硫磷∶50份黄土配成软泥堵萼筒，或在6月上中旬进行直接套袋保护果实（套袋前果园喷一次杀虫剂与杀菌剂混合液，纸袋规格为18厘米×17厘米）。在采果前20天左右，解除果袋，并将盖在果面上的叶片摘除，采取拉枝、别枝、转果或者在树盘土壤上铺设反光农膜等，改善光照条件，以利果实着色。

追施花后膨果肥，每株施三元复合肥0.4～0.8千克，适量浇水，喷施叶面肥，幼旺树加喷多效唑。在6—8月用作物秸秆、杂草等各种绿肥覆盖园地土壤，采前在果皮开始转色时增施磷钾肥，灌水；根外喷施磷酸二氢钾0.3%加尿素0.2%混合液，每7天喷一次，连续喷2～3次，如结果多、叶片发黄的植株还需根施少量尿素。

6月底喷洒倍量式波尔多液200倍液或40%多菌灵胶悬剂400倍液，防治干腐病、落叶病、桃小食心虫、桃蛀螟、木蠹蛾、龟蜡蚧等。摘桃蛀螟、桃小食心虫为害的虫果，碾轧或深埋，消灭果内害虫。剪除木蠹蛾虫梢烧毁或者深埋。7月底喷洒40%代森锰锌可湿性粉剂500倍液或40%甲基硫菌灵可湿性粉剂加20%甲氰菊酯乳油3 000倍液或20%氰戊菊酯乳油2 000倍液防治桃小食心虫、桃蛀螟、刺蛾、绒蚧、龟蜡蚧、茶翅蝽、干腐病、落叶病等。

（五）果实采收后

山岭薄地或较黏重的土层，深翻0.8～1米，土层深厚的砂质土壤，深翻0.5～0.6米。施基肥，幼树土杂粪7.5～10千克，大树土杂粪50千克。

清园，浇越冬水。剪虫梢、摘拾虫果，集中烧毁或深埋，防治茎窗蛾、木蠹蛾、桃小食心虫、桃蛀螟等。继续喷药保护枝叶。9月下旬树干绑草把，引诱桃小食心虫、刺蛾等越冬害虫。

第八章 核 桃

第一节 种类与品种

核桃在植物学分类中，属于核桃科。核桃科共7属44种，其中，用作果树栽培的有2个属，即核桃属和山核桃属。枫杨属中的枫杨常用作核桃的砧木。

一、主要种类

（一）核桃属（*Juglans* L.）

主要有以下几种。

1. 普通核桃（*J. regia* L.）

又名胡桃、羌桃。世界上栽培类型及品种绝大多数属本种。为高大乔木，最高达30米，我国除部分铁核桃外，都属本种栽培。普通核桃具有一定的抗寒抗旱能力，适应性强，果大，坚果品质优良，果仁直接食用或加工。分早实和晚实两大类群。野生类型可作核桃砧木。

2. 铁核桃（*J. sigillata* Dode.）

又名泡核桃、漾濞核桃。喜温暖湿润的亚热带气候，是栽培种类之一，野生类型可作核桃砧木。为乔木。分布、栽培于西南地区各省。该种类较耐热，不耐干旱，抗寒力差，寿命可达百年以上。

3. 核桃楸（*J. mandshurica* Maxim.）

又名山核桃。原产我国东北、华北。为高大乔木。出仁率低，食用价值不高。抗寒性强，是很有价值的抗寒育种资源，是核桃的优良砧木。

4. 野核桃（*J. cathayensis* Dode.）

分布于甘肃、陕西、湖北、江苏、四川、云南、贵州等地。本种果小壳硬、仁少，食用价值低，可作核桃砧木。

5. 麻核桃（*J. hopeiensis* Hu.）

又名河北核桃。为高大乔木。是普通核桃与核桃楸的天然杂交种，北京、河北、辽宁等地均有分布。壳厚、仁少，食用价值低。抗寒性强，仅次于核桃楸，是普通核桃的主要抗寒砧木。

此外，还有从日本和北美洲引入的吉宝核桃（*J. sieboldiana* Maxim.）、心形核桃（*J. cordiformis* Dode.）、黑核桃（*J. nigra* L.）等。

（二）山核桃属（*Carve* Nutt）

主要有以下几种。

1. 山核桃（*C. cathsyensis* Sarg）

原产于浙江，野生或栽培。

2. 美国山核桃（*C. pecan* Engl et Graebu）

又名薄壳山核桃，原产于美国。我国长江流域各省均有分布，核仁味美而香甜，品质好。

（三）枫杨属（*Pterocarya* Kanth）

其中的枫杨，产于华北及江浙各省。可用作核桃的砧木，但抗寒性弱。

二、主要栽培品种

（一）品种类型划分

核桃长期沿用实生繁殖和选择，资源、类型十分丰富。目前我国各地有记载的品种和类型有500余个，按其来源、结实早晚、核壳厚薄和出仁率高低等，可将其划分为两个种群、两大类型和四个品种群。按来源将核桃品种分为核桃和铁核桃两大种群；每个种群再按开始结果早晚分为早实类型（栽后2～3年结果）和晚实类型（栽后8～10年结果）两大类型；再按核壳厚薄等经济性状将每个类群划分为纸皮核桃（核壳厚度1毫米以下）、薄壳核桃（核壳厚度1～1.5毫米）、中壳核桃（核壳厚度1.5～2毫米）和厚壳核桃（核壳厚度2毫米以上）4个品种群。

（二）主要优良品种

1. 纸皮1号

由山西省核桃选优协作组选出，现已形成无性系品种。属晚实类型。

树势较强，树姿开张，主干明显，分枝力中等，以短果枝结果为主。属雄先型。坚果长圆形，壳面光滑，单果重11克，壳厚度约0.9毫米，出仁率66.5%，可取整仁，品质优，味浓香。丰产稳产，适应性强，适宜林粮间作栽培。

2. 北京746号

由北京市农林科学院林业果树研究所实生选育而成。属晚实类型。

树势中庸，树姿半开张，发枝力强，果枝属短枝型。坚果圆形，壳面光滑，外观较好。单果重12克，壳厚1.2毫米，出仁率55%，可取整仁，仁饱满，颜色浅，品质优。丰产性强，抗逆性强，适宜林粮间作栽培。

3. 礼品2号

由辽宁省经济林研究所从新疆纸皮核桃实生后代选出。属晚实类型。

树势中庸，树姿开展，以短果枝结果为主。属雄先型。坚果较大，平均单果重13.3克，壳厚约0.54毫米，内隔壁退化，可取整仁，出仁率70.3%，品质优。丰产性强，抗病性较强，适宜林粮间作栽培。

4. 石门核桃

实生群体，产于河北省卢龙县石门乡，在国内外市场上享有盛名。属晚实类型。

树势中庸，树姿开张。结果能力强，果枝率75%。坚果圆形，壳面较光滑，缝合线较平。单果重15克左右，壳厚约1.2毫米，出仁率53.5%，内隔壁不发达，可取整仁或半仁。仁饱满，黄白色，风味浓香，品质优良，早熟丰产。

5. 穗状核桃

各地都有栽培，为实生群体。每个果枝着生4～30多个果，呈葡萄状或串状着生，属特殊类型。新疆、陕西、辽宁等地已选出一些优系。属晚实类型。

以山西的8508优系为例，树势健壮，树冠开张。果枝属短果枝型，每果枝平均坐果4个以上。坚果卵圆形，较小，壳面光滑，缝合线平。平均单果重6.8克，壳厚约1.3毫米，出仁率55.5%，取仁容易，仁饱满，颜色浅，品质好。丰产性、适应性均强。

6. 薄壳香

由北京农林科学院林果研究所从新疆核桃实生后代选出，已形成无性系品种。属早实类型。

树势较旺，树姿开张，分枝力中等。属雌雄同期型。坚果长圆形，壳面较光滑。单果重12克，壳厚1毫米，出仁率60%～65%。取仁极易，可取整仁，种仁肥厚饱满，淡黄白色。较丰产，抗病性强，适应性强，宜在肥力条件较好的地区栽培。

7. 丰产纸皮

产于新疆阿克苏市沙依力克、库车、和田等地。属早实类型。

连续丰产性强。坚果较小，圆形或扁圆形，壳面刻沟宽而浅，略呈麻面，壳极薄，壳厚0.3～0.5毫米，内隔壁退化或膜质，取仁极易，可取全仁，出仁率65%～70%，种仁甜而饱满，品质优。

8. 阿扎343号

由新疆维吾尔自治区林业科学院从实生群体中选出。属早实类型。

树势旺盛，树冠圆头形，结果枝属中短枝型。属雄先型。坚果椭圆或卵圆，壳面光滑美观。单果重15.9克，壳厚1.2毫米，出仁率51.8%，种仁褐色。在肥水条件差时常不饱满。

9. 温158

由新疆维吾尔自治区林业科学院从阿克苏温宿薄壳实生群体中选出。属早实类型。

树势较旺，直立性强。属雄先型。坚果圆形，中等大小，缝合线稍凸，出仁率54%，仁色较浅，风味好。

10. 新早丰

由新疆林业科学院从阿克苏温宿早丰、薄壳实生群体中选出。属早实类型。

树势较旺，树冠圆头形，分枝力强。属雄先型。坚果中等大小，壳面光滑美观，出仁率50.6%。丰产性强，在肥水条件差时树体早衰。

第二节 生物学特性

一、生长结果习性

（一）根系

核桃根系发达，为深根性树种，成年树主根可深达6米。根系集中分布在20～60厘米的土层中。大树水平根的分布范围广，一般为枝展的3～4倍，集中分布在以树干为中心、半径4米的范围内。

实生核桃在1～2年生时垂直根生长很快，而地上部分生长慢。一年生幼苗主根占总根重的87.8%，二年生时占57.4%，三年生以后，水平根生长加快，侧根数量增多，此时地上部分的生长也开始加速。第四年地上部分生长超过根系生长。故切断1～2年生树的主根，能促进侧根生长、提高定植成活率、加速地上部生长。早实核桃比晚实核桃根系发达，幼树表现尤为明显。调查表明，一年生早实核桃较晚实核桃根系总数多1.9倍、根系总长多1.8倍。早实核桃发达的根系可以更多地吸收养分和水分，有利树体营养积累和花芽形成，是其能够早结果的基础之一。核桃具有菌根，菌根对核桃树体生长和增产有着积极的促进作用。

（二）芽

依据形态结构和发育特点不同，核桃的芽可分为4种类型。

1. 混合芽（雌花芽）

圆球形，大而饱满，覆有5～7个鳞片，鳞片紧包。晚实核桃的混合芽多着生于结果母枝顶端及其下1～2节，单生或与叶芽、雄花芽叠生于叶腋间；早实核桃除顶芽外，腋芽也容易形成混合芽，一般2～5个，也可多达20余个。混合芽萌发后抽生结果枝，结果枝顶端着生雌花序开花结果。

核桃的顶芽有真假之分。枝条上未着生雌花芽而从枝条顶端生长点形成的芽为真顶芽。当枝条顶端着生雌花芽，其下的第一侧芽基部伸长形成伪顶芽。

2. 雄花芽

鳞片很小，不能覆盖芽体，称为裸芽。圆锥状，外形似桑椹，实际是雄花序雏形。着生在顶芽以下2～10节，单生或与叶芽叠生。

3. 叶芽

着生于营养枝条顶端及叶腋或结果母枝花芽以下节位的叶腋间，单生或与雄花芽叠生。顶叶芽比侧叶芽的芽体肥大，鳞片疏松，芽顶尖，呈卵圆形或圆锥形。侧叶芽小，鳞片紧包，呈圆形。早实核桃叶芽较少，以春梢中上部的叶芽较为饱满。萌发后多抽生中庸、健壮发育枝。

4. 潜伏芽

多着生在枝条基部或近基部，一般不萌发，寿命长达数十年至上百年，随枝干加粗被埋于树皮中。

核桃的萌芽率和成枝力因品种类型差异较大。早实核桃一般40%以上的侧芽都能萌发，分枝多、生长量大、叶面积大，有利于营养物质积累和花芽分化，这是早实核桃能够早结果的重要原因。而晚实核桃只有20%左右的侧芽能萌发。

（三）枝

核桃枝条有4种类型。

1. 结果母枝

指着生有混合芽的一年生枝。主要由当年生长健壮的营养枝和结果枝转化形成。顶端及其下2～3芽为混合芽，一般长20～25厘米，以直径1厘米、长15厘米左右的抽生结果枝最好。

2. 结果枝

指由结果母枝的混合芽萌发而成的当年生枝，其顶端着生雌花序。健壮的结果枝可再抽生短枝，多数当年可形成混合芽，早实核桃还可当年萌发，二次开花结果。

3. 雄花枝

指顶芽是叶芽、侧芽为雄花芽的枝条。生长细弱，节间极短，内膛或衰弱树上较多，开花后变成光秃枝。雄花枝过多是树势弱和劣种的表现。

4. 营养枝

只着生叶片，不能开花结果的枝条。可分为两种：一种是发育枝，生长中庸健壮，长度在50厘米以下，当年可形成花芽、来年结果；另一种是徒长枝，由树冠内膛的潜伏芽萌发形成，长度50厘米左右，节间较长，组织不充实，若徒长枝过多，应夏剪控制利用。

当日均温稳定在9℃左右时核桃开始萌芽，萌芽后半个月枝条生长量可达全年的57%左右，春梢生长持续20天，6月初大多停止生长；幼树、壮枝的二次生长开始于6月上中旬，7月进入高峰，有时可延续到8月中旬。核桃背下枝吸水力强，容易生长偏旺。

（四）叶

核桃的叶片为奇数羽状复叶，每一复叶上的小叶数因种类而异，顶生小叶最大，其下对生小叶面积由顶端向基部依次减小。当日均温稳定在13～15℃时开始展叶，20天左右即可达叶片总面积的94%。着生两个以上核桃的结果枝必须有5～6个的正常复叶，才能健壮生长、连续结果。低于4个复叶的果枝，难以形成混合芽，且果实发育不良。

（五）花

核桃树为雌雄同株异花，异花序，单性花。雄花序为柔荑花序，长6～12厘米，有小花100～170朵，基部花大于顶部花，散粉也早，散粉期2天左右。雌花序为总状花序，顶生，单生或2～3朵簇生，稀有4～6朵簇生的，还有呈葡萄状或串状着生的（早实核桃出现多，小花多为10～15朵，最多达30朵）。核桃花存在雌雄异熟现象，因此栽培品种也区分为雌先型品种和雄先型品种两大类，建园时要合理搭配品种，保证雌雄成熟期一致。核桃为风媒花，授粉距离与地势、风向有关，最佳授粉距离在100米以内。

（六）果实

核桃果实是由雌花发育而成，多毛的苞片形成青皮，子房发育成坚果。整个发育过程可分4个阶段。

（1）果实速长期 坐果至硬核前，一般在5月初至6月初，持续35天左右，是果实生长最快的时期，生长量占全年总量的85%左右。

（2）硬核期 6月初至7月初，大约35天。核壳从基部向顶部逐渐硬化，核仁由半透明糊状变成乳白色的核仁，营养物质迅速积累，果实停止增大。自然情况下核桃生理落果30%～50%，集中在柱头枯萎后20天以内，6月下旬后落果基本停止。

（3）油化期 7月初至8月下旬，持续55天左右。果实有缓慢增长，种仁内脂肪含量迅速增加。同时，核仁不断充实，重量迅速增加，含水量下降，风味由甜淡变成香脆。

（4）成熟期 8月下旬至9月上旬，15天左右。果实已达到该品种应有的大小，重量略有增加，果皮颜色由绿变黄，有的出现裂口，坚果易脱出。此期坚果含油量仍有较多增加，为保证品质，不宜过早采收。

（七）花芽分化

雄花芽多数地区于4月至5月上旬就已完成了雄花芽原基分化，5月中旬出现不明显的鳞片，5月下旬至6月上旬，花被的原始体形成，于翌年3月中下旬开花前迅速完成发育，历时一年多。

在华北地区，雌花芽的生理分化期在5月下旬至6月下旬，形态分化是在生理分化的基础上进行的，整个分化过程约需10个月才能完成。早实核桃的二次花芽分化从4月中旬开始，5月下旬分化完成，二次花与一次花间隔20～30天。

二、对环境条件的要求

核桃在我国分布范围比较广泛，主要分布在暖温带和北亚热带。核桃的适应性强，对环境条件要求不甚严格。

（一）温度

核桃原产于温暖地带，是喜温树种。普通核桃适宜生长的年平均温度9～16℃。休眠期温度低于-20℃幼树即有冻害，低于-26℃大树部分花芽、叶芽受冻，低于-29℃时枝条产生冻害。春季展叶后，-4～-2℃时新梢受冻，-2～-1℃时花和幼果受冻。铁核桃只适应于亚热带气候，耐湿热、不耐干冷。

（二）光照

核桃是喜光树种。结果期的核桃树要求全年日照时数在2 000小时以上，低于1 000小时则核壳、核仁发育不良。特别是在开花期，若光照不良则影响坐果率。因此，大树外围枝过多时应注意及时修剪，改善内膛光照，达到立体结果的目的。

（三）水分

核桃对空气湿度适应性强，比较耐干燥的空气，在空气极为干燥的南疆也能正常生长结果。冬季空气干燥的地区，幼树容易发生抽干现象，越冬应注意防止。核桃对土壤水分较敏感，过干、过湿均不利其生长发育。一般核桃要求较多的土壤水分，特别是生长前期，否则树势衰弱，加重落果，并易早期落叶。

（四）土壤

核桃是深根性果树，要求土质疏松、土层深厚、排水良好的土壤，而在含钙的微碱性土壤上生长最佳，在过分黏重和地下水位高的地段生长不良。适宜pH值6.5～7.5，土壤含盐量应在0.25%以下，稍微超过即会影响生长结实。

第三节　栽培管理技术

一、关键技术

（一）土肥水管理

1. 土壤管理

核桃园的土壤管理主要包括土壤耕翻及扩坑、换土等内容。

定植4～5年的幼龄核桃园，为促进幼树生长发育，做好及时除草和耕翻松土工作。种植间作物的果园，结合对间作物的管理进行除草。未间作的果园，根据杂草情况，每年除草3～4次。耕翻松土在每年夏、秋两季各进行一次，深度为10～15厘米，夏季可浅些，秋季则深些。

成龄核桃园的土壤管理主要是深翻熟化和水土保持。深翻方法是每年或隔年沿着根系大量分布区的边缘向外扩宽40厘米左右，深度为50～60厘米，呈绕树干的半圆形或圆形沟，回填时，表土与有机肥填入底部，底土放在上面。

山地果园必须采取有效措施防止水土流失。主要方法有修梯田、挖鱼鳞坑等，各地可因地制宜采用。

2. 施肥

（1）施肥量　一般来说，幼树对氮素的吸收量较多，对磷钾的需要量偏少。随着树龄增加，特别是进入结果期以后，对磷钾的需要量相应增加。核桃幼树施肥量可以参照如下标准。

①晚实核桃。在中等肥力条件下，按树冠垂直投影面积计算，每平方米1～5年的使用量（有效成分）：氮肥50克，磷、钾肥各10克；进入结果期每平方米6～10年间的使用量：氮肥50克，磷、钾肥各20克，并增施有机肥5千克。

②早实核桃。施肥量应高于晚实核桃。一般1～10年生树，按树冠垂直投影面积计算，每年的施肥量：每平方米施用氮肥50克，磷肥20克，钾肥20克，有机肥5千克。成年树应适当增加磷、钾肥的用量，一般氮磷钾的配比以2：1：1为好。

（2）施肥时期　基肥同其他果树一样，以秋季施用为好，可在采收后至落叶前完成。基肥配合一定数量的速效性化肥，比单施有机肥效果更好。如果有机肥充足，可将全年化肥的1/3或1/2与有机肥配合施入；如果有机肥不足，则应将全年化肥的2/3作为基肥施入。

追肥以速效化肥为主，如硫酸铵、尿素、碳酸氢铵、复合肥等。一般一年进行2～3次。应抓住以下关键时期。第一次追肥，早实核桃在开花前、晚实核桃在展叶初期进行，主要作用是促进开花坐果和新梢生长，应以速效氮肥为主，使用量为全年追肥量的50%；第二次追肥，早实核桃在开花后、晚实核桃在展叶末期进行，肥料仍以氮肥为主，结果时可追施氮磷钾复合肥，主要作用是促进果实发育、减少落果，促进新梢生长和木质化以及花芽分化，使用量占全年的30%；第三次追肥，在硬核期或稍后进行，目的在于供给核仁发育所需要的养分，保证坚果充实饱满，以氮、磷、钾复合肥为主。

3. 灌水

一般核桃需肥的时期也是需水的关键时期，因此灌水必须与施肥密切结合，每次施肥时期，也是灌水的适宜时期。灌水时间上把握萌芽水、花后水和采后水这三个水不可缺少。另外，4—5月是核桃新梢生长的旺盛期，应注意补水增加新梢生长量。6—7月为果实生长期，缺水会导致果皮变厚。越冬前应灌封冻水，有利于树体安全越冬和虫害灭杀。雨季应注意排水防涝。

（二）整形修剪

1. 修剪时期

核桃在休眠期修剪有伤流，伤流期一般在10月底至翌年展叶时为止。为避免伤流损失营养，长期以来，核桃树的修剪都在春季萌芽后或采收后至落叶前进行。近年来，各地进行了许多冬季修剪的试验，结果表明，核桃冬剪不仅对生长结果没有不良影响，而且在新梢生长量、坐果率、树体主要营养水平等方面都优于春剪和秋剪。目前，在秦岭以南地区已经基本普及休眠期修剪，均未发现不良影响。

2. 树形结构

核桃生产中常用的树形主要是主干疏层形和自然开心形两种类型，也有小冠疏层形。在土层深厚、土质肥沃条件下，栽培干性较强的品种，多采用主干疏层形；土壤瘠薄，干性弱的品种，可采用自然开心形；密植栽培可采用小冠疏层形。

（1）主干疏层形　基本结构与苹果主干疏层形大同小异，但有它的特点。具体表现为3个方面。

①主干较高。干性较强的晚实或直立型品种主干高一般为1.2～1.5米，若长期间作、行距较大，为便于作业，主干可留到2米以上；早实核桃结果早、树体较小，主干应矮一些，一般为0.8～1.2米。因核桃树冠开张，若主干低，枝条容易接触地面。

②层间距较大。第一层与第二层的层间距晚实核桃应留1.2～2米，早实核桃留0.8～1.5米。第二层与第三层间距相应缩小，一般在1米左右。同层主枝间不留对口枝，以免卡脖。

③侧枝间距大。主枝上第一侧枝距中干1米左右，第二侧枝距第一侧枝50厘米。侧枝选留背斜侧，不选背后枝。

（2）自然开心形　没有中干，干高多在1米左右，主枝3～4个，轮生于主干上，不分层，主枝间距30厘米左右。这种树形具有成形快、结果早、整形简便，适合于土层薄、肥水条件差的晚实核桃和树冠开张、干性较弱的早实核桃应用。

（3）小冠疏层形　是主干疏层形的缩小，树高一般控制在4.5米以下，适合于嫁接核桃树的密植栽培。

3. 幼年树的整形修剪

核桃在幼树阶段生长快，容易造成树形紊乱。核桃整形原则和方法要领与苹果、梨等果树大体相同，所不同的是核桃（尤其晚实核桃）结实晚、早期分枝少、留干高、层间距大。因此，整形持续的时间长，有时一层骨干枝需2～3年才能选定。

（1）定干　树干的高低应根据核桃的品种特性、栽培条件及方式等因树和因地而定。一般主干疏层形定干高度，晚实核桃1.2～1.5米，早实核桃1～1.2米。

（2）培养树形　分四步完成。第一步，于定干当年或第二年，在定干高度以上选留3个不同方向的健壮枝条作为第一层主枝，层内主枝间距20厘米左右，第一层主枝选留完毕后，除保留中干外，其余枝条除去；第二步，选留第二层主枝，选留2个壮枝作为第二层主枝，同时开始在第一层主枝上选留侧枝，各主枝间的侧枝方向要相互错开，避免重叠、交叉；第三步，早实核桃在5～6年时，晚实核桃在6～7年时，继续培养第一层和第二层主枝的侧枝；第四步，继续培养一二层主侧枝外，选留第三层主枝1～2个，第二层与第三层间距1米左右。至此，整个树形骨架已基本形成。

（3）修剪　在整形基础上，选留和培养结果枝、结果枝组，并及时剪除无用枝。根据核桃的生长结果特点，具体操作时应注意：对主、侧枝的延长枝要适当进行中度短截或轻短截，以利树冠扩大，促进晚实核桃增加分枝；核桃的背下枝生长旺，不及时控制，就会造成枝头弱，形成主、侧枝“倒拉”的多头现象，不利于整形。一层主侧枝的背下枝全部疏除。二层以上主侧枝的背下枝，可用来换头开张主枝角度，有空间的控制利用结果，过密的则疏除；幼树期核桃长势旺易产生徒长枝，在空间允许的前提下应尽可能采用夏季摘心或采用先短截后缓放的方法，将其培养成结果枝组；早实核桃容易发生二次枝，对过多而造成郁闭者，应及早疏除。对生长充实健壮并有空间保留者，去弱留强、保留一强壮枝，夏季摘心，其余疏除；用先放后缩法培养结果枝组，在早实核桃上，对生长旺盛的长枝以甩放或轻剪为宜，在晚实核桃上，则采用轻短截或中短截旺盛发育枝的方法增加分枝，但短截枝数量不宜太多，一般控制在1/3左右为好。

4. 结果树的修剪

（1）结果初期树的修剪　刚进入结果期的核桃树，树形已经基本形成，产量逐年增加，其主要任务是继续培养主枝和侧枝，充分利用辅养枝早期结果，积极培养结果枝组，尽量扩大结果部位。采取先放后缩和去强留弱等方法培养结果枝组，使大小枝组在树冠内均匀分布，防止结果部位外移，保证良好的光照。对已经影响主侧枝生长的辅养枝，要逐年缩剪，给主侧枝让路。对背下枝多年延伸而成的下垂枝，应及时回缩改造成枝组，若枝条不缺，及时疏除，不宜长期保留。疏大枝时，锯口要留小枝，以利于伤口愈合。

（2）盛果期树的修剪　核桃树一般要在15年（早实核桃6年）左右进入盛果期，此期修剪的重点是维持树体结构，防止光照条件恶化，调整生长结果关系，控制大小年。方法是落头开心，打开上层光照，落头时应在锯口下方留一粗度相似的多年生分枝，以控制树体高度，并防止锯口附近冒条。晚实核桃由于腋花芽结果较少，结果部位主要在枝条顶端，随着结果量的增加，大型骨干枝常出现下垂现象，外围枝延伸过长，下垂更加严重。

因此，此期要及时回缩骨干枝，回缩部位可在向斜上生长的侧枝的前部。按去弱留强的原则疏除过密的外围枝和内膛枝条，对延伸过长衰弱枝、选斜上生长枝作头回缩复壮，以改善树冠的通风透光条件。注重枝组复壮更新，小枝组去弱留强，去老留新；中型枝组及时回缩更新，使其内部交替结果，维持结果能力；大型枝组控制其高度和长度，对已无延长能力或下部枝条过弱的大型枝组，则应及时回缩，以保证其下部中小型枝组的正常生长结果。

5. 衰老树的更新复壮

核桃盛果期后，管理不善极易出现树势衰弱，表现为外围枝生长量明显减弱、下垂，小枝干枯严重，结果部位外移、内膛光秃，同时萌发大量徒长枝，出现自然更新现象，产量显著下降。由于大树根系发达，经改造后恢复产量的速度远比新植果园快，因此老树复壮有较强的应用价值。

更新分小更新和大更新。小更新一般从大枝中上部分枝处回缩，复壮下部枝条。对结果枝组，疏除先端的短果枝，减少枝条密度和结果量。小更新几次后，树势进一步衰弱，再进行大更新。大更新是在大枝的中下部或下部有分枝处进行回缩，促发新枝，重新形成树冠。

（三）花果管理

1. 人工辅助授粉

核桃为异花授粉且存在雌雄异熟现象，花期不遇常造成授粉不良，分散栽植的核桃树更是如此。另外，早实核桃幼树开始结果的最初几年，一般只开雌花，3～4年后才出现雄花，直接影响其授粉、坐果。因此，在核桃园附近无成龄树情况下，进行人工授粉尤为必要。

花粉采集在雄花序即将散粉时（基部小花刚开始散粉）进行。授粉的最佳时期是雌花柱头开裂并呈倒"八"字形，柱头上分泌大量黏液且有光泽时最好，此期只有3～5天，要抓紧时间进行。方法是先用淀粉或滑石粉将花粉稀释10～15倍，然后置于纱布袋内，封严袋口并拴在竹竿上，在树冠上方轻轻抖动授粉即可。

2. 疏雄花序

疏除核桃雄花是一项重要的增产技术，各地试验表明，疏雄花序增产效果十分明显。雄花发育会消耗大量养分，通过疏除雄花，节约了树体的养分。

疏雄时间以早疏为宜，一般在雄花序萌动前或在休眠期完成为好，若拖到雄花序伸长期再疏，增产效果不明显。疏雄量可视品种、树体情况而定，一般疏除雄花总量的90%～95%为宜。多用带钩的木杆钩或人工掰除。

3. 果实采收和加工

核桃需要达到完全成熟方可采收，采收过早青皮不易剥离，种仁不饱满，出仁率与含油量低，风味差，不耐储藏；采收过迟则会落果，若未及时捡拾，易霉烂。采收适期是果皮由绿色变黄绿色或浅黄色，部分青皮顶部出现裂纹，青果皮容易剥离，有30%以上的果实已显成熟时即可采收。我国目前仍以人工采收为主，即用竹竿敲打振落，敲打时应自上而下，从内向外的顺序进行，以免损伤枝芽。

果实采收后，要及时进行脱青皮、漂白处理。脱青皮多采用堆积法，将采收的核桃果实堆积在阴凉处或室内，厚度50厘米左右，上面盖上湿麻袋或厚10厘米左右的干草、树叶，保持堆内温湿度、促进后熟。一般经过3～5天青皮即可离壳，切忌堆积时间过长，切勿使青皮霉烂。为加快脱皮进程也可先用3 000～5 000毫克/千克乙烯利溶液浸蘸半分钟再堆积。脱皮后的坚果表面常残存有烂皮等杂物，应及时用清水冲洗干净。为提高坚果外观品质，还要进行漂白。常用漂白溶液：漂白粉1千克+水6～8千克或者次氯酸钠1千克+水30千克。时间10分钟左右，当核壳由青红色转黄白色时，立即捞出用清水冲洗2次即可晾晒。

（四）大树高接换优

我国核桃栽培中，由于实生繁殖，造成核桃树种和品种良莠不齐，导致大量核桃园低产。高接换优可迅速改低产劣种为优良品种，从而大幅度提高产量和品质。高接时应掌握好以下几个技术环节。

1. 砧、穗选择与处理

接穗应选坚果品质好，丰产性、抗逆性均强的优良品种或优系作接穗母株，剪取发育充实，无病虫害，直径为1～1.5厘米的发育枝或早实核桃的二次枝作接穗，且只用其中下部的2/3，并做好接穗的贮存工作。

砧木应选立地条件较好，30年生以下的健壮树。于嫁接前一周按树冠从属关系锯好接头，进行多头高接，接头多、树冠产量恢复快。嫁接部位直径以5厘米以下为宜，过粗不利于砧木接口断面的愈合，也不便绑缚。提前剪砧的目的在于放水，伤流多时还可在树干基部距地面10～20厘米处，螺旋状交错锯3～4个锯口，深达木质部1厘米左右，让伤流液流出。此外，为了避免大量伤流的发生，嫁接前后各20天内不要灌水。

2. 嫁接时期和方法

以砧木萌芽期至末花期（我国北方一般为4月上中旬至5月初）为宜。嫁接方法以插皮舌接法最好（图8–1），依砧木的粗细，每个接口插入1～2个接穗，不得已而碰到的过粗接头（7厘米以上），应适当增加接穗的数量。为提高嫁接成活率要特别重视接后的接穗保湿工作，例如：蜡封接穗、接后套塑膜筒袋并填充保湿物等。

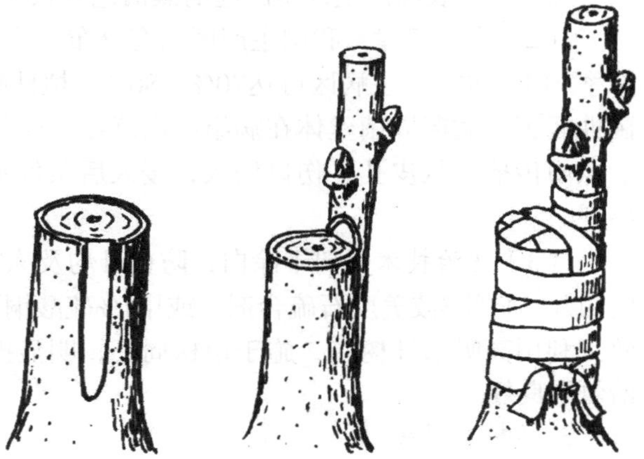
图8–1　核桃树插皮舌接

3. 接后管理

接后20～25天，接穗陆续萌芽抽枝，待嫁接枝长到20～30厘米时，应绑支棍固定新梢，以防风折。并随时除去砧木枝干上的萌芽，如接头无成活接穗，应留下1～2个位置合适的萌芽枝，以备补接。补接可在当年7—8月芽接，也可在翌春枝接。接后两个月，当接口愈伤组织生长良好后，及时除去绑缚物，以免妨碍接穗的加粗生长。

二、主要病虫害防治技术

（一）主要病害及防治

1. 核桃黑斑病

（1）识别与诊断　果受害初期，病斑为褐色小斑点，后扩大为不规则形黑斑，遇雨病斑四周呈水渍状晕圈，外果皮腐烂并深入果肉，核仁变黑，提早落果。叶片受害后，沿叶脉有小斑点，以后扩大多角形或四方形，病斑外缘有水渍状半透明的晕圈，感病严重时叶片焦枯卷曲脱落，新梢变黑枯死，果实变黑早落。

（2）发生规律　我国西北、东北、华北、华东等主产区均有分布。主要为害果、叶、芽、雄花序。植株被害率70%～100%。为害严重时可造成早期落叶、幼果腐烂或核仁干瘪。为细菌性病害，病菌主要在树梢、芽内越冬。翌年春季从病斑内溢出，借风雨传播到果、叶等部位。病菌一般从皮孔、伤口侵入。潜伏期为10～15天，5月中旬开始发病，雨水天气发展快。

（3）防治技术　加强田间管理，保持园内通风透光；结合修剪，剪除病枝，及时收集和清理病叶、枝、果，集中烧毁；在展叶前、落花后及幼果期各喷一次药，药剂为

1∶0.5∶200的波尔多液、50%甲基硫菌灵可湿性粉剂500～800倍液、80%代森锌可湿性粉剂400～500倍液等。

2. 核桃溃疡病

（1）识别与诊断　初为直径0.2～2厘米的黑褐色近圆形斑，扩展后呈梭形或长方形。发病部位以枝干基部居多，病斑呈水渍状或明显的水泡，裂后流出褐色黏液，遇空气变黑褐色，随后病部散生许多小黑点，当病部扩大到环绕枝干一周时，出现枯枝、枯梢或整株死亡，秋季病部表皮破裂。果实受害后有大小不一的圆斑，并引起早落、干缩或变黑腐烂，表面产生许多凸起的黑褐色粒状物（子实体）。

（2）发生规律　我国主产区均有分布。该病主要为害幼树主干、枝和果。一般被害株率20%～40%，重病区可达70%～80%。植株感病后生长衰弱、枯枝或整枝死亡。是真菌性病害，病菌以菌丝体在病组织内越冬。翌年春季病菌在一定湿度条件下产生孢子并借风雨传播，从皮孔、伤口侵入，侵入后条件不够则潜伏树体内，有合适条件时病状即出现。

（3）防治技术　树干涂白，防止日灼及冻害；用刀刮除病部深达木质部或将病斑纵向切开，再涂3波美度石硫合剂，或用1%硫酸铜液，或用1∶3∶15的波尔多液均有一定疗效。利用高吸水性树脂，施于植株周围，明显提高土壤保水性，增加树皮的含水量，防治效果良好。

3. 核桃腐烂病

（1）识别与诊断　幼树受害后，病部深达木质部，周围出现愈伤组织，呈暗灰色菱形病斑，水渍状，手指压时出现液体，有酒糟味。后期病斑产生黑点，继而主干及侧枝病斑树皮局部纵向开裂，组织溃烂下陷，树干上溢泌黑色液体。在初发时，感病部位树皮由浅褐色逐渐到深褐色、黑色，指压时表现极富弹性。成年树受害后，因树皮厚，病斑在外部无明显症状，当发现皮层向外溢出黑色液体时，皮下已扩展为较大的溃疡面。剖开树皮，可见大小不等的黑色溃疡斑块。枝条枯死，在树枝上密布黑色粒状凸起，潮湿时溢泌橘红色卷丝。

（2）发生规律　属真菌性病害。主要分布在北方地区，新疆产区尤为严重。受害植株可达50%，高的达80%以上，主要为害枝干和树皮。病菌在病变组织中越冬，从伤口侵入。一年中春、夏两季为发病高峰期，尤以4月中旬至5月下旬为害最重。一般管理粗放、肥水不足、树势衰弱或遭冻害及盐碱为害的核桃树易感染此病。

（3）防治技术　常用防治方法有全株喷药和刮治病斑两种。喷药是在6月以前用40%代森锌可湿性粉剂300～600倍液喷布全株。刮治病斑是在早春及生长前期将药涂抹在用刮刀刮过的病患处。刮伤的具体做法：沿病斑纵向切割数条间隔1厘米的引线，深达木质部，然后往线内涂药。

（二）主要害虫

1. 核桃举肢蛾

（1）分布与为害　又名核桃黑或黑核桃。在华北、西北、西南、中南等我国核桃主产区均有分布。以幼虫蛀食核桃果皮和果仁。严重发生时被害株率高达100%，果实被害率达30%～90%，是核桃的主要害虫。幼虫蛀果后蛀入孔呈水珠状，初期透明，虫道内充满虫粪，被害处果皮变黑并逐渐凹陷、皱缩。多数果提早脱落，未脱落的果实种仁不充实，失去食用价值。

（2）形态特征 成虫体长5～8毫米，翅展12～14毫米，体黑褐色有光泽。翅狭长，缘毛也很长，前翅黑褐色，后翅灰褐色。足白色，后足胫节中部及端部有黑毛束，栖息时后足向侧后上方举起，故称“举肢蛾”。

卵圆形或椭圆形，初产卵为乳白色，渐变黄白色，孵化前为红褐色。

幼虫为乳白色，头部黄褐色，老熟幼虫长7～9毫米，胴体淡黄白色，背面稍带粉红色，被有稀疏的白刚毛。

（3）发生规律 在河北、北京、山西每年发生一代，在陕西、四川每年发生1～2代。以老熟幼虫在树下1～3厘米的土内、杂草、石缝中结茧越冬。翌年5月中旬开始羽化，于6月上旬至7月上中旬为越冬幼虫羽化盛期。成虫的发生期在6月上旬至8月上旬。产卵多在果萼凹处或两果相接的缝内，卵期4～5天。幼虫在6月上旬开始蛀入果内为害。被害果30～40天后脱落，7月下旬至8月上旬为落果盛期。

（4）防治方法 结冻前彻底清除园内枯枝落叶及杂草，并集中烧毁，深翻园土灭杀越冬幼虫；7月下旬至8月上旬摘拾被害果，并集中烧毁或深埋；在幼虫入土前及成虫羽化前，在树冠下撒甲萘威与细土混拌或撒杀螟硫磷粉或辛硫磷毒土等；在6月上旬至7月上中旬，成虫产卵盛期，每隔10～15天喷药一次，连续3次可达到良好治疗效果，药剂有杀螟硫磷、甲氰菊酯等。

2. 云斑天牛

（1）分布与为害 俗称铁炮虫、核桃大天牛、钻木虫等。分布在华北、西北、西南、中南等地。主要为害枝干，为害严重的地区受害株率达95%。受害树有的主枝及中干枯死，有的整株死亡，是核桃树一种毁灭性害虫。被害部位皮层稍开裂，从虫孔排出大量虫粪。为害后期皮层开裂。成虫羽化孔多在上部，呈一个大圆孔。

（2）形态特征 成虫体长51～65毫米，黑褐色，密被灰绒毛。前胸背板有一对肾形白斑，小盾片白色，鞘翅基部密布黑色瘤状颗粒，前大后小，肩刺上翘，鞘翅上有2～3行排列不规则的白斑，呈云片状。从复眼至腹端，两侧各有一个白色条纹。

卵长椭圆形，长8～9毫米，黄白色，弯曲略扁，卵壳坚韧光滑。

幼虫体长74～100毫米，黄白色，无足，前胸背板橙黄色，密布黑色点刻，两侧白色，上有橙黄色半月牙形斑块。前胸腹面排列有4个不规则的橙黄色斑块。

（3）发生规律 云斑天牛发生世代数因地而异，越冬虫态也有不同。一般1～3年发生一代，以成虫或幼虫在树干内越冬，4月下旬开始活动，5月为成虫羽化盛期，6月中下旬为产卵盛期。初孵化的幼虫在皮层内串食，被害处变黑，流褐色树液。后转入木质部串食为害。成虫具有假死性、趋光性。

（4）防治方法 利用成虫趋光和假死习性，晚上用灯光引诱到树下捕杀。经常观察树叶、嫩枝，发现有小嫩枝被咬破的新鲜伤口时，在附近即可捕捉到成虫。成虫产卵期要经常检查，发现主干、主枝等处有产卵刻槽，用锤敲击刻槽，消灭虫卵和初孵化幼虫。当幼虫蛀入树干后，可以虫粪为标志，用带钩细铁丝，从虫孔插入，钩杀幼虫。有孔洞的用等量的甲萘威粉剂与土制成的泥堵洞，或用棉球蘸敌敌畏5～10倍液塞入虫孔，并用稀泥封孔，效果很好。

三、周年管理要点（表8-1）

表8-1　核桃同年管理要点

时期	物候期	栽培管理要点
1月至3月下旬	休眠期	1. 整形修剪 2. 耕翻松土保墒，秋季未施基肥的施入基肥 3. 防治黑斑病、枯枝病、举肢蛾等；摘除虫茧、幼虫，刮除越冬卵 4. 清除园内落叶、病枝、病果，以减少病菌。喷5波美度石硫合剂
3月下旬至4月上旬	萌芽期	1. 追施尿素、复合肥后灌水，灌水及雨后及时进行中耕除草 2. 雄花序萌动前疏雄花序，一般疏除雄花总量的90%～95%为宜 3. 防治尺蠖等，喷甲氰菊酯或苏云金杆菌
4月中旬至5月上旬	开花期	1. 人工辅助授粉，提高坐果率 2. 防治黑斑病、云斑天牛、刺蛾类、介壳虫等，喷布半量式的200倍液波尔多液，0.3～0.5波美度石硫合剂 3. 开花前追施速效氮肥，花后追施氮磷钾复合肥，花后灌水
5月中旬至8月下旬	果实生长发育期	1. 花芽分化前及硬核期追施复合肥，叶面喷施磷钾肥，适时灌溉 2. 5月下旬至6月上旬，黑光灯诱杀或人工捕捉木橑尺蠖、云斑天牛成虫 3. 6月上旬至6月下旬，喷甲氰菊酯或多菌灵2～3次 4. 拾虫果、病果烧毁，防治举肢蛾、瘤蛾、缀叶螟及病菌
8月下旬至9月下旬	果实成熟期	1. 适时采收，及时进行脱青皮、漂白处理 2. 采收后施基肥，采后灌水 3. 继续做好举肢蛾、木橑尺蠖、刺蛾等虫害及病害防治工作
10月下旬至12月	落叶休眠期	1. 可在采收后至落叶前进行整形修剪 2. 越冬前灌封冻水，幼树根部埋土，涂干防寒 3. 清除病枯枝、落叶、落果，集中烧毁或深埋

第九章　柿

第一节　优良品种

柿为柿科柿属植物。柿属植物全世界约有250种，原产我国的有49种，其中供生产栽培及砧木用的主要有3种。我国柿品种很多，据不完全统计，达800个以上。根据果实能否自然脱涩，柿分为涩柿和甜柿两类。涩柿果实正常采收时仍有涩味，经人工脱涩方可食用。我国多数品种属于涩柿。甜柿果实在树上能自行脱涩，采下后即可食用。

一、大磨盘柿

又名盖柿（河南、山西）、盒柿（山东）、腰带柿（湖南）。为华北地区的主栽品种。

树冠高大，树姿开张，枝稀疏粗壮。单性结实力强，生理落果轻，产量较高。寿命长。果实扁圆形，中部有缢痕，形如磨盘，平均单果重250克，最大果重500克。果皮橙黄色到橙红色。果肉淡黄色，果肉松，纤维少，汁特多，味甜，无核，含可溶性固形物16.6%～18.2%，品质中上等。一般生食，亦可制饼。果实10月中下旬成熟。耐储运。适应性强，喜肥沃土壤，抗寒，抗旱，较抗圆斑病，唯抗风力差。

二、托柿

又名莲花柿、萼子（河北）。产于山东、河北等。

树冠高大，树姿开张，枝条粗壮，稠密。易成花，高产稳产，寿命长。果实短圆柱略方形，果顶平，果面具十字形沟纹，缢痕较浅，平均单果重150克。果皮薄，橙黄到橘红色。果肉橙红色，多纤维，味甘甜，含可溶性固形物21.4%，品质上等。果实10月下旬成熟。不耐储运。宜生食、制饼。适应性强，抗风力极强。

其他涩柿优良品种有绵瓤柿、镜面柿、小萼子、水柿、博爱八月黄、七月糙、新安牛心柿、眉县牛心柿、蜜橘柿、尖柿、火晶柿、高脚方柿等。

三、金柿

原产日本，又名日本斤柿。

晚熟品种，果实是高桩形，平均单果重400克，最大果实可达700克以上，果顶平或微凹，果面有明显的4条纵沟，果实成熟后为橙红色，果形美，色泽美观，果皮厚，果肉金黄色或橙红色，无籽，肉质绵甜，风味独特，品质上等。10月初成熟。适应性极强，对环境要求不严，结果早，抗病能力强，抗旱、耐涝、耐盐碱。

四、罗田甜柿

产于湖北罗田及麻城。

树势强健，树姿较开张，枝条粗壮，新梢棕红色。高产稳产，寿命长。果实扁圆形，平均单果重100克，橙红色，着色后即可食用。果肉致密，味甜，含糖2%，品质中上等。核较多。果实10月上中旬成熟。生食、制饼均可。抗干旱，耐湿热。

五、富有

原产日本，1920年前后引入我国。

树势强健，树姿开张，枝条粗壮，分枝较密。结实早，丰产，单性结实力弱。果实扁圆形，平均单果重100～250克，橙红色，熟后浓红色。肉质致密，柔软味甜，含糖18.7%，品质优，宜鲜食。有种2～3粒。一般10月下旬采收，11月中旬至12月上旬完熟。易患炭疽病和根头癌病。与君迁子嫁接亲和力弱，可用本砧。要配置授粉树或人工授粉。枝有下垂性，修剪时应注意。

六、次郎

原产于日本，1920年左右引入我国，20世纪70—80年代又多次引入。

树势强健，树冠较小，枝条粗壮，直立，节间短，分枝多，密集。结果稳定。果实扁圆形，平均单果重200～300克。橙黄色，完全成熟时红色。肉质稍脆而致密，汁多，味甜，品质上等。核少，亦有无核。10月中下旬成熟。要配置授粉树或进行人工授粉。

甜柿优良品种尚有花御所、前川次郎、伊豆、上西早生、阳丰、新秋等。

第二节　生物学特性

一、生长结果习性

（一）生命周期

一般柿嫁接后5～6年开始结果，15年后进入盛果期，经济寿命100年以上。丰产园3～4年开始结果，5～6年即进入盛果期。

（二）根系

柿根系分布因砧木而异。君迁子砧根系发达，分枝力强，细根多。根系大多分布在10～40厘米深土层内，垂直根深3米以上，水平分布为冠径的2～3倍。

柿根系单宁含量多，受伤后难愈合，发根也较难，应注意保护根系。根系抗寒性较差，在较寒冷地区要防止根系冻伤。柿根系不抗旱，但由于分布深广，可以吸收深层土壤水分，能弥补吸水能力差的生理缺陷。

在一年中，根系开始生长的时期比地上部迟，一般在地上部展叶时开始生长。

（三）枝

分为结果枝、生长枝和结果母枝。柿进入结果期，萌发的新梢多为结果枝。结果枝大多由结果母枝的顶芽及其以下1～3个侧芽发出，再往下的侧芽抽生为生长枝，生长枝一般短而弱。通常在结果枝第3～7节叶腋间着生花蕾，开花结果。着生花的各节没有叶芽，开花结果后成为盲节。

结果母枝可以由4种枝转化而成，即强壮的发育枝、生长势减缓的徒长枝、粗壮而处于优势部位的结果枝、花果脱落后的结果枝。结果枝也可以形成花芽，成为结果母枝连续结果。

新梢生长以春季为主，成年树一般只抽生春梢，生长量较小。幼龄树和生长势旺的树可生长2～3次梢。新梢在生长初期先端有下垂性，枯顶后不再下垂。

柿枝条顶端优势比较明显，层性也比较明显，尤其幼树期。

（四）芽

花芽为混合芽，着生在结果母枝的顶端及其以下1～3节，再往下全是叶芽。生长枝上全部是叶芽。新梢生长后期顶端自行枯萎脱落，其下第一侧芽成为顶芽（伪顶芽）。枝条下部的小芽一般不萌发，易成潜伏芽；在枝条基部两侧各有一个鳞片覆盖的副芽，常不萌发而成为潜伏芽，潜伏芽的寿命很长。

柿的萌芽要求在平均温度12℃以上。北方地区，一般在3月下旬至4月中下旬萌芽。花芽分化在新梢停止生长后1个月，约在6月中旬当新梢侧芽内雏梢具8～9片叶原始体时，自雏梢基部约第3节开始向上，在芽原始体的叶腋间连续分化花的原始体。每个混合花芽内一般分化3～5个花。

（五）花

柿的花有雌花、雄花、两性花3种类型。一般栽培品种仅生雌花，着生在结果枝第3～7节叶腋间。雌花单生，雄蕊退化，可单性结实，亦不产生种子。

展叶后30～40天开花，花期3～12天，大多数品种为6天。

（六）果实

柿果实整个发育过程分为3个阶段：第一阶段为开花后60天以内，幼果迅速膨大，最后基本定形；第二阶段自花后60天至着色，果实滞长或间歇性膨大；第三阶段由果实着色至采收，果实又明显增大。

柿的落花落果包括落蕾、落花和落果。开花前落蕾，5月上中旬开花期，部分花脱落。幼果形成后有落果现象，以花后2～3周较重，6月中旬以后落果减轻，8月上中旬至成熟落果很少。

二、对环境条件的要求

（一）温度

柿喜温暖气候，但也相当耐寒。在年平均温度10～21.5℃，绝对最低温度不低于-20℃的地区均可栽培，以年平均温度13～19℃的地方最为适宜。我国主产区黄河流域年平均温度为9～14℃，成熟期温度为19～22℃，冬季最低温度在-20℃以内。甜柿耐寒力比涩柿稍弱，要求生长期（4—11月）平均温度在17℃以上，温度较低则自然脱涩缓慢，往往在树上不能脱涩而成涩柿，且着色不良。冬季-15℃时发生冻害。

（二）水分

柿耐湿性较强，耐旱力也较强。在我国南方各省降水量1 500毫米的地方，也只有1次生长并不徒长，生长结果正常。而降水量500～700毫米的北方各省，由于光照充足，有利于成花坐果，产量及品质更优于南方；但开花坐果期，发生干旱容易造成大量落花落果。

（三）光照

柿为喜光树种，但也耐阴。在光照充足的地方，生长发育好，果实品质优良。甜柿要求4—10月日照时数在1 400小时以上。

（四）土壤

柿对土壤要求不严，山地、丘陵、平地、河滩，黏土、沙土地都能生长。但最好在土层深度1米以上地方建园，尤以土层深厚、保水排水良好的壤土和黏壤土最适宜。土壤pH值6～7.5生长最好，7.5～8.3亦能生长。一般土壤含盐量在0.14%～0.29%时能正常生长；受害极限为0.32%～0.4%。地下水位宜在2米。

第三节　栽培管理技术

一、关键技术

（一）土肥水管理

1. 土壤管理

柿树多栽植在山坡或荒滩，土壤瘠薄，理化性能差，保肥保水能力低，要做好水土保持工作，进行土壤深翻，扩大树盘，结合施用有机肥，改良土壤。

柿粮间作柿园，因行距大，间作物种类可不受限制，但靠近柿树的地方要栽植矮秆作物或豆科作物。成片栽植柿树在幼树期也应种植间作物。实行清耕管理的柿园或树盘，应注意中耕除草，秋季进行深耕。有条件的地方应推广覆草法、穴贮肥水、生草法和免耕法。

2. 施肥

柿幼树主要施氮肥，以促进生长；成年树应氮、磷、钾配合，适当补充微量元素。施肥以少量多次为宜。生长后期注意钾肥的施入，磷肥适量即可。日本一般盛果期大树每公顷施纯氮、磷、钾分别为200千克、130千克和200千克。

基肥于秋季采果前（9月中下旬）施入。大树每株施有机肥100～200千克，加磷酸二铵0.5毫克、硫酸钾0.5毫克或氮磷钾复合肥。幼树每株施有机肥50～100千克，速效肥适量。

柿树追肥不宜早施。幼树土壤追肥在萌芽时进行。结果树在新梢停止生长后至开花前（5月上旬）进行1次，每株施尿素0.75～1千克；前期生理落果后，果实迅速生长期（7月上中旬）进行第2次，每株施尿素或氮磷钾复合肥0.75～1千克。

根外追肥在落果盛期开始（5月下旬或6月上旬），到果实迅速膨大期（8月中旬），每隔半月进行1次，可喷尿素、过磷酸钙、氯化钾、硫酸钙及复合肥。

3. 灌水

柿喜湿润，土壤湿度变幅过大时生理落果严重。土壤湿度以田间持水量的60%～80%为宜。一般情况下，萌芽前、开花前后、果实膨大期灌水，每次施肥后灌水，土壤上冻前浇封冻水。

（二）整形修剪

1. 主要树形

柿干性强，顶端优势明显，分枝少，树姿直立的品种，可用疏散分层形；干性弱，顶端优势不明显，分枝多，树姿较开张的品种，宜用自然圆头形；成片栽植，密度较大，可用纺锤形。

（1）疏散分层形　干高1米左右，中心干上成层分布主枝，第一层主枝3～4个，第二层主枝2～3个，第三层主枝1～2个。上下层主枝相互错开。层间距60～70厘米，层内距40～50厘米。主枝上着生侧枝。主枝和侧枝上着生结果枝组。后期落头开心。

（2）纺锤形　干高50厘米，主枝8～12个，相间15～20厘米，在中心干上错落分布，分枝角度70°～85°。主枝上着生中小型结果枝组。树高3米左右，冠径3～4米。

2. 休眠期修剪

栽后按树形结构要求适时定干，选好主枝。休眠期主枝和侧枝延长枝轻短截或缓放，中心干延长枝适当重短截，剪留长度约80厘米。注意调整骨干枝角度、长势和平衡关系，衰弱时及时更新复壮。

结果枝组的培养以先放后缩为主。徒长枝可以拿枝后缓放，也可以先截后放培养枝组。枝组修剪要有缩有放，对过高、过长的老枝组，要及时回缩；短而细弱的枝组，应先放后缩，增加枝量，促其复壮。

生长健壮的结果母枝一般不进行短截。强壮的结果母枝，混合花芽比较多，可剪去顶端1～3个芽。结果母枝过密时，则去弱留壮，保持一定的距离；多余的结果母枝也可剪去顶端3～4个芽，使下部叶芽或副芽萌发预备枝；生长较弱的结果母枝自充实饱满的侧芽上方剪去，促发新枝恢复结果能力，若没有侧芽，也可从基部短截，留1～2厘米的残桩，让副芽萌发成枝。

结果枝结果后没有形成花芽的，可留基部潜伏芽短截，或缩剪到下部分枝处，使下部形成结果枝组。徒长枝可从基部疏去，当出现较大的空隙时，也可短截补空。

3. 生长期修剪

幼树骨干枝延长枝生长至50厘米左右进行摘心，促进分枝，并捋枝、拉枝、开张主枝角度。骨干枝上的新梢长至30～40厘米进行反复摘心，培养结果枝组。强枝摘心后，发出的二次枝仍可形成花芽；弱枝摘心后，顶端容易形成花芽；徒长枝一般留20厘米摘心。开花前后环剥可促进分化花芽，成年树开花前后环剥可减少落花落果。环剥部位一般在大枝基部或主干中下部。

（三）花果管理

1. 保花保果

除加强综合管理外，单性结实差的品种，须配置授粉树或进行人工授粉，甜柿一般应进行授粉；花即将开放时喷0.3%赤霉素，可提高坐果率。盛花期环剥可防止生理落果，环剥时间在半数花开放时，环剥宽度一般为0.5厘米左右，在主干、主枝和结果枝组上进行皆可。幼树期喷0.3%～0.5%的尿素，对结果过多的树进行疏果，对肥水不足的树在花前施氮肥，皆可减少落果。

2. 疏花疏果

健壮的幼树，当开花过多时，于花期前后，将部分结果枝的花蕾或幼果全疏除，留作预备枝。在这些结果枝上，当年便能分化良好的花芽。日本在开花前2周进行疏蕾，每结果枝一般留1个花蕾，新梢叶片在5片以下的不留花蕾，壮结果枝留2个花蕾。留结果枝中部的大花蕾。根据品种落花落果特点多留10%～30%。花后35～45天早期生理落果后进行疏果，首先疏除病虫害果、伤果、畸形果、迟花果及易日灼的果。留果的原则是1枝1果，或15～18片叶留1果。

3. 果实采收

采收时期，榨取柿漆的果实在单宁含量最高的8月下旬采收；硬柿（脆柿）供鲜食的，在果实着色后陆续采收，脱涩后陆续供食；制柿饼的宜在果实充分成熟尚未软化，即霜降前后采收时含糖量高，柿饼品质上乘；软柿（烘柿）供鲜食的在果实呈现固有色泽时采收，自然脱涩后供食；甜柿类果实在树上已脱涩，采下即可食用，一般作硬柿鲜食，外皮转红而肉质尚未软化时采收品质较佳，最适采收期为果皮正在变红的初期。

采收方法大体分为两种。

（1）折枝法　即用手、夹竿或捞钩将果实连同果枝上部、中部一同折下。这种方法的缺点是把能连年结果的果枝上部的混合芽摘去，影响翌年的产量。优点是折枝后可促发新枝，形成结果母枝，增加后年的产量；并且控制树冠，使结果部位不外移，达到树体更新及回缩结果部位的目的，实质上起到了粗放修剪的作用。该法适于初果期和衰老期的柿树。

（2）摘果法　即用手或采果器将柿果逐个摘下。这种方法不伤果枝，保留了其上的混合芽。但起不到折枝法回缩与更新的作用，可用冬季修剪弥补。该法适用于初果期和盛果期的柿树，可与折枝法交替使用。

柿的果柄和萼片干后很硬，最好在采收时剪去果柄，并在分级时将萼片摘去，以免在运输和储藏中戳伤其他果实。

（四）病虫害防治

1. 介壳虫

是柿树上的重要害虫，除为害柿树外，还为害其他果树、园林观赏树木和花卉植物。介壳虫以若虫和成虫为害柿果和幼嫩枝条，造成树势衰弱，产量下降，品质变劣。

（1）生物学特性　介壳虫属同翅目、蚧亚目，主要在木本植物和多年生草本植物上取食，在柿园为害的为粉蚧科。柿园介壳虫体形变化大，雌雄异形。雌虫长圆形、圆球形，有发达的口器，喙管短，颚丝长，虫体固着一处以远距离取食，无翅，触角、眼和足因不用而常消失，头胸愈合，皮肤柔软，外被蜡质的粉末，分节明显，腹部末有二瓣状凸起，其上各生1根刺毛，肛门周围有骨化的环，上生6根刺毛，发育过程雌虫不经过蛹期，雄虫有蛹期。

（2）为害特点　越冬柿园介壳虫在柿树上发生2～3代，多数以1～2龄若虫在树枝或树干上越冬，少数以受精雌成虫在树枝、树干或多年生草本植物上越冬。介壳虫以若虫和雌成虫固着在寄生枝、干、叶的背面及叶柄和果实表面刺吸汁液，使受害枝条发芽力弱，发芽偏迟；果树营养生长变弱，达不到丰产性状；叶片干枯、畸形，影响光合作用；果实小而畸形，严重的造成落果；同时还会引发柿煤烟病，使受害柿树树势衰弱，产量大幅度降低，给果农造成严重损失。

（3）防治技术

①科学栽培，增强树势。合理密植，科学修剪。柿树树冠大、植株高，生长旺盛，一般每公顷只能种300～375株，在种管过程中，进行开心形修剪，才能确保每株果树、每一枝条充分通风透光。合理施肥，柿树一般每年只施2～3次肥，第1次在冬季收获后，每株柿树根据树冠大小施用畜肥或土杂肥50～100千克加复合肥3～5千克，6—7月果实膨大期，根据情况施1～2次壮果肥，每株成年果树施尿素1～1.5千克、氯化钾1～2千克，幼年果树酌减。严禁过量施肥，特别是氮肥，以防植株生长过旺，降低抗逆力和产生生理性落果。

②农业防治。介壳虫一般为点片严重发生。农业防治措施可有效减少越冬虫源，控制柿园介壳虫的发生与为害，是柿园介壳虫综合防治的最有效也最环保的重要环节。一是冬季清园，根据介壳虫的生长、生活习性，介壳虫的发生、为害程度与越冬虫源成正相关。冬季清园可大量清除该虫的寄主，减少越冬虫源，是柿园介壳虫综合防治技术的关键环节。可在冬季柿果采收后，结合修剪、施肥，清除柿园及周边杂草、落叶、落果，特别是多年生杂草，剪除受害枝条，连同其他废弃物集中烧毁或深埋，使越冬若虫和成虫大量减少。二是刷擦若虫，在主害代盛发期，根据介壳虫呈片发生的特性，可用人工刷擦受害枝条，减少虫口密度，控制为害。

③生物防治。白僵菌对同翅目昆虫有很强的寄生作用，是同翅目昆虫特别是介壳虫非常有效的天敌。因此，在介壳虫主害代发生初期施用白僵菌对介壳虫为害的控制作用非常明显，即6月下旬用白僵菌粉剂喷施于果树上，可有效防止介壳虫的大发生。

④药剂防治。根据介壳虫的生育特性，在采取农业措施无法有效控制该虫为害的情况下，应适时进行药剂防治。选择施药适期：一是3月上中旬越冬若虫始发期；二是雄成虫羽化期，分别为5月上旬、6月中下旬及8月上旬；三是主害代若虫初孵期，即6月下旬至7月上旬、8月下旬至9月下旬，在上述时间段内，受害率5%～10%以上时用药。选择高效、低毒、低残留无公害药剂防治。0.3波美度的石硫合剂、65%噻嗪酮800～1 000倍液、10%介壳灵180倍液、25%增效噻嗪酮500倍液和20%菊马乳油1 000倍液，以上药剂任选1种喷雾，严重受害的果树7天后再喷1次。施药时应用高压喷雾器，严格控制药液浓度，药液应均匀喷布果树全部枝条和叶片背面，确保用药防治效果。

2. 柿蒂虫

又名柿实蛾、柿钻心虫，俗称柿烘虫。主要为害柿，也为害君迁子。

（1）识别与诊断　以幼虫蛀食柿果，多从果柄蛀入幼果内食害，虫粪排于蛀孔外。前期被害果幼虫吐丝缠绕果柄，幼果由青色变灰白色，进而变黑干枯，但不脱落；后期幼虫在果蒂下蛀食，蛀处常以丝缀结虫粪，被害果提前发黄变红，逐渐变软脱落。故称“柿烘”“黄脸柿”。

（2）发生规律　一年发生2代，以老熟幼虫在树皮下裂缝或树干基部附近土内结茧越冬。4月中下旬为成虫羽化盛期，5月下旬第一代幼虫开始为害幼果，6月下旬至7月上旬幼虫老熟，一部分在被害果内，一部分在树皮下结茧化蛹。第一代成虫7月上旬至下旬羽化，二代幼虫7月下旬开始为害，8—9月为害最烈，9月中旬后幼虫陆续老熟越冬。

（3）防治技术

①刮树皮。冬季刮除树枝干上的老粗皮，集中烧毁。

②摘除虫果。生长季及时检查树体，摘除虫果，并将柿蒂摘下，集中处理，可以减轻第二代的为害。

③树干绑草。8月中旬以前，在刮过粗皮的树干及枝干绑草诱集越冬幼虫，冬季将草解下烧毁。

④喷药。5月中旬及7月中旬，两代成虫盛发期喷50%敌敌畏1 000倍液，或用90%晶体敌百虫800～1 000倍液。

3. 柿星尺蠖

又名柿大头虫、蛇头虫等。主要为害柿树，也为害君迁子、核桃、苹果、梨等。

（1）识别与诊断　初孵化的幼虫食叶背面的叶肉，并不把叶吃透。幼虫老熟前食量大增，不分昼夜为害，严重时将柿叶全部吃光。

（2）发生规律　一年发生2代，以蛹在土中越冬，老熟幼虫喜在松软湿润土中化蛹。越冬蛹由5月下旬开始羽化，直至7月中旬，6月下旬至7月上旬为羽化盛期。成虫由6月上旬开始产卵，6月中旬孵化，第二代成虫羽化于7月下旬末，第2代幼虫在8月上旬孵化，9月上旬老熟，开始入土化蛹，10月上旬则全部化蛹。成虫白天静止在树上、岩石上等处，晚间活动。成虫有趋光性。成虫羽化后，即交尾产卵，每雌产卵220～600粒。卵产于叶背面，呈块状，每卵块50粒左右。幼虫期28天左右，幼虫老熟后吐丝下垂，胸部膨大部分缩小，随后入土化蛹。

（3）防治技术　晚秋或早春在树下或堰根等处刨蛹。幼虫发生时，用猛力摇树或敲树振虫的方法扑杀幼虫幼虫发生初期，喷洒50%杀螟硫磷乳剂或90%敌百虫1 000倍液。

4. 柿角斑病

此病分布广泛，是造成柿树落叶、落果的重要病害之一。此病除为害柿树外，还能为害君迁子。

（1）识别与诊断　角斑病为害柿叶及柿果蒂部。叶片受害初期，在叶面产生不规则的黄绿色病斑，斑内叶脉变黑，病斑颜色加深后变为灰褐色的多角形病斑，边缘黑色与健部分开，病斑大小为2～8毫米，上面密生黑色绒状小粒点，为病菌的分生孢子座。病斑背面开始时淡黄色，最后也变为褐色或深褐色，也有黑色绒状小点，但较正面的小。

柿蒂染病时，病斑多发生在蒂的四角，褐色至深褐色，形状不定，由蒂的尖端向内扩展，病斑5～9毫米，正反两面都可产生黑色绒状小粒点，但以背面为最多。

角斑病发生严重时，采收前一个月即可大量落叶。落叶后，柿果变软，相继脱落。落果时，病蒂大多残留在树上。

（2）发生规律　此病由真菌中的一种半知菌引起。病菌以菌丝体在柿蒂和落叶上越冬，以挂在树上的病蒂为主要侵染来源和传播中心。6—7月在越冬病蒂上产生大量的分生孢子，借风雨传播，从叶背气孔侵入，潜育期28～38天，8月初开始发病。发病严重时，9月大量落叶、落果。当年病斑上产生的分生孢子在适宜条件下可进行再侵染，但由于该病的潜育期较长，再侵染一般较轻。

（3）防治技术　秋后扫净落叶、落果，并摘净挂在树上的病蒂，消除菌源。加强栽培管理，改良土壤，增施肥水，增强树势，提高抗病能力。6月中下旬至7月下旬，即落花后20～30天，喷1：（3～5）：（300～600）的波尔多液1～2次。喷药时要求均匀周到，叶背及内膛叶片一定要着药。

5. 柿圆斑病

柿圆斑病俗称柿子烘，常和角斑病混合发生，是柿树上的又一个重要病害。

（1）识别与诊断　柿圆斑病主要为害叶片，也能为害柿蒂。叶片受侵染后产生圆形浅褐色病斑，以后转为深褐色病斑，中央淡褐色，周缘黑色。病叶逐渐变红，在病斑周围发生黄绿色晕圈，病斑直径一般为2～3毫米，个别在1毫米以下或5毫米以上，后期病斑背面出现黑色小粒点，为病菌的子囊壳。每片叶病斑有100～200个，多时达500个。发病严重时，从出现病斑到叶片变红脱落只需5～7天，落叶后柿果也逐渐变红变软，相继大量脱落。柿蒂上病斑近圆形，褐色，直径较小，发生较晚。

（2）发生规律　此病由真菌中的一种子囊菌引起。病菌以未成熟的子囊菌在病叶上越冬，来年6月中旬至7月上旬子囊果成熟，形成子囊孢子，借风力传播，由气孔侵入，经60～100天的潜育期，8月下旬至9月上旬开始出现症状，9月下旬达到发病高峰，10月中旬以后病情停止发展，并开始大量落叶。此病每年只在较短的时期进行初侵染，再侵染不重要。

（3）防治技术　秋末冬初扫净落叶，集中烧毁，消除菌源。6月上中旬（柿树落花后），喷1：5：（300～600）的波尔多液，一般年份1次即可，病重年份、地区半月后再喷一次。药剂还可用65%代森锌可湿性粉剂500倍液。

二、周年管理要点

（一）休眠期

（1）清园　剪除刺蛾虫茧；焚烧树干绑草，杀灭草把中越冬的柿蒂虫幼虫；扫净落叶，集中烧毁。

（2）浇水　11—12月浇封冻水。

（3）冬季修剪　疏除过密的大枝、外围直立枝、交叉枝、重叠枝、并生枝等；对结果后细弱的枝组，应回缩至后部壮枝分杈处；对先端下垂的枝重回缩；短截部分结果母枝。

（4）喷药　冬前喷5波美度石硫合剂。发芽前喷5波美度石硫合剂，或5%柴油乳剂。

（5）刮皮、涂药　3月对主干、主枝刮粗皮，主干基部方圆60厘米内堆土，堆高20厘米左右；发芽前，在树干地面上环状刮粗皮，刮宽20厘米左右，然后涂药液。

（6）中耕、施肥、浇水　3月及时中耕、追肥，施肥应以氮肥为主，根据树大小确定施肥量；有浇水条件的施肥后浇水，无浇水条件的应做好保墒工作。

（二）萌芽、新梢生长期

（1）撒药　发芽时，沿树干周围0.5～0.8米以外土施辛硫磷。

（2）修剪　选留方位适当、健壮枝作骨干枝，对第一剪口芽扶正绑直；非骨干枝20～30厘米时摘心，疏除过密枝。

（3）喷药　喷0.2波美度石硫合剂；喷0.5%～0.6%石灰倍量式波尔多液，或70%代森锰锌1 500倍液。剪除柿黑星病病梢、病叶、病果。

（4）浇水、中耕　浇水，做好保墒工作；加强土壤中耕，坭合土壤缝隙，减少土壤水分的蒸发损失。

（三）开花坐果期

（1）夏季修剪　大树在主枝基部或主干中下部，对壮旺树环割；疏除细弱枝，位置不当的无用枝；徒长枝留20～30厘米摘心。

（2）喷肥　花期喷0.1%的硼砂+300毫克/千克的赤霉素，或用0.3%的尿素+0.1%的硼砂+0.5%的磷酸二氢钾。

（3）疏花疏果　疏除营养不良的花蕾；疏果，每一结果枝上可留1～2个果或2～3个果。

（4）追肥　坐果后追肥，应以氮肥为主，最好施用磷酸二铵。

（5）去堆土、摘虫果　除去树干基部的堆土；摘除树上虫果。

（6）喷药　5月喷2.5%溴氰菊酯4 000倍液，防治柿小叶蝉、柿蒂虫；喷70%代森锰锌1 500倍液，抑制白粉病、炭疽病。6月喷2.5%溴氰菊酯4 000倍液杀死柿小叶蝉，喷50%辛硫酸600倍液+20号柴油乳剂120倍液，防治柿绵蚧。喷1∶（2～5）∶600的波尔多液，防治柿圆斑病、角斑病、白粉病。

（四）果实发育期

（1）施肥、浇水、排水　7月施膨果肥，株施磷酸二铵0.12千克+硫酸钾0.5千克，在幼果期适当浇水。8月叶面喷0.3%～0.5%的尿素，磷酸二氢钾等，雨后及时排水。9月株施磷酸二铵0.3千克，控制水分。

（2）及时中耕　保持土壤疏松，铲除田间杂草。

（3）防治病虫　7月喷布20%甲氰菌酯2 500倍液，或用2.5%溴氰菊酯4 000倍液，摘除柿蒂虫为害果。8月摘除柿蒂虫为害果；刮掉粗皮，绑草把，诱集柿蒂虫越冬幼虫；加强对柿绵蚧的防治。9月摘除柿蒂虫为害果，喷辛硫磷杀灭柿蒂虫，喷波尔多液防治炭疽病。

（五）生长后期

（1）深耕　深耕25厘米左右，耕后细耙。

（2）施基肥　株施农家肥50～100千克、尿素0.5千克、过磷酸钙1千克、硫酸钾1.5千克。

（3）喷药　喷50%辛硫磷+20号柴油乳剂120倍液。

（4）采收　果实及时采收。

第十章 杏

第一节 概 述

一、重要意义

杏为我国普遍栽植果树之一。适应性强，不论平原、高山、丘陵或沙荒地，都能生长结实。杏树栽后2～3年即可结果，而且结果年限长，栽培条件要求较低，也是绿化荒山的先锋树种，因此我国各地广泛栽培。

杏果实多汁，味美，营养丰富。据测定，每百克果肉含糖10克、蛋白质0.9克、钙26毫克、磷24毫克、有机酸12毫克、胡萝卜素1.79毫克、维生素B_1 0.02毫克、维生素B_2 0.03毫克。

杏仁含油量达50%～60%，蛋白质23%～25%，碳水化合物10%，还有磷、钙、铁、钾等人体不可缺少的元素，是重要的干果和食品工业原料。

杏具有润肺、定喘、生津止渴、清热解毒等医疗作用。据国外资料介绍，杏肉因含有维生素B_{17}，具有一定的抗癌功效。

杏仁壳是制作活性炭的原料，杏树皮可提取单宁，其木材抗断耐压，纹理细致优美，可制作工艺品和高档家具。

杏果除鲜食外，还可加工成杏干、杏脯、杏酱、杏汁、杏酒和杏罐头等食品。

杏果实成熟早，并可进行保护地生产，对调节春夏鲜果市场有重要意义。因此，大力发展杏树特别是优质高档杏生产对发展农村经济，改善生态环境，建设高效精品农业，满足人们对安全、优质果品的需求，都有重要意义。

二、栽培历史

杏原产我国，栽培历史悠久。《夏小正》有“正月，梅、杏、杝桃则华”“四月，囿有见杏”的描述。说明远在2 600年前已有杏的栽培。其后，古籍《广群芳谱》《齐民要术》《农政全书》等都有关于杏大面积栽培的描述及其品种和栽培技术的记述。

三、栽培现状

我国杏的栽培范围很广，东北、华北、西北各地均有栽培。而以黄河流域各省最为集中。秦岭、淮河以南栽培较少，长江流域有零星栽培。随着人们生活水平的提高，对杏果及其加工品的需求量越来越大。

按照因地制宜的原则，今后在城市、工矿区附近，应着重发展优良鲜食品种，早、晚熟搭配，大力发展保护地生产。在一般山区和沙荒地区，可以发展以加工为主的干果、仁果兼用品种。在高山地区，最好发展仁果、干果兼用品种，而以甜仁杏为主。

第二节　种类和品种

一、主要种类

杏属蔷薇科李亚科杏属植物。全世界杏属共有10个种。我国主要有普通杏、西伯利亚杏、辽杏、藏杏、紫杏、志丹杏、梅、政和杏与李梅杏9个种。普通杏是世界上栽培最广的一个种，我国现有各种类杏品种1 463个。根据杏的用途，可将杏分为肉用杏、仁用杏和观赏杏三类。其中肉用杏包括鲜食杏和加工杏，仁用杏包括苦仁杏和甜仁杏。

二、适宜推广的优良品种

（一）肉用品种

这类品种主要以杏果肉为食用对象，杏果肉既可鲜食，也可以加工成各种杏酱、杏脯、杏干、杏罐头等制品。

1. 贵妃杏

为河南省灵宝市地方品种。

该品种树势强健，树姿半开张。果实近圆形，平均果重55克，最大果重79.6克。果皮鲜橙黄色，阳面有胭脂红晕。果面光洁美观；果肉橙黄色，肉质细，汁液多，有纤维且较粗，味酸甜，有微香，含可溶性固形物13.5%、总糖6.33%、总酸2.28%。离核或半离核，仁甜，有双仁或空仁现象。3～4年生树开始结果，7年生树进入盛果期，成龄树株产80千克，果实6月上中旬成熟，以短果枝结果为主。果个大、美观是本品种突出的特点。

栽培上应注意防晚霜。

2. 仰韶黄杏

主产于河南省渑池县及豫西地区。

该品种树势强健，耐旱、耐寒、耐瘠薄，枝条粗壮，以短果枝、花束状果枝结果为主。果实卵圆形，平均果重87克，最大果重131.7克。果皮橙黄色，肉质细、密、软，纤维少，汁中等多，甜酸适度，香味浓，品质极上等，含可溶性固形物14%，每百克鲜果肉含维生素C 11.7毫克，含糖6.16%、酸1.41%、果胶1.4%、水分81.3%。可食率97.3%。常温下果实可存放7～10天。离核，仁苦。果实6月中旬成熟，花期较当地其他品种晚5～7天，可躲过晚霜低温危害。4年生树开始结果，成果期大树平均株产200～250千克，最高株产500千克。适应性强、丰产、品质佳，宜于鲜食与加工的名优品种。

栽培上应注意水肥管理和整形修剪。

3. 骆驼黄杏

果实发育期约55天，果实圆形，平均单果重49.5克。果皮橙黄色，阳面着红色，果肉橘黄色，肉质细软。汁中等多，味酸甜，品质上等，黏核，甜仁。该品种较抗寒耐旱，适应性强，较丰产，适宜华北及辽宁南部发展。但自花不实，可用麻真核、华县大接杏等作授粉树。

4. 串枝红杏

果实发育期约90天。果实卵圆形，果顶微凹，两半部不对称，平均单果重52.5克。果皮底色橙黄色，3/4着紫红色。果肉橙黄色，肉质硬脆，汁少，味酸甜，品质中上等。离核，仁苦。极丰产，稳产，是鲜食和加工兼优品种，适宜华北及辽宁南部发展。

5. 9803杏

果实发育期95天左右。果实扁圆形，果顶平微凹，果面光洁，无裂果，平均单果重70克。果皮橙黄色，有条状红霞。果肉橘黄色，肉质细软，汁液多，酸甜适口，香气浓，品质上等。离核，仁苦。丰产，适宜在日光温室栽培，休眠期需冷量约为550小时。

（二）仁用品种

这类品种主要以杏仁为食用对象。

1. 龙王帽

为河北省张家口地区地方品种。

该品种树势健壮，生长旺盛，树姿半开张。多年生枝紫灰色，新梢红褐色；叶中大，深绿色，长椭圆形。果实较扁，宽卵形；果皮黄色，果肉薄，离核，不宜鲜食，主要生产杏仁，一般5千克果出1千克核，出仁率28%，每千克核300～400粒，单仁重0.83～0.9克。仁皮棕黄色，仁肉乳白色，味香甜而脆，品质极佳。结果早，寿命长，适应性强，花和幼果抗寒力较差。

2. 超仁

由辽宁省果树研究所从龙王帽的无性系中选出。

该品种果实呈长椭圆形，平均果重16.7克，果面、果肉均呈橙黄色，肉薄，汁极少，风味酸涩。离核，核壳薄，出核率41.1%。仁极大，比龙王帽大14%，味甜，含蛋白质26%、粗脂肪57.7%。丰产、稳产，1～10年生树平均株产仁量比龙王帽增加37.5%，5～7年生树平均株产果实57千克。抗寒、抗病能力均强，能耐-36.3～-34.5℃低温，对流胶病、细菌性穿孔病、疮痂病等抗性较强，是有发展前途的抗寒、丰产、稳产、质优仁用杏优良新品种。栽培中应注意球坚介壳虫的防治。最适宜的授粉品种为白玉扁、丰仁等。

3. 丰仁

由辽宁省果树研究所从一窝蜂的无性系中选出。

该品种果实于7月下旬成熟。果实呈长椭圆形，平均果重13.2克，果面、果肉呈橙黄色，肉薄，汁极少，风味酸涩，不宜鲜食。离核，出核率39.1%。仁厚、饱满、香甜，单仁重0.89克，含蛋白质28.2%、粗脂肪56.2%。坐果率高，早果性好，极丰产。5～10年生树平均株产果实69.2千克，平均株产杏仁4.4千克，分别比龙王帽增加42%和38.5%。抗寒、抗病虫能力均强，是有潜力的仁用杏优良新品种。

三、新育成和引入的杏优良品种

（一）早美红

由河北省农林科学院石家庄果树研究所育成。

该品种树姿开张，树冠圆头形，花芽易形成，自然结实率高，在石家庄地区果实6月上旬成熟。果实圆形，端正，果顶圆平，缝合线浅，平均果重55克，最大果重69克，果面底色橙黄色，阳面紫红色，果面光洁，色泽艳丽；果肉橘黄色，果肉致密，较硬，汁液较多，纤维少，可溶性固形物含量为13.31%，风味酸甜，有香气，鲜食品质优良。离核，仁苦而饱满。果实成熟后室温下可存放7天左右。

（二）豫早冠

产于河南省新密市。

该品种树冠半圆形，树势中庸，树姿开张。果实成熟期为5月中旬。果圆形，平均果重51.6克，最大果重58.3克。果个匀称，果顶平，略倾斜，缝合线中深而明显，两侧对称，梗洼圆形。果皮薄，不易剥皮，果皮底色为黄白色，向阳面有点状红晕，果面茸毛中多；果面橘黄色，肉质松，纤维少，浆汁极多，风味可口，略有香气。半离核，核扁圆形，仁苦。

（三）金太阳杏

系美国品种，于1993年引入我国。

该品种果个较大，平均果重66.9克，最大果重87.3克。果实近圆形，果面光洁，底色金黄色，阳面着红晕，外观美丽。果肉黄色，离核，肉质细嫩，纤维少，汁液较多，有香气，品质上等。果实完熟时，可溶性固形物含量为14.7%，风味甜。抗裂果，较耐储运，常温下可储藏5～7天，在0～5℃条件下可储藏20天以上。成熟期为5月下旬至6月上旬。

该品种具有较强的适应性和抗逆性，以短果枝结果为主，自花结实力强，定植后第二年平均株产达3.5千克，第三年平均株产38.6千克，最高的达41.5千克。

（四）凯特杏

原产于美国加利福尼亚州，1991年由山东省果树研究所引入我国。

该品种果实6月上中旬成熟，果实发育期72天左右，是优良的早中熟鲜食新品种。果实呈长圆形，果顶平、微凹，缝合线中深、明显，两边对称。特大型果，平均果重105.5克，最大果重138克。果面橙黄色，阳面着红晕。果肉金黄色，肉质细软，汁液中等多，味甜，含可溶性固形物12.7%、总糖10.9%、可滴定酸0.94%。离核，仁苦。此品种成花早，花量大，具有自花结实能力，早实，丰产，稳产，是保护地和露地栽培的适宜品种之一。

第三节　生物学特性

一、生长结果习性

（一）生长习性

杏树树冠大，根系深，寿命长。在一般管理条件下，盛果期树高可达6米以上，冠径在7米以上。寿命为40～100年，甚至更长。

杏树根系强大，能深入土壤深层，一般山区杏的垂直根可沿半风化母岩的缝隙伸入6米以上。杏的水平根伸展能力极强，一般分布可达冠径2倍以上。

杏树生长势较强，幼树新梢年生长量可达2米，随着树龄的增长，生长势减弱，一般新梢生长量为30～60厘米。在年生长期内可出现2～3次新梢生长高峰。

杏树的叶芽具有早熟性，当年形成后，如果条件适宜，特别是幼树或高接枝上的芽，很容易萌发抽生副梢，形成二次枝、三次枝。杏树新梢的顶端有自枯现象，顶芽为假顶芽。每节叶芽有侧芽1～4个。但杏越冬芽的萌发率和成枝力较弱，是核果类果树中较弱的树种。一般新梢上部3～4个芽能萌发生长，顶芽形成中长枝，其他萌发的芽大多只能形成短枝，下部芽多不能萌发而形成潜伏芽。所以杏树冠内枝条比较稀疏，层次明显。

（二）结果习性

杏树2～4年开始结果，6～8年进入盛果期。在适宜条件下，盛果期比桃树长，十年生以上的大树一般单株产量在50千克以上。

杏花芽较小，纯花芽，单生或2～3个芽并生形成复芽。每个花芽开1朵花。在一个枝条上，上部多为单花芽，中下部多为复花芽。单花芽坐果率不高，开花结果后，该处光秃。复芽的花芽和叶芽排列与桃相似，多为中间叶芽，两侧花芽，这种复花芽坐果率高而可靠。

杏树较容易形成花芽，一二年生幼树即可分化花芽，开花结果。据观察，兰州大接杏的花芽分化开始于6月中下旬，7月上旬花芽分化达到高峰，9月下旬所有花芽进入雌蕊分化阶段。

大多数杏树品种以短果枝和花束状果枝结果为主，但寿命短，一般不超过5~6年。由于花束状果枝较短，且节间短，所以结果部位外移速度比桃树慢。

杏普遍存在发育不完全的败育花，不能受精结果。雌蕊败育与品种、树龄和结果枝类型有关。据观察，仁用杏品种雌蕊败育花的比例明显低于鲜食品种、加工品种，如仁用杏品种白玉扁的雌蕊败育花仅占10.73%，而鲜食加工品种则高达25.73%～69.37%；幼龄树易发生雌蕊败育，如仰韶黄杏14～15年生大树雌蕊败育率为45.7%～58.7%，而四年生幼树则高达67.7%；各类结果枝中以花束状结果枝和短果枝雌蕊败育花的比例小，中果枝次之，长果枝较多。这与枝条停止生长早晚有关，停止生长早，花芽分化早，有利于发育成完全花。

杏树落花落果严重，一般在幼果形成期和果实迅速膨大期各有一次脱落高峰，据调查，杏的坐果率一般为3%～5%。

二、对环境条件的要求

（一）温度

杏树对环境条件的适应性极强。在我国普通杏从北纬23°～48°，海拔3 800米以下都有分布。主产区的年平均气温为6～14℃。杏休眠期能抵抗-40～-30℃的低温，例如：龙垦1号可抵抗-37.4℃低温，但品种间差异较大。杏的适宜开花温度为8℃以上，花粉发芽温度为18～21℃。早春萌芽后，如遇-3～-2℃低温，已开的花就会受冻，受冻的花中雌蕊败育的比例较高。在中国杏的主产区花期经常发生晚霜危害。杏果实成熟要求

18.3～25.1℃。在生长期内杏树耐高温的能力较强。

（二）光照

杏树喜光。光照充足，生长结果良好。光照不良则汁液徒长，雌蕊败育花增加，严重影响果实的产量和品质。

（三）水分

杏树抗旱力较强，但在新梢旺盛生长期、果实发育期仍需要一定的水分供应。杏树极不耐涝，如果土壤积水1～2天，会导致病虫害严重，果实着色差，品质下降，发生早期落叶，甚至全株死亡。

（四）土壤

杏树对土壤要求不严，平原、高山、丘陵、沙荒、轻盐碱土上均能正常生长，但以排水良好、较肥沃的砂壤土为好。

第四节　栽培管理技术

一、建园及整形修剪技术

（一）建园技术

杏树建园时要考虑花期的晚霜危害，因此在山地建园要避开鞍口和谷地，选择坡度小于25°、土层较厚、背风向阳的南坡或半阳坡为宜。在平地建园要避开低洼地，排水不良和土壤黏重地不宜建杏园。避开种植过核果树的地块建园，以免发生再植病。

新建杏园株行距（2～3）米×（5～6）米为宜，仁用杏株行距（2～3）米×（4～5）米为宜。

大多数杏品种的自花结实率很低，需配置授粉树，可按（3～4）：1配置授粉树。

（二）整形修剪技术

杏树目前采用较多的是小冠疏层形、自然圆头形、杯状形和开心形，仁用杏以五主枝杯状形和延迟开心形效果比较好。

1. 杯状形树体结构

干高30～50厘米，主干上有3～5个主枝。主枝单轴延伸，没有侧枝，在其上直接着生结果枝组。主枝张开角度为25°～35°，枝展直径为1～1.5米。

2. 杯状形整形过程

定植后在50～70厘米处定干。从剪口下新梢中选留3～4个生长健壮、方位角度适宜的新梢，作为主枝培养。其余枝条通过拉枝、扭梢拉平后缓放，避免与主枝竞争。第一年冬季修剪时，主枝剪留60厘米左右，其余枝依据空间的大小适当轻剪或不剪。翌年春季，在剪口下新梢中继续选留主枝延长枝培养，通过摘心、扭梢等方法控制竞争枝和其他旺枝，也可重短截促发分枝培养结果枝组。其他枝轻剪缓放，促进花芽形成。第二年按小年原则修剪，至第三年基本完成树形。

休眠期修剪的原则是“细枝多剪，粗枝少剪；长枝多剪，短枝少剪”。少疏枝条，多用拉枝、缓放方法促生结果枝，待大量果枝形成后再分期回缩，培养成结果枝组，修剪量宜轻不宜重。对生长势减弱的枝组回缩到抬头枝处，恢复生长势，改善光照条件。

二、周年管理技术

（一）休眠期

杏树休眠期管理主要有修剪、清洁果园、喷施石硫合剂和施肥灌水等任务。

幼树以整形为主，一般将主枝、侧枝的延长枝剪去1/4～1/3为宜。盛果期树延长枝剪去1/3～1/2，中果枝剪去1/3，短果枝剪去1/2，疏除部分花束状结果枝。骨干枝衰老后，可按照粗枝长留，细枝短留原则，剪留1/3～1/2。在干旱山区要配合施肥灌水，否则达不到更新效果，甚至造成树体衰亡。

结合休眠期修剪彻底剪除病梢，早春结合果园耕翻，清除地面病叶、病果，集中烧毁或深埋，可有效防治杏疔病、杏仁蜂等病虫害。浅耕一次树盘，有利于提高地温和保持土壤水分。在萌芽前（开花前10天）对树体贮存营养不足的杏树每株追施0.25～0.5千克的尿素，提高坐果率，促进新梢生长。追肥后有条件的灌一次水，没有灌溉条件的可采用穴贮肥水来解决肥水问题，保证开花和坐果对水分的要求。

春季萌芽前喷施1次5波美度的石硫合剂防治病虫害。成龄大树每隔1～2年在萌芽前刮1次树皮，既可防治病虫害，也能促进树体生长。

在萌芽前后，对于品种较差或缺乏授粉树的低产杏园进行高接更换品种或改接授粉树，通常采用劈接或皮下接的方法。

（二）萌芽及开花期

萌芽开花期管理任务主要有防霜冻、人工辅助授粉、保花和防治病虫害等。

花期霜冻是杏生产的主要限制因子。常用防霜冻措施有熏烟法、喷水法以及在花芽露白期喷石灰浆（生石灰与水的比例为1：5）等，均延迟花期，避开晚霜。

杏树自然坐果率低，人工辅助授粉是提高产量的重要措施。大面积授粉时可采用液体喷雾法授粉。最好采用花期放蜜蜂和角额壁蜂的方法，也可在杏树盛花期使用50毫克/千克赤霉素、0.3%硼砂、0.3%磷酸二氢钾，可明显提高坐果率。

在萌芽开花期注意防治杏星毛虫、杏象鼻虫，在做好刮树皮、早春翻树盘和树干涂白的基础上，尽可能人工捕杀。有杏疔病发生的杏园可在杏树展叶后喷布1～2次1：1.2：200波尔多液预防。

（三）果实发育及新梢生长期

果实发育期管理主要任务有疏果、生长季修剪、土肥管理、病虫害防治等。

杏树疏果可在花后25～30天一次完成，生理落果重的品种，如骆驼黄杏则宜适当晚些进行。一般短果枝留一个果，中果枝留2～3个果，长果枝留4～5个果。也可按距离进行，即小型果（30～49克）间距7厘米，中型果（50～79克）间距10厘米，大型果（80～109克）间距13厘米。鲜食的产量每亩控制在1 000～1 500千克为宜。抽生新梢后，及时抹除竞争枝、剪锯口处萌发的嫩芽或新梢。6月后对幼树和初结果树的骨干枝进行拉枝开角。对徒长枝、强旺枝及直立新梢长至30～50厘米时摘心，一年可进行2～3次，可通过摘心，促发分枝，培养结果枝组。对于生长过旺的大枝可在新梢进入旺长期前，采取绞缢方法进行控制。

果实发育期间可追肥2次。在幼果膨大期追施1次氮、磷、钾复合肥，在果实生长后期追1次磷肥、钾肥。全年氮、磷、钾的适用比例控制在2∶1∶3为宜。

在幼果长到豆粒大小时，喷洒杀虫剂防治杏仁蜂等食心害虫。在果实发育期间每半个月喷洒一次甲基硫菌灵、多菌灵等杀菌剂，防治杏褐腐病、疮痂病等。间隔一段时间喷洒中生菌防治细菌性穿孔病。

杏果的成熟正值炎热季节，果实又柔软多汁，因此采收技术非常重要。一是采收成熟度要控制好，鲜食杏外运以七成熟至八成熟为宜。制作糖水罐头的杏果，应在绿色褪尽、果肉尚硬，即八成熟时采收。仁用杏应在果面变黄，果实自然开口时采收。

（四）果实采收后

主要任务有秋施基肥、保护叶片以及采取树体越冬保护措施等。

对立地条件不好的杏园，可结合秋施肥基肥进行扩穴深翻。每亩施入有机肥3 000～4 000千克，再加复合肥80千克。同时修好树盘以积蓄冬季雪水。

果实采收后加强对叶片的保护，防止因病虫为害造成落叶，影响花芽分化和树体营养积累。

落叶后，将病枝、病叶和病果及果核残体集中销毁或深埋，对树体主干和主枝进行涂白防护。土壤结冻前灌一次封冻水，提高树体越冬性。

（五）杏果采收及商品化处理

杏果后熟速度快，不耐储藏，致使鲜果供应期短，采收后若不及时采取有效的储藏保鲜管理措施，就会造成严重的经济损失。因此，搞好杏果的采后管理与产品加工，对于延长市场供应期，丰富杏果产品的种类，具有十分重要的意义。

果实的采收是果树栽培上的最后一个环节，同时又是果品商品化处理上的最初一环。采收时期与果实的产量和品质有着密切的关系，因此只有适时采收，才能获得果品。

1. 采收期

合适的采收时间既可以保证减少损失获得最高的产量，又可以保证有良好的杏果质量。采收时间的确定一般决定于品种的成熟期、果实的消费方向（鲜食、加工、当地市场出售、远销外地或出口等）、天气条件和运输方法等。

杏果内部物质的积累，与外部形态变化有一定的相关性。一般来说，杏果采收过早，果实色泽浅，酸度大，果肉硬，无香气，品质差，产量低，营养物质积累不充分，达不到鲜食和加工的标准要求。采收过晚，果肉变软，机械损伤会加重，不耐储运，影响果实的质量。只有适时采收，才能获得丰产、优质和耐储运的果实。

（1）杏果的成熟度　按杏果的用途，可分为3个成熟度。

①可采成熟度。此时果实大小与体积已基本固定，但没有完全成熟，果肉仍较硬，应有的风味、色泽和香气还没有充分表现出来。

②食用成熟度。果实已基本成熟，表现出该品种的固有色泽和香味，营养成分含量已达到最高点，风味最佳。

③生理成熟度。果实在生理上达到完全成熟，果实肉质松软，风味变淡，不宜食用，可供采收种子用。

（2）确定鲜食杏果成熟度的方法　杏果在成熟过程中，判断其成熟度的方法有很多，生产者可根据需要自行掌握。

①果皮色泽。果实成熟时，果皮由绿色或深绿色变成黄色、青白色或红色，即达到该品种的固有色彩。这可作为确定果实成熟度的色泽指标，但不可作为确定果实成熟度的可靠指标，因为色泽的变化受日光和土壤水分情况的影响较大。

②果肉硬度。用果实硬度计测量果实硬度，若硬度降低，则表示果实已开始成熟。

③果柄脱落难易程度。果实成熟时，果柄和果枝间形成离层，稍加触动，果实即可脱落，这时极宜采收。

④果实发育天数。从盛花期到果实成熟的天数叫果实的发育期。每个品种都有固定的发育天数，发育天数够了，果实也就成熟了。

确定杏果的适宜成熟度，不能只根据某一个指标来判定，因为果实的性状表现受环境条件，栽培技术的影响较大。只有根据果实的生育期、色泽、硬度、风味和芳香味等方面进行综合判断，才能比较准确地确定杏的成熟度。

（3）采收期的确定　确定采收期一方面要根据果实的成熟度，另一方面要看市场或加工需要、运输距离、天气变化和劳力安排等情况而定。

①食用杏果的采收期。产销两地距离较近时，杏果所采收的成熟度可高些，采收时间不要提早，使果实的色、香、味都可充分地表现出来，产量和品质均达到最高水平；当产销两地距离较远时，则所采杏果的成熟度要低些，采收时间要适当早一点，一般在七八成熟即可采收，以减少运输途中的损失。

②加工用杏果的采收期。由于加工产品不同，其采收期也不同。但不论加工什么产品，都必须严格掌握适宜的成熟度，根据加工的需要来确定杏果的采收期。

2. 采收方法

杏果的采收方法主要有传统的人工采收和机械采收两种。人工采收在采摘时容易做到轻拿轻放，可以在果实成熟度比较高时采摘，但是需要很多的劳动力，工作效率低且劳动强度也大。同一棵树上的果实，由于花期的参差不齐或生长部位不同，不可能同时成熟，分期采收不仅可以提高产品的质量，又可增加产量。一扫光的采收方法是不符合果实成熟客观规律的。采收方式应从树冠由下至上、由外至里。机械采收省工，可以大大地提高工作效率，但是利用这种方法不能到果实完全成熟时才采收，要适当早采，且造成机械伤相对增加。现在国外采收加工用杏及仁用杏多用机械采收。采收原理是：机器摇骨干枝，使果实从离层处断裂落下，用适宜的接果架将果实接住，由输送带送入分级机，最后进入果箱。接果架的铺衬物可以是帆布或膨胀气袋等，使得果实着落时不致撞伤。我国一些杏产区也有采用在树下几人拉一床单，一人在树上震落果实的方法进行采收的。机械采收可采用一次采收法或二次采收法，一次采收法一般比较粗放，约可得80%的适熟果；二次采收法是第一次摇动集中于树冠上部（因为上部果实成熟），而第二次则全部采收。采用何种采收应根据其用途来决定。如杏制罐头时，对外伤等要求不严（罐头厂只要在24小时内能够得以处理就行），可采用机械采收。制干杏需要完全成熟的果实（软熟），所以以人工采收为好。需要进行储藏或长途运输的果实，应用人工采收的方法在八成熟时采摘，以减少机械损伤。仁用杏可以在完熟时用机械采收或人工打落，但应注意不可早采，否则杏仁发育不充实，长成瘦秕的杏仁。仁用杏采下后，要及时取出杏核，杏肉可制干，杏核要及时晒干，待种仁晒干后即可储存。

杏果实最好在晨露消失后，天气晴朗的午前进行采收。如果在阴雨、露水未干或浓雾时采果，此时果皮细胞特别膨胀，易造成机械损伤，且果实表面潮湿，便于病原微生物侵染而发病。如果在大晴天的中午或午后采果，果实体温过高，田间热不易散发，这都可能促进果实腐烂而造成损失。另外，还应避免采前灌水。

杏果采收后，不要在太阳下暴晒，要及时将果实放到阴凉的地方进行预冷，使果实内部的热量散出，降低果实的温度，有利于运输和储藏时控制适宜的温度，降低烂果率。

3. 采后商品化处理

杏果采收后，要对果实进行分级、包装及储藏保鲜技术，这对减少运输损耗、延长储藏寿命、提高商品价格等方面来说具有重要意义。杏属于不耐储藏的果品类，极易变软腐烂。目前在杏果储藏方面的研究进展很缓慢，现在较为有效的手段还是冷藏，但储藏期限也仅有1～3周，据国外有关报道，储藏时间最长的是减压储藏，可以储藏90天，但至今还未应用于生产。杏的营养丰富，具有防癌治癌的作用，很受人们的喜爱。杏除鲜食外还可以加工成具有独特风味的产品。对加工用杏果实的要求是：色泽橙黄、质地致密、果肉比率高、果核易分离、纤维素含量少，每100克果肉多元酚含量不大于0.5毫克。

第十一章　樱　桃

第一节　优良品种

樱桃为蔷薇科李属果树。樱桃类有120种以上，作为果树栽培的主要有中国樱桃、欧洲甜樱桃、欧洲酸樱桃和毛樱桃4个种。其中中国樱桃和毛樱桃通称为“小樱桃”，欧洲甜樱桃和欧洲酸樱桃通称为“大樱桃”。

中国樱桃和欧洲甜樱桃栽培多，欧洲酸樱桃品种不多。下面介绍主要优良品种。

一、红灯

大连市农科所1963年用那翁×黄玉育成，1974年定名。我国目前的主栽品种之一。

树势强，生长旺，萌芽率中等，成枝力强，枝条粗壮，丰产性好，抗裂果。果实肾形，平均单果重9克，最大12克。果柄粗，较短。果面底色黄白色，紫红色，极富光泽。果肉厚，紫红色，较韧，硬度中等，汁较多，风味酸甜，含可溶性固形物17%，半离核，品质上等，果实5月底至6月上旬成熟，耐运输。有自花结实能力，但生产中必须配置授粉树，授粉品种以那翁、红艳、红蜜、先锋较好。

二、大紫

原产地俄罗斯，于1880—1885年引入我国山东烟台，现分布于烟台、大连、昌黎、西安、太原等地，为我国主栽品种。

树冠大，生长旺盛，树姿开张，成枝力强，小枝多，丰产。果实心脏形，单果重6~7克。果皮紫红色，果肉红色，肉质软，果汁较多，味甜，果肉可食部分占90%，含可溶性固形物12%~15%，品质上等。山东泰安5月上中旬成熟，辽宁大连6月中旬成熟。花粉较多，是许多品种的优良授粉品种。

三、意大利早红

原产法国，是Bigarreau Moreau和Bigarreau Burlat两个红色早熟品种的统称，20世纪90年代引入山东省，1999年通过山东省品种审定。

树体生长健壮，树姿较开张，幼树萌芽力和成枝力均强，开始结果早，丰产稳产，不裂果，不仅适合于露地栽培，而且特别适合于保护地促成栽培。果实短鸡心形，单果重8~10克，最大12克。果实紫红色，有光泽。果肉红色，细嫩多汁，含可溶性固形物11.5%，酸0.68%，品质上等。山东泰安果实5月中旬成熟。适应性强，抗寒、抗旱。

四、滨库

原产美国，现分布于大连、烟台、泰安、郑州等地。

树势强健，树冠大，开张，连续结果能力强。果实宽心脏形，平均单果重7.2克。果皮深红色，果肉粉红色，致密脆硬，汁中等多，甜酸适口，果肉可食部分占89.2%，品质上等。耐储运。辽宁大连6月中下旬成熟。

五、拉宾斯

原产加拿大，晚熟优良品种。

树势较强健，树姿开张，树冠中大，幼树生长快，半开张。萌芽率高，成枝力强，枝条粗壮。结果早，高产稳产，抗裂果。果实近圆形，平均单果重11.5克。果皮厚韧，鲜红色，充分成熟时紫红色。果肉黄白色，硬而脆，果汁多，甜酸可口，风味佳，含可溶性固形物16%，果实成熟后酸度下降，风味甜美可口，品质上等。山东烟台6月下旬果实成熟。耐储运。鲜食、加工兼用。自花授粉结实能力强，蜜蜂传粉坐果率更高，又是一个良好的授粉品种。

甜樱桃优良品种尚有那翁、雷尼、佳红、巨红、龙冠、芝罘红、斯太拉、先锋、佐藤锦、早红宝石、乌梅极早、抉择、维佳等。中国樱桃主要优良品种有大紫樱桃、垂丝樱桃、东塘樱桃、大窝娄叶、崂山樱桃、短柄樱桃等。

第二节　生物学特性

一、生长结果习性

（一）生命周期

中国樱桃定植后3～4年开始结果，12～15年进入盛果期，大量结果延续年限为15～20年，寿命50～70年。欧洲甜樱桃栽后4～5年开始结果，15年左右大量结果，盛果期延续约20年，寿命80～100年。欧洲酸樱桃栽后3年开始结果，7～8年后即大量结果，枝干寿命不过10～15年，因萌芽力强，不断更新，寿命可达数十年。密植丰产栽培结果期提前，其他年限相应缩短。

（二）根系

中国樱桃根系一般须根发达，垂直分布浅，水平分布范围大。集中分布层在土壤5～20厘米范围内，疏松土壤中为20～35厘米范围内。大樱桃根系浅。樱桃根蘖发生力强，特别是中国樱桃、欧洲酸樱桃和毛樱桃。

（三）芽

樱桃有叶芽和纯花芽。枝条顶芽都是叶芽；腋芽单生，只形成一个叶芽或花芽，只有生长健壮的酸樱桃有少量复芽。幼树和强旺枝上的腋芽多为叶芽，成年和衰老树的腋芽多为花芽。每一芽内形成2～7朵花，中国樱桃和欧洲甜樱桃4～6朵，欧洲酸樱桃3～4朵，毛樱桃1～3朵。

萌芽力以中国樱桃和欧洲酸樱桃最强，一年生枝上的芽几乎都可萌发，欧洲甜樱桃萌芽力较差，但隐芽寿命长，容易更新。樱桃芽也有早熟性。中国樱桃和欧洲甜樱桃休眠期很短，早春气温回升后易于萌动。

樱桃具有花芽分化时期集中，分化过程迅速的特点，从果实成熟后开始，40～50天完成。

（四）枝

结果枝的种类同杏。中国樱桃、欧洲酸樱桃和毛樱桃多以长果枝、中果枝、短果枝结果为主；欧洲甜樱桃大部分品种以花束状果枝结果为主，少数品种中果枝、长果枝多。欧洲甜樱桃的花束状果枝，年生长量一般为1～1.5厘米，呈单轴延伸，寿命长，在树冠中所占空间小，分布密度大，坐果率高，结果部位外移慢，产量高而稳定。

成枝力的高低常因种类、品种、树龄而不同。大樱桃中，酸樱桃品种毛把酸成枝力最强，甜樱桃栽培品种中，大紫、红灯、芝罘红等成枝力较强，那翁、滨库等成枝力弱。

叶芽萌动后新梢有一短暂的生长期，长成具6～7片叶、长5厘米左右叶簇状新梢，开花期间几乎无加长生长，谢花后进入迅速生长期。前期长出的叶簇新梢基部各节腋芽多能分化为花芽，而花后长出的新梢顶部各节，多不分化为花芽。

（五）花

樱桃为伞形花序，花朵为子房下位花。雌能败育的花朵柱头极短，矮缩于萼筒之中，花瓣未落，柱头和子房已黄萎，完全不能坐果。中国樱桃开花最早，欧洲甜樱桃居中，欧洲酸樱桃最晚。樱桃为自花不孕果树，某些甜樱桃品种虽有自花结实能力，但坐果率很低，必须配授粉品种。

（六）果实

樱桃从开花到果实成熟时间短，仅30～50天。第一次迅速生长期结束时，果实大小为采收时果实大小的53.6%～73.5%，硬核期果实的增长量占采收时的3.5%～8.6%，第二次迅速生长期占采收时的23%～37.8%。

果实在成熟前遇雨容易发生裂果。

二、对环境条件的要求

（一）温度

樱桃喜温，耐寒力弱，要求年平均气温12～14℃。一年中，大樱桃要求高于10℃的时间在150～200天。中国樱桃在日平均7～8℃，欧洲甜樱桃在日平均10℃以上开始萌动，15℃以上时开花，20℃以上时新梢生长最快，20～25℃果实成熟。冬季发生冻害的温度为–20℃左右，而花蕾期气温–5.5～–1.7℃、开花期和幼果期–2.8～–1.1℃即可受冻害。对低温的适应性，以欧洲甜樱桃杂交种较强，软肉品种次之，硬肉品种较差。果实第一次迅速生长期和硬核期平均夜温宜高，第二次迅速生长期平均夜温宜低，有利于缩短果实生长期，获得早熟果实。一般认为需冷量，欧洲甜樱桃为2 007～2 272小时，欧洲酸樱桃为2 566～2 787小时。

（二）水分

大樱桃是喜水果树，既不抗旱，也不耐涝。适于年降水量600～800毫米的地区。欧洲甜樱桃的需水量比欧洲酸樱桃要高一些。年周期中果实发育期对水分状况很敏感。

大樱桃根系呼吸的需氧量高，介于桃和苹果之间，水分过多会引起徒长，不利于结果，也会发生涝害。樱桃果实发育的第三期，春旱时偶尔降水，往往造成裂果。干旱不但会造成树势衰弱，更重要的是引起旱黄落果，以致大量减产。特别是果实发育硬核期的末期，旱黄落果最易发生。

（三）光照

樱桃是喜光树种，以欧洲甜樱桃为甚，其次为欧洲酸樱桃和毛樱桃，中国樱桃较耐阴。光饱和点为（40～60）$\times 10^3$勒克斯，光补偿点400勒克斯左右。在良好的光照条件下，树体健壮，果枝寿命长，花芽充实，坐果率高，果实成熟早，品质好。

（四）土壤

樱桃对土壤的要求因种类和砧木而异。一般说，除欧洲酸樱桃能适应黏土外，其他樱桃均生长不良，特别是用马哈利樱桃作砧木的最忌黏重土壤。欧洲酸樱桃对土壤盐渍化适应性稍强。欧洲甜樱桃要求土层厚、通气好、有机质丰富的砂质壤土和砾质壤土。土壤pH值在6～7.5条件下生长结果良好。耐盐碱能力差，忌地下水位高和黏性土壤。

第三节　栽培管理技术

一、关键技术

（一）土肥水管理

1. 土壤管理

樱桃对土壤要求比较严格，应注意改良土壤。深翻深度达到60厘米以上，并施入充足的有机肥，使粪土混匀，以加速土壤熟化过程。对先栽植后深翻的园，深翻时注意保护根系，因为樱桃树根粗，伤根后恢复慢，容易感染根头癌肿病。不要损伤较粗大的根，露出的根系，随时培土，严禁风吹日晒。深翻只宜在幼园进行，进入盛果期的樱桃园一般不宜深翻。沙地园，先压土；黏壤土园，先压沙，后行深翻。

大樱桃根系浅，山东烟台大樱桃产区，把深刨土壤作为一项重要措施。从幼树开始，年年进行，一年进行2次，第一次在冬春撒施基肥后，第二次在施完采后肥雨季发根高峰来临之前进行。深度20厘米上下，使粪、土充分混合均匀。深刨后整平地面，并使树盘内土面稍高，以免雨季积水成涝。草樱桃砧的大樱桃树，树体高大，根系浅，雨季遇风易整株倒伏，或大枝劈裂，应结合土壤改良与管理，做好树干培土。培土高度50～60厘米，土堆直径1～1.5米，呈圆锥形。幼树期至初果期在行间、株间间作，要根据樱桃与间作物的生长发育需要，分别或单独施肥、浇水，以减缓其间争肥争水的矛盾。

清耕园要进行中耕松土，特别在进入雨季之后，更要勤锄，松土，灭除杂草。

覆草宜在麦收后、采果前在树盘内进行，每株用草5～15千克，厚10～20厘米，其上撒一层约1厘米的园地土壤，以防风吹。冬季刨园时，将覆草翻入土中。

地膜覆盖宜选用厚度为0.07毫米的聚乙烯薄膜。覆膜后不再灌水和中耕除草。1年后薄膜老化破裂时，进行更换，继续覆盖。

2. 施肥

樱桃具有树体生长迅速，发育阶段明显而集中的特点。大樱桃对氮、钾的需要量最多，且数量相近，对磷的需要量低得多。氮、磷、钾的适宜比例在10：1.5：（10～12）。欧洲甜樱桃施肥量多于中国樱桃。基肥用有机肥比单施化肥效果好。施用量约占全年的70%。幼树和初果期株施人粪尿30～60千克，或用猪圈肥125千克左右，幼树期加速效氮肥150克左右，初果期亦可混入复合肥，做到控氮、增磷、补钾。结果大树株施人粪尿60～90千克，或每亩施猪圈粪3 500～5 000千克。

追肥主要在花果期和采果后。开花结果期间，对营养条件要求较高，可在花前或果实第一次迅速生长期土壤追肥，主要施速效氮肥，每株人粪尿30千克左右，放射状沟施入，或用尿素1.5～2千克，多随水施入。土壤追施氮肥，不宜在硬核和胚发育期以后进行。叶面施肥，花期进行1～2次，用尿素或磷酸二氢钾，也可再加硼砂混合喷施。谢花后可喷400倍氨基酸复合微肥液，或用200倍稀土微肥液。果实着色期喷磷酸二氢钾。采果后追肥，株施60～75千克腐熟人粪尿，或用腐熟猪粪尿100千克，或用腐熟豆饼2.5～5千克，或复合肥1～2千克。

3. 灌水与排水

樱桃从开花到果实采收期间需养分、水分较多，但这一时期降水量较少，要注意灌水。一年灌水3～5次。

花前水在发芽到开花前进行，这次水可降低地温，延迟花期，避过晚霜。若非如此，要避免土温降低，灌水量要小，宜用水库、水塘的水，井水最好增温后再用。花后水在谢花后果实如高粱粒大小时进行，这个时期对水分供应最敏感。采前水正值果实迅速生长期，适期浇水增产幅度大。这次水浇晚了，采收期会延迟，且果实成熟期不一致。采后水在果实采收后立即进行，浇水量宜少不宜多，浇后短期干旱有利花芽形成。封冻水在10月施基肥后进行，要浇透浇足。

排水与灌水同样重要，樱桃园雨季积水要及时排出。

（二）整形修剪

1. 主要树形

中国樱桃和欧洲酸樱桃多采用丛状形、主干自然形，欧洲甜樱桃可采用自然开心形、主干疏层形、纺锤形。

纺锤形干高40～60厘米，树高3米左右，中心干上着生主枝8～10个，主枝间距25厘米，方向互相错开，同方向主枝间距70厘米左右。定干80～100厘米，定干后刻芽，促发多新梢培养主枝，第二年和第三年发芽前对主枝进行刻芽。生长季新梢长至15厘米左右时进行摘心，促其长成短果枝或花束状果枝。第三年夏季5月下旬喷200～300倍液的多效唑控制树势。秋季或春季进行拉枝，骨干枝开张角度80°，临时枝拉角至90°。休眠期疏除无利用价值的徒长枝、竞争枝、重叠枝、病虫枝。

2. 休眠期修剪

休眠期修剪时间宜晚不宜早，一般以3月中下旬萌芽前为宜。休眠期修剪宜轻不宜重，除对各级骨干枝进行轻短截外，其他枝多行缓放，待结果转弱之后，再及时回缩复壮，疏枝多用于除去病枝、断枝、枯枝等。

幼树期要根据树形的要求选配各级骨干枝。中心干剪留长度50厘米左右，主枝剪留长度40～50厘米，侧枝短于主枝，纺锤形留50厘米短截或缓放。注意骨干枝的平衡与主次关系。严格防止上强下弱，用撑枝、拉枝等方法调整骨干枝的角度。树冠中其他枝条，斜生、中庸的可行缓放或轻短截，旺长枝、竞争枝可视情况疏除或进行重短截。

初果期除继续完成整形外，注意结果枝组的培养。树形基本完成时，要注意控制骨干枝先端旺长，适当缩剪或疏除辅养枝，对结果多年结果部位外移较快的疏散型枝组和单轴延伸的枝组，在其分枝处适当轻回缩，更新复壮。

盛果期要休眠期和生长期结合，调整树体结构，改善冠内通风透光条件，维持和复壮骨干枝长势及结果枝组生长结果能力。一是骨干枝和枝组带头枝在其基部腋花芽以上的2～3个叶芽处短截；二是经常在骨干枝先端2～3年生枝段进行轻缩剪，促使花束状果枝向中、长枝转化，复壮势力。对结果多年的结果枝组，也要在枝组先端的2～3年生枝段缩剪，复壮枝组的生长结果能力。

从盛果后期开始在骨干枝衰弱时，及时在其中后部缩剪，至强壮分枝处。进入衰老期，骨干枝要根据情况在2～3年内分批缩剪更新。

3. 生长期修剪

主要在新梢生长期和采果后的这段时间里进行。幼树期，骨干枝延长枝长至40～50厘米时进行摘心，促使侧芽萌发抽枝，生长旺盛的可连续摘心。萌芽后进行抹芽疏梢，除去无用和有害的芽和梢。其余新梢长到15厘米左右摘心。幼树每年进行2次，盛果期进行1次。秋季进行拉枝，开张骨干枝角度。衰老期骨干枝进行回缩更新后发出的多个旺长新梢，选留1个作为新骨干枝培养，待长到50厘米左右时适时摘心，同幼树培养骨干枝相同。其余新梢疏除或摘心、拿枝等处理培养结果枝组。盛果期疏枝在采果后进行，疏除过密枝、过强枝、紊乱树冠的多年生大枝，以及后部光秃、结果部位外移的大枝，本着“影响一点去一点，影响一面去一段”的原则，高级次大枝以疏剪为主，低级次大枝，特别是骨干枝以缩剪为主。采果后疏大枝，伤口容易愈合，不至于削弱树势。

（三）花果管理

1. 保花保果

为提高坐果率，除建园时配置授粉树外，还应进行人工授粉、访花昆虫辅助授粉，同时防止自然灾害。授粉时间从开花当天至花后4天，这时花的授粉能力最强。人工授粉时，既可人工点授，也可采用授粉器授粉。蜜蜂授粉时，每公顷放2箱。也可用壁蜂进行授粉，每亩需壁蜂150～200只。据试验，花期喷布20毫克/千克赤霉素，坐果率可提高53%。

防止霜冻可采用早春灌水、树体喷5%石灰水避开霜期；霜冻来临前熏烟，也可于萌芽前喷布0.8%～1.5%食盐水或200倍液高脂膜延迟花期，避开霜冻。

预防和减轻裂果，可以采取选择抗裂果品种、稳定土壤水分状况、采收前喷布钙盐和架设防雨篷帐等技术措施。架设防雨篷帐还能防止鸟害，亦可用撒鸟网的办法。

2. 疏花疏果

疏蕾在开花前进行，主要是疏除细弱果枝上的小蕾和畸形蕾，一个花束状果枝上，保留2～3个饱满壮花蕾即可。疏果在生理落果后进行，一般一个花束状果枝留3～4个果，最多5个。疏除小果、畸形果和着色不良的下垂果，保留正常果。

3. 着色管理

促进果实着色的方法包括摘叶和铺设反光材料。摘叶是在果实着色期，将遮挡果实浴光的叶片摘除，摘叶切忌过重。果实采收前10～15天，在树冠下铺设反光膜，可增强光照，促进果实着色。

4. 果实采收

樱桃成熟不一致，应随熟随采，分批采收，一般2～3次，整个采收期1周左右。当地销售的鲜食果实，在果实成熟、充分表现出本品种的果实性状时采收。外销鲜食或加工制罐，在果实八成熟左右时采收，比当地销鲜食提前5天左右。用作当地酿酒的，要待果实充分成熟时采收。采收时，用手握紧果柄，食指抵住果柄基部，轻轻按捺即可采下，要轻采轻放，避免损伤果面。外销鲜食和加工制罐果实，由于成熟度低，果柄基部离层尚未完全形成，采收时，不要损伤花束状果枝。采收后的果实，要先在园内的集中场地进行初选，挑除青绿小果、病僵果、虫（鸟）蛀果、霉烂果、双果和“半子果”等，然后装在筐中运往包装场分选包装。

二、周年管理要点

（一）休眠期

（1）喷保护剂　防止冻害和抽条现象的发生，每月喷1次羧甲基纤维素250～300倍液进行保护。

（2）整形修剪　轻剪长放，疏间密集的中小型枝，细弱冗长枝回缩到壮枝、壮芽处；树液流动后拉枝，剪锯口涂油漆保护。

（3）喷药　萌芽前，喷3～5波美度石硫合剂，要均匀喷到。

（4）施肥、浇水　浇返青水，地表稍干时中耕浅锄，以利保墒和提高地温。萌芽前追施氮肥，一般初结果期每株树施尿素1～2千克。追肥后结合灌水，满足开花的需要。

（5）刻芽　萌芽前，在侧芽以上0.2～0.3厘米处刻芽，刺激其促发短枝。

（6）花前复剪　对花量大的树及时进行复剪、调整花叶芽比例，疏掉过密过弱花、畸形花。

（二）开花坐果期

（1）捉虫、喷药　早晚人工振树，铺塑料布捉拿金龟子，也可在盛花期喷1次杀虫剂进行防治。

（2）授粉　花期可用鸡毛掸子在不同品种树间互相滚动，以利传粉；在果园内放蜂，传粉效果更好。

（3）喷激素　于盛花期、盛花后10天连续2次喷2～8毫克/千克的赤霉素，提高花朵坐果率。

（4）叶面施肥　喷尿素300倍液和磷酸二氢钾300倍液。

（5）追肥　坐果后配方施肥，每生产100千克樱桃，施氮1.2千克、五氧化二磷0.6千克、氧化钾1.2千克，施腐熟鸡粪，4～5年生结果树每株25千克。

（三）果实发育期

（1）喷药　防治桑白蚧、红蜘蛛、卷叶蛾、潜叶蛾、蚜虫类等，喷噻螨酮1 500倍液，或25%灭幼脲3号悬浮剂2 000倍液。

（2）浇水　硬核期浇水，有利于果实膨大，一般可增产20%～30%。

（3）铺反光膜　树下铺银色反光膜，能促进果实着色均匀，增加其鲜艳度，提高其商品品质。

（4）夏季修剪　外围新梢长到40厘米左右时，留25厘米短截。对新生直立枝、斜生枝，留5～10厘米反复摘心。

（5）防鸟害　喜鹊、乌鸦、麻雀等鸟类往往在果实成熟时喜啄食果实，可立假人或人工驱赶。

（6）摘叶　在果实着色期，将遮挡果实的叶片摘掉。

（7）防治流胶病　一般从6月开始发生流胶病，应及时人工刮治。

（8）采收　6月上中旬采收，要轻采、轻放、避免损伤果实，应分期分批采收。避免损伤花束状果枝，以免影响翌年产量。

（四）生长后期

（1）追肥　采收后，每株初结果树可施磷酸二铵1千克左右，也可结合喷药加喷300倍液尿素或磷酸二氢钾。

（2）浇水、排涝　6月下旬以后视墒情及时灌水，防止干旱。进入雨季后，保持水土防涝害，注意排水防涝。

（3）喷药　6月下旬防治穿孔病，喷甲基硫菌灵或用代森锰锌；齐螨素可防治红蜘蛛、潜叶蛾，代森锰锌防治早期落叶病。7月中旬喷药，主要防治叶螨、潜叶蛾、穿孔病、早期落叶病等。8月下旬喷0.3波美度石硫合剂，防治桑白蚧；喷哒螨灵，防治红蜘蛛。

（4）人工除虫　6—7月，天牛和金缘吉丁虫对樱桃树体为害相当大，可人工捕杀成虫、挖除幼虫。

（5）清园　10月落叶后，及时清扫果园，将落叶、残枝收集一起，集中深埋或烧毁，以消灭越冬病虫害。

（6）施基肥　9月秋施基肥，每株结果树施40千克鸡粪，有利于花芽的继续分化和安全越冬，可环状沟施，也可隔行施肥。

（7）浇封冻水　土壤结冻前灌一次透水，以满足冬、春季节果树对水分的需要，防止冻害的发生。

第十二章　猕猴桃

猕猴桃果实含有丰富的糖类、果酸、氨基酸、矿质元素及维生素，据分析，每100克鲜果中含维生素C 150～420毫克，有“维生素果”之称。猕猴桃果实除鲜食外，还可加工成多种营养品。猕猴桃还可医用。

第一节　优良品种

猕猴桃又名阳桃、仙桃、毛桃、藤梨等，属猕猴桃科猕猴桃属，为多年生藤本果树。在全世界目前已知的61个猕猴桃种中，有59个种分布中国，其中包括：开发利用价值高且作为栽培品种利用最多的中华猕猴桃、美味猕猴桃。目前，我国主要栽培的品种有以下几种。

一、早鲜

由江西省农业科学院园艺研究所选出。该品种为目前国内早熟品种中栽培面积最大的一个品种。果实圆柱形，平均单果重83.4克，果肉黄色或绿黄色，果心小，质细多汁，微清香。含可溶性固形物12.5%～16.4%，维生素C 73.5～112.8毫克/100克鲜果肉，并含有16种游离氨基酸，品质优良。果实采收期为8月中下旬至9月初。果实在室温条件下可存放10～15天，货架期10天左右。树势较强，以短缩果枝和短果枝结果为主，花朵着生在结果枝1～9节叶腋间，较丰产。

二、秦美

由陕西省果树研究所选出，是目前我国栽培面积最大的品种。果实近椭圆形，果皮褐色，平均单果重102.5克，果肉绿色，肉质细嫩多汁，有香味。含可溶性固形物10.2%～17%，维生素C 190～354毫克/100克鲜果肉，品质优良。果实采收期为10月下旬至11月上旬。耐储藏，室内常温（10℃）下可储藏100天。以中果枝和长果枝结果为主，结果枝多着生在结果母枝的第5～12节。结果早，丰产稳产，抗逆性强，适应性广，适宜pH值在6.5～7.5的壤土及砂土条件下栽培。

三、Hort-16A

由新西兰选出的中华猕猴桃新品种，目前已取代现有种植的海沃德品种，是公认的果实品质最佳的品种之一，是鲜食和加工用型品种。果实倒圆锥形或倒梯柱形。平均单果重80～105克。果皮绿褐色，果肉金黄色，质细多汁，极香甜，维生素C含量为120～150毫克/100克鲜果肉。

四、华美2号

由河南省西峡猕猴桃研究所选出。目前该品种已成为西峡的主栽品种。果实长圆锥形，果皮黄褐色，平均单果重112克，果肉黄绿色，肉质细嫩多汁，富有芳香。含可溶性固形物14.6%，维生素C 152毫克/100克鲜果肉。9月上中旬成熟。果实耐藏性好。以中长果枝结果为主。结果部位在1～3节。抗逆性强。

五、海沃德（Hayward）

由新西兰选出。除中国之外，为世界各猕猴桃种植园的主栽品种。果实椭圆形，果皮绿褐色平均单果重80克，果肉绿色，致密均匀，有香味。含可溶性固形物12%～15%，维生素C 50～76毫克/100克鲜果肉。耐储性优良，果实货架期长。但早熟性、丰产性较差。该品种生长势中庸，以长果枝结果为主，结果枝多着生在结果母枝的第5～12节。

六、郑雄1号

由中国农业科学院郑州果树研究所选出。中华猕猴桃雄性品种。该品种生长旺盛，花粉量大。在郑州花期为4月下旬至5月初，花期长，15～20天。是美味猕猴桃雌性品种较好的授粉品种。

七、磨山4号

由中国科学院武汉植物研究所选出。中华猕猴桃雄性品种。该品种花粉量大，花期长，15～20天（一般猕猴桃雄性品种花期一周左右），可与大多数中华猕猴桃雌性品种花期相遇。

第二节　生物学特性

一、生长习性

猕猴桃为落叶藤本果树，一般实生苗5～6年开始结果，嫁接苗定植后2～3年就可以结果，4～5年就可以进入盛果期，经济寿命长。自然生长的猕猴桃百年大树，仍然果实累累。

（一）根

猕猴桃为肉质根，新根开始呈白色，以后逐渐变成褐色。老根为灰褐色或黑褐色，有很强的再生能力。猕猴桃为浅根性植物，主根不发达，细根特别发达而稠密。在一般土壤条件下，成年植株根系垂直分布在40～80厘米深的土层中。水平根分布范围很广，远远超过地上部枝蔓的伸展范围。在土质疏松、土层深厚、土壤团粒结构好、腐殖质含量高和土壤湿度适宜的园地，其水平根系分布可达地上冠径的3～4倍。

猕猴桃根系在适宜的温度条件下，可终年生长而无明显的休眠期。一般在新梢迅速生长期后和果实发育后期，有3～4次生长高峰期。

（二）芽

通常1个叶腋间有1～3个芽。其中间较大的为主芽，两侧较小的为副芽，副芽一般呈潜伏状。当主芽受伤或枝条短截时，副芽便萌发生长，有时主芽、副芽同时萌发。潜伏芽的寿命较长，有的可达数十年之久，可以用于树冠更新。

主芽可分为花芽和叶芽两种。苗期和徒长性枝条上的芽多为叶芽，成年树上的粗壮的营养枝或结果枝的中上部芽，往往较易形成花芽。猕猴桃的芽具早熟性。已经开花结果部位的叶腋间的芽，一般不能再萌发而成为盲芽。

（三）枝

猕猴桃为蔓性果树，其枝条根据性质和功能的不同可分为营养枝、结果枝和结果母枝等。

1. 营养枝

指只长枝叶，不能开花结实（雌株）或不能开花（雄株）的新梢。

2. 结果枝

能够开花结果的新梢（雄株称开花枝或简称花枝），可分为徒长性结果枝（100～150厘米）、长果枝（50～100厘米）、中果枝（30～50厘米）、短果枝（10～30厘米）和短缩果枝（＜10厘米）。品种间结果枝的主要类型有所不同，有的品种短缩果枝也能很好结果。

3. 结果母枝

抽生结果枝的1年生枝，通称结果母枝（或开花母枝）。发育良好的发育枝和结果枝，当年都可成为结果母枝。

猕猴桃枝条常按顺时针方向旋转（右旋），盘绕支撑物，向上生长。极性很强，有明显的背地性，但无卷须，短枝没有攀缘能力，仅长枝的先端部分有攀缘能力。枝条在生长过程中，有顶梢自死现象，即所谓“自剪现象”。被土或腐叶层埋住的枝蔓常会产生不定根。

猕猴桃枝条一年有2～4次生长高峰：第一次从萌芽后至开花期（4月上旬至5月下旬），第二次在7月，9月以后新梢生长趋缓慢。猕猴桃在自然状态下，枝条可萌发二次副梢和三次副梢，副梢也可发育成较好的结果母枝（图12–1）。

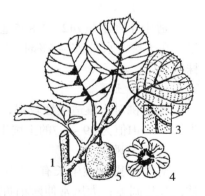

1—枝；2—叶；3—叶部分放大；4—花；5—果

图12–1　软毛猕猴桃形态

二、结果习性

猕猴桃为雌雄异株植物。其花芽为混合芽，芽体肥大饱满，通常着生在结果母枝第3～7节，萌发后抽生结果枝，再在结果枝基部2～3节形成花蕾，开花结果，一般着果2～5

个。雄株开花母枝抽生花枝能力强，花量也大。

猕猴桃的花，不管是雌花还是雄花，从植物形态学上看是两性花（完全花），生理上的单性花。但近年来也发现有雌花、雄花同株的猕猴桃植株。猕猴桃的雌花，有单生和两歧聚伞花序两种；雄花多为两歧聚伞花序，单生花很少。河南郑州地区中华猕猴桃花期在4月中下旬，美味猕猴桃花期在5月上旬。

猕猴桃花芽（混合芽）分化进程中，生理分化在上一年的7月中下旬至9月上旬，形态分化一般是在萌芽前至花蕾露白前进行。

猕猴桃的果实是浆果。未经采摘的成熟果实，经霜冻后，仍可挂在植株上，生产上可采取此法进行计划采摘或短期储藏。猕猴桃种子很小，形似芝麻。

三、猕猴桃对环境条件的要求

（一）温度

温度是猕猴桃发育极其重要的条件之一，大多数种类要求温暖湿润的气候，即亚热带或暖温带湿润和半湿润气候。中华猕猴桃和美味猕猴桃要求无霜期不少于160天，极端最高气温为42℃，极端最低气温为-20.3℃的地区，能正常生长，以年平均气温15～18℃的地区最为适宜。猕猴桃对早春倒春寒、晚霜及早霜，十分敏感。在低温度、霜害地区，用埋土防寒等措施，可取得良好效果。

（二）光照

猕猴桃比较喜光，成龄树攀缘至高处受光才能大量结果，但有强光暴晒则易出现叶缘焦枯、果实日灼。幼苗喜阴凉，怕强光直射。

（三）水分

适于年降水量742～1 865毫米、空气相对湿度74%～86%的环境。中华猕猴桃不耐旱，在土壤含水量5%～6%时，叶子开始萎蔫。中华猕猴桃也不耐涝，长期积水会导致植株枯萎死亡。

（四）土壤

猕猴桃对土壤适应性较强，最适宜在土层深厚、肥沃、疏松的腐殖质土和冲积土上生长。在pH值为4.9～6.7的土壤生长较好，在碱性土壤中生长不良。

（五）风

对中华猕猴桃生长有一定影响。春季干风常使枝条干枯；夏季干热风常使叶缘焦枯，叶片凋萎；大风常使嫩梢折断，叶片破碎，果实擦伤。因此，在多风地区建园应设置防风林。

第三节　栽培管理技术

一、关键技术

（一）繁殖技术

繁殖方法有播种、嫁接、扦插、压条和组培等，生产上采用最普遍的是嫁接和扦插法。

1. 嫁接

主要采用单芽片腹接、单芽枝腹接等方法。猕猴桃培育砧木苗主要注意出苗前后进行覆盖和遮阴。

（1）单芽片腹接　春夏秋季都可采用此法，2月成活率及萌芽率较高。当砧木嫁接部位直径达0.5厘米以上时嫁接。削芽片：在接芽下约1厘米处，以45°角度斜切到接穗直径的2/5处，再从芽上方约1厘米处，沿形成层往下纵切，略带木质，直到与第一刀底部相交，取下芽片，全长2～3厘米。切砧木：在砧木离地面5～10厘米处，选择光滑面，按削芽片同样方法切削，使切面稍大于接芽片。嵌芽片：将芽片嵌入砧木切口对准形成层，上端最好稍露白，用塑料薄膜带捆绑，露出接芽及叶柄即可（图12–2）。

1—削芽片；2—切砧木；3—嵌芽片及包扎

图12–2　单芽片腹接

（2）单芽枝腹接　春夏秋季都可采用此法（早春应在猕猴桃伤流期前20～30天进行）。砧木充实（粗度0.6～1.5厘米）易成活。接穗为带一个芽的枝段，从芽的背面或侧面选择一个平直面，削3～4厘米长，深度以刚露木质部为度的削面。在其对应面削50°左右的短斜面。砧木于离地面10～15厘米处，选较平滑的一面，从上向下切削，并将削离的外皮保留1/3切除。然后插入接穗，用塑料薄膜条包扎，露出接穗芽即可（图12–3）。

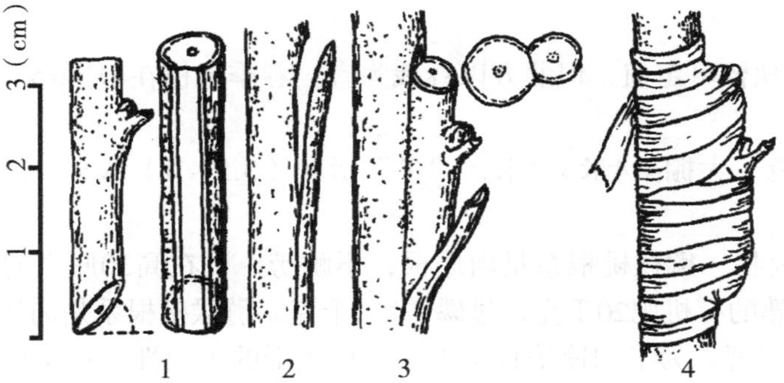

1—削接芽；2—切砧木；3—插接芽；4—包扎

图12–3　单芽枝腹接

2. 扦插

分硬枝插、嫩枝插和根插3种。硬枝插一般在伤流期前进行。插条选健壮且腋芽饱满，粗0.4～0.8厘米的一年生枝条。插条亦可在冬季休眠修剪时采集，如不能立即扦插，可行沙藏。插剪后留有2～3个芽，下部靠节下平剪，上部距芽上1～2厘米剪断，剪口要平滑，并用蜡密封。插条基部经生长调节剂蘸浸，能促进发根，提高插活率。中国科学院武汉植物研究所用植物生长素IBA 5 000毫克/升浸5秒，生根率在81.8%。嫩枝插选当年生半木质化枝条作插穗，长度随节间长度而定，一般2～3节。距上端芽1～2厘米处平剪，并留一片或半片叶，下端紧靠节下剪成斜面或平面，剪口要平滑。中国科学院北京植物园用NAA 200毫克/升或IBA 200毫克/升处理，生根率分别为76.8%和83.3%。扦插后灌水，以后注意床土不要供水过多，生长期间注意喷水，保持相对湿度在90%左右，土温20～25℃。如果气温升高，可喷水降温，或揭开部分塑料薄膜通风降温。逐渐增加通风的次数，延长揭薄膜的时间，锻炼幼苗，一个半月至两个月后，可将薄膜全部揭去。秋末将扦插苗移植盆内，放在冷室，保持一定湿度，翌春定植。

（二）建园技术

1. 园址选择

猕猴桃对环境条件要求较高，喜温暖湿润、土壤肥沃、光照充足的条件，但怕强风、怕旱涝、怕霜冻、怕盐碱。因此，园址应选在年均气温12℃以上，极端最低温度不低于–16℃，年降水量在1 000毫米以上，空气相对湿度不低于70%，轻壤土、中壤土或砂壤土，土层深厚，土质疏松，富含有机质，排水保水性能好，土壤pH值在6～7，地下水位在1米以下的地区为好。

2. 苗木要求

苗木应品种纯正、无检疫性病虫害、生长健壮。选抗病力强、品质好、商品性好的品种。中华猕猴桃品种使用中华猕猴桃或美味猕猴桃做砧木，美味猕猴桃品种使用美味猕猴桃做砧木。

3. 授粉树的配置

猕猴桃是雌雄异株果树，定植时必须配置授粉树，配置比例为1∶（5～8），授粉树要选择花期能与雌株相遇、花量多、花期长的雄株品种。

4. 定植

猕猴桃春、秋皆可定植，但北方以春栽为宜。春季定植在4月至5月中旬，秋植在10月上中旬。

（1）行株距　大棚架4米×4米，“T”形架（3.5～4）米×（2.5～3）米，篱架3米×3米。

（2）高垄栽植　猕猴桃根系是肉质根，不耐涝，可在高30厘米的垄上栽植。定植时，每穴施入腐熟的有机肥20千克，过磷酸钙1千克。猕猴桃根系是肉质根，不耐践踏，埋土后轻轻踏实即可。为了加速培育主干、增加主干的牢固性，在定植时需立支柱，将发出来的新干绑在支柱上，使垂直向上迅速生长。

（3）遮阴及防寒　定植之后在苗的周围插上带叶的枝条覆盖，使透光率在30%左右。也可在行间靠近苗木播种生长迅速的高秆作物，春季、夏季利用其枝、叶、茎秆遮阴，到了秋季，间作物枝叶干枯，小树则暴露在全光照之下生长，有利越冬。春季风大的地区，定植之后将苗按倒用土盖上，发叶时除去盖土；或用塑料膜盖上，发叶时剪洞将枝条露出来。秋栽的，栽后盖土越冬。

（三）整形修剪技术

1. 主要架式和整形过程

（1）架式 猕猴桃架式有主要篱架（单、双）、棚架（平顶、倾斜）及“T”形小棚架。棚架，基本与葡萄架相同。篱架，高1.8～2米、架距4～6米，架上牵引3道铁线，第1道铁线距地面60厘米，第2道距第1道60～70厘米、第3道距第2道60～70厘米。“T”形小棚架，架高1.8～2米、架距3～4米、架顶横梁宽1.5～2米，其上拉3～5道铁线。在支柱上，从地面向上相距60～70厘米拉两道铁线。这样，在前3～5年内以篱架为主，同时培养棚架，当架面布满后，逐步淘汰篱架部分，最终形成“T”形架。

（2）整形 篱架可用多主蔓扇形、双臂双层水平形或双臂三层水平形；平顶大棚架是“T”形小棚架的扩大，整形方法基本相同，只是主蔓稍多。

“T”形小棚架主要采用双臂三层水平整形层。苗木在两根支柱中间定植后，留3～5个饱满芽短截。春季选留三个生长健壮的新梢直立绑缚，将其中一枝培养为主干，另外两个新梢培养成第一层铁丝上的主蔓。培养第一层主蔓的新梢达到一定长度后绑缚到第一层铁丝的两边。培养主干的新梢长到第二层铁丝以上时摘心，产生分枝，可培养出第二层，用同样的方法可培养出棚架上的第三层，只是第三年时不需培养主干。棚架形成后，篱架逐渐失去结果能力，一般4～5年后，逐步疏除第一二层主蔓。

2. 修剪特点

猕猴桃冬季修剪在落叶后至伤流期之前进行（11月中旬至翌年2月上旬）。过迟修剪，容易引起伤流，危害树体。

（1）冬季修剪 疏除细弱枝、枯死枝、损伤病虫枝、过密枝、交叉枝、重叠枝、无利用价值的根蘖枝，以及生长不充实、无培养前途的发育枝。

①徒长枝。从剪锯口下萌发的多疏除，有空间时留3～4个饱满芽短截；从下垂的多年生侧蔓后部背下萌发的，回缩掉衰老部分，留5～7个芽短截；发生于营养枝或徒长性结果枝的留6个芽短截，缓和枝势。

②发育枝。留6～10个芽短截。发育枝数量较多时，可将一部分枝留2～4个芽短截作预备枝。枝量不足时，尤其是幼树，可利用当年的二次枝或三次枝作结果母枝，不必全部疏去。

③结果枝。徒长性结果枝、长果枝、中果枝和短果枝分别在盲节以上留7个、6个、4个和3个饱满芽短截；短缩果枝或缓放或疏除。“T”形架每30～50厘米留一结果母枝，篱架每30～45厘米留一个结果母枝，即每平方米留结果母枝3个。保证生长季每平方米架面留正常结果枝10～12个。

短截时剪口芽以上要留3～4厘米残桩，防止剪口芽枯死。

（2）枝蔓更新 猕猴桃生长旺盛，节间较长，结果部位容易上升或外移，从而导致树势弱、产量低和品质差，须进行枝蔓更新与修剪。枝蔓更新主要根据被更新枝条的生长状况而定。可将结果母枝回缩到健壮部位或基部1～2个结果枝。更新结果母枝，要有计划地进行，一般每年对全树1/3左右的结果母枝进行更新，尤其是棚面上的母枝。

（3）夏季修剪 多从花后5天开始，主要工作有以下几项。

①绑蔓。（参见葡萄）。

②抹芽。及早抹除砧木上的萌蘖，主干、主蔓及大锯口下产生的萌芽（除作预备枝外），双生芽、三生芽（只留1个），直立向上的徒长的芽，结果母枝或枝组上的密生的、位置不当的、细弱的芽。

③摘心。宜在开花前后进行，主要是对旺长新梢摘心。徒长枝如作预备枝，留4～6片叶摘心，可促发二次枝。发育枝可留14～15片叶摘心。结果枝可从开花部位以上留7～8片叶摘心。摘心后的新梢先端所萌发的二次梢一般只留一个，待出现2～3片叶后反复摘心。或在枝条突然变细、叶片变小、梢头弯曲处摘心。

④疏梢、剪梢。对抹芽、摘心所遗漏的旺长新梢，坐果后要进行疏梢、剪梢。疏除过密向上的旺梢、交叉横生梢、生长不充实的营养竞争梢、受损梢、病虫梢。剪除新梢生长前端的卷曲、缠绕部分。离地面较近的下垂枝，从距地面50厘米处短剪。使叶幕厚度达到1米。叶面积系数达到2.8～3。

⑤疏花疏果。疏果在谢花后1～2周进行。疏花重点是掐去花序上的侧花蕾，以及结果梢上部迟开的花蕾。侧花果、畸形果、特小果、病虫果、损伤果均应疏去。同一枝上，中上部花先开，果个大，尽量疏去基部的。长果枝、中果枝、短果枝留果数分别为5～7个、3～5个、2～3个。徒长性结果枝一般不疏花果。结果枝与营养枝之比达到3：2，叶果比达到（6～8）：1。

（4）雄株的修剪

①冬季修剪。主要疏除细弱枝、枯死枝、扭曲缠绕枝、病虫枝、交叉重叠枝、过密枝和不必要的徒长枝。轻截生长充实的各次枝。短截留作更新的徒长枝、发育枝。回缩多年生衰老枝。

②花后复剪。花谢后清理树冠，保持通风透光。

③夏季修剪。对新梢反复摘心，使之成为翌年充实的开花母枝。对枝蔓进行引缚，防止相互纠缠。控制树冠大小，以扩大邻近雌株生长结果面积。

（四）主要病虫害防治技术

1. 溃疡病

（1）识别与诊断　该病为毁灭性细菌病害。主要为害主干、枝条、叶片和花蕾。主干和枝条受害，后期病部皮层开裂，流出清白色黏液，这种黏液潮湿时与植物伤流混合后，呈黄褐色或锈红色。叶片感病后，在新生叶片上呈现褪绿小点，水渍状，后发展为2～3毫米深褐色有黄晕圈的不规则形斑。花蕾受害后不能张开，变褐枯死，受害轻的花蕾能开放，但这样的花所结的果实一般较小，易脱落或成为畸形果。

（2）发生规律　猕猴桃溃疡病菌，是一种腐生性强、不耐低温的细菌。病菌主要在有病枝蔓上越冬。借风、雨、昆虫、修剪刀、农具等传播。此病在一年中有两个发病时期：第一个发病时期在春季萌芽前期至谢花期。一般3月初发病，4月下旬开始严重，随温度升高发展减缓，谢花期病害停止扩展；第二个发病时期在秋季果实成熟前后，一般在9月中旬开始发病。

（3）防治技术　对该病应采用以农业防治为主，辅以药剂防治的综合防治方法。

①农业措施。选用抗病品种，加强肥水管理，提高综合抗病能力，适时修剪和绑束枝蔓，剪除病枝蔓叶，集中烧毁。

②药剂防治。萌芽前，用3～5波美度石硫合剂或0.7：1：100倍波尔多液喷雾。在3月初和9月中旬，可用70%的代森锰锌可湿性粉剂600～800倍液，或用20%噻枯唑可湿性粉剂600～800倍液。枝蔓上流菌脓时，用50%琥胶肥酸铜20倍液，或用代森铵30倍液，涂抹病斑。

2. 线虫病

（1）识别与诊断　猕猴桃根线虫病，是一种检疫性病害。目前发现为害猕猴桃的主要是根结线虫属和根腐线虫属。

苗期受害，植株明显矮小，叶片黄瘦，新梢短而细弱。在夏季高温季节的中午，病株叶片常表现出暂时失水状态，早晚温度降低以后，才恢复原状。

成年株受害后，树势衰弱，叶片变小，叶面积渐减，易发黄，秋季提早落叶，结果少。果实小而僵硬，品质差。抵抗其他病害的能力下降。

根系受根结线虫为害后，嫩根上产生细小的肿块或小瘤，数次侵染后形成较大的瘤。受根腐线虫为害，细根呈丛状。

（2）发生规律　其致病线虫有3种：一种为北方根结线虫（*Meloidogyne hapla*）；另两种为南方根结线虫（*M. incognita*）和花生根结线虫（*M. arenaria*），其中南方根结线虫为优势种。

根结线虫以卵、幼虫和成虫在有病组织或土壤中越冬。感病苗木是远距离传播此病的主要途径。此外，带有病原线虫的肥料和农具等，也能传播此病。根结线虫以二龄幼虫侵染幼根，分泌毒素刺激受害部位产生肿瘤。线虫自卵发育到成虫，一代所经历的时间一般为35天左右。其世代间有明显的重叠现象。

（3）防治技术　猕猴桃受根结线虫为害后，便不能根治。所以，对根结线虫重在预防。

①农业措施。栽过葡萄、棉花和曾育过果苗的地块，最好不要用来栽植或培育猕猴桃苗。采用水旱轮作（水稻—猕猴桃苗，每隔1～3年）育苗，对防止感染根结线虫有很好的效果。选择不带病原线虫的土地建园，是防治根结线虫的重要措施之一。一经发现病苗，就要挖取烧毁。要严格检疫。

②药剂防治。对轻患病苗，可先剪去带病根，然后将剩下的根全部浸入杀螟丹溶液中1小时。在果园内，每亩用1.8%阿维菌素乳油680克，兑水200升，浇施于耕作层（深15～20厘米），效果较好。

二、周年管理要点

（一）休眠期

冬季整形与修剪，猕猴桃定植后1～2年，其冬季修剪主要以轻剪长放为主，3～4年生树，以轻剪并辅以短剪为主，五年以上树，篱架猕猴桃主要以轻重短截及疏枝为主。萌芽前，修整篱架，上架绑蔓。

清洁果园。全园喷1次3～5波美度石硫合剂，用于防治多种病虫害。

萌芽前追肥，肥料以速效性氮肥为主，配合磷、钾肥，施入量为幼树15 千克/亩，成年树30千克/亩，加硼砂5～10千克/亩；灌水，使猕猴桃园土壤的湿度保持在田间最大持水量的70%～80%，满足萌芽对肥水的需要。

（二）萌芽和新梢生长期

在定植的第1年，为了遮阴，可在行间种高秆作物，如玉米等。幼龄猕猴桃园行间空地大，间作物以耐阴的经济作物，如草莓、马铃薯、葱、蒜等，这些作物不影响猕猴桃生长，其开花期与猕猴桃花期不在同一时间，不影响蜜蜂传粉。也可以在行间种绿肥作物，如三叶草、苜蓿、草木樨等。成年猕猴桃园可应用休闲轮作制及喷除莠剂相结合的方法来管理行间，但要注意喷药时避免伤害猕猴桃植株，新西兰采用主干基部套塑料膜罩的方法来保护树干。此外，还可在株间铺锯末、作物秸秆等防止杂草和保墒。

1. 绑枝

新梢长到30～40厘米长时开始绑枝。一般是将结果枝和营养枝均匀地绑缚在架面上。对较直立生长的旺盛枝，要将其引缚成斜向或水平向，减缓其生长势，使之成为良好的发育枝。

2. 追肥

根外追施1次0.2%尿素，或根据猕猴桃缺素情况，也可追施适量铁、锌、钙、镁等其他微量元素肥料。开花前灌一次水。

3. 防治病虫

通过黑光灯、糖醋液等防治金龟子等。喷布20%甲氰菊酯乳油2 000～3 000倍液等防治介壳虫、金龟子、白粉虱、小叶蝉等害虫。于萌芽至开花期喷33.5%喹啉铜悬浮剂800～1 200倍液防治花腐病。交替喷洒70%的代森锰锌可湿性粉剂600～800倍液、1%等量式波尔多液、70%甲基硫菌灵可湿性粉剂1 000～1 500倍液，防治溃疡病、干枯病、花腐病、褐斑病、白粉病、叶枯病、软腐病、炭疽病等病害。

（三）开花坐果期

1. 放蜂

15%以上雌花开放时，每亩可设置蜂箱1～2个左右。

2. 人工授粉

一是将雄花采集到器皿中，花粉散开后，用毛笔将花粉涂到雌花花柱上；二是将刚开放的雄花摘下，对准雌花花柱轻轻转动即可，一朵雄花可授5～8朵雌花。也可将花粉用滑石粉稀释20～50倍，用电动喷粉器喷粉。花蕾期或盛花期喷洒0.1%～0.2%的硼酸或硼砂1～2次，或地面施硼砂每株25～40克。疏花疏果。7月下旬以前多次摘心。

3. 防治病虫

通过黑光灯、糖醋液等防治金龟子等。花前、花后喷布20%甲氰菊酯乳油2 000～3 000倍液或5%吡虫啉乳油2 000～3 000倍液等防治金龟子、白粉虱、小叶蝉、豆天蛾、木蠹蛾等虫害。及时人工摘除有病梢、叶、果，并于花前、花后交替喷布70%甲基硫菌灵可湿性粉剂1 000～1 500倍液、1%等量式波尔多液等，以防治花腐病、黑星病、褐斑病等病害。

（四）果实发育期

1. 果实套袋

追肥灌水　在花后20天进行，施硫酸钾30～40千克/亩（树势弱的用复合肥），并灌水。9月上中旬追施纯钾肥或磷钾复合肥30千克/亩，并灌水。其间叶面喷施2次0.2%～0.3%磷酸二氢钾。猕猴桃枝叶茂密，根系分布浅，不抗旱也不抗涝，要适时灌“跑马水”。猕猴桃园内需要有灌水和排水设备，对结果大树，以用喷灌为宜。夏季喷灌除了供给根系需要的水分之外，还有增加空气湿度降低树体温度的作用。雨季应注意排水。

2. 防治病虫

喷布20%甲氰菊酯乳油2 000～3 000倍液、5%吡虫啉乳油2 000～3 000倍液、1.8%阿维菌素乳油3 000～5 000倍液等防治金龟子、鳞翅目害虫、螨类等；及时套袋、人工摘除病梢、叶、果，并喷布70%甲基硫菌灵可湿性粉剂1 000～1 500倍液等，以防治花腐病、黑星病、褐斑病等病害。

（五）果实采收及催熟

中华猕猴桃采收时期依用途不同而分为：可采成熟度（可溶性固形物达到6.1%～7.5%）（果实硬度大，供储藏用）、食用成熟度（可溶性固形物达到9%～12%）（风味好，可短期储藏）、生理成熟度（可溶性固形物达到12%～18%）（采下即可食用）。新西兰的出口标准是可溶性固形物达到6.2%以上时采收。日本标准为采收始期糖度最低应在7以上，中长期储藏的要达到8以上，短期储藏需要达到9以上。

用人工采摘，轻摘轻放，从果梗离层处折断，放入布袋或篮子内，再集中放到大筐或木箱中运走。在箱内垫上草或塑料膜之类，保护果皮不被擦破。

1. 催熟

为了及时供应市场需要，对果实要进行催熟。催熟药剂一般应用乙烯利，喷在树体上浓度一般为50毫克/千克；刚采下的果实，用400倍液喷果面，常温下12天之后果实全部变软；储藏的果实，在分级包装之前用500倍液浸果数分钟，果干后再储藏，可以加速后熟，及时供应市场。

果实采收后补肥，以氮肥为主，同时配合钾肥，可采用土施或叶面喷施的方法，施入量依树势酌情施用。结合深翻改土，在离主干50厘米左右挖深30～40厘米沟，秋季施入基肥，用量为有机肥5 000千克/亩，混合施入过磷酸钙80千克/亩。要注意入冬防寒。

2. 防治病虫

喷布5%吡虫啉乳油2 000～3 000倍液、1.8%阿维菌素乳油3 000～5 000倍液等防治鳞翅目害虫、螨类等；1%等量式波尔多液防治溃疡病、花腐病等病害。

第十三章　山　楂

山楂原产我国，具有生长快、结果早、寿命长、易管理、耐储运、适应性强等特点。山楂果实营养丰富，含有碳水化合物、蛋白质、脂肪、有机酸、钙、铁、磷及多种维生素，其钙的含量居各种水果之冠，维生素C含量仅次于枣、猕猴桃。具有营养、保健及药用价值。

第一节　优良品种

山楂属于蔷薇科山楂属，多年生落叶果树，乔木。又名山里红、红果。山楂属约有1 000种。但生产上广泛栽培利用的主要是山楂的变种——大果山楂。其主要栽培品种如下。

一、豫北红

产于河南辉县、林州等地。果实近球形，果个较大，单果重约10克。果皮鲜红色至紫红色，果肉松软，多为粉红色，味酸稍甜。10月上旬果实成熟，丰产稳产，主要用于加工。

二、秋金星（大金星）

产于山东莱芜、平邑、费县，辽宁鞍山、辽阳等地。果实近球形，单果重5～10克。果皮鲜红色，果肉细腻味浓，甜酸适度，用于鲜食或加工。9月下旬成熟，是山东及辽宁省中北部的优良品种。

三、敞口

产于山东益都、临朐等地。果实扁圆形，单果重9～9.5克。果皮深红色，果肉粉红色，肉质致密，味酸稍甜，适于制干。10月上中旬成熟，丰产稳产，耐旱稍抗碱，品质好。

四、燕瓢红

产于河北隆化、兴隆、赤城等地，是河北省西北部山区的主栽品种。果实倒卵圆形，单果重7.6克。果皮深红色有光泽，果肉厚，粉红色，肉质致密，酸甜适度，品质好，适于鲜食、加工。10月上旬成熟，抗旱，抗寒。

五、辽红

辽阳灯塔市柳河子镇前堡村的山楂实生变异。果实圆形，单果重约7.9克，果皮深红色，果点中等多、黄褐色，果肉红或紫红色，肉质细密，味微酸有香气。果实品质优良，适于鲜食和加工。果实成熟期10月。耐寒力较强，结果早，丰产，稳产。

第二节　生物学特性

一、生长结果习性

山楂树成花容易，结果早，经济寿命长。嫁接的山楂苗栽植后，一般2～4年即可开花结果，管理条件好的密植园5年生前后，便进入盛果期，到60～70年仍不衰老，继续结果。

（一）根

山楂根系为直根系，由于侧根发育强盛，其主根相对较弱而不显著，属浅根性，通常集中分布在地表下10～60厘米的区域内，最深可达90厘米以下，水平分布范围约为冠径的2～3倍。山楂的根系常发生不定芽，形成根蘖苗，且多发生在5～20厘米的表层土壤中，可用于繁殖苗木或更新。

一般春季地温达6～6.5℃时，根开始生长。山楂根系在年周期活动中有3次发根高峰。

（二）芽

山楂花芽为混合芽，肥大而饱满，先端较圆，着生于当年生枝即结果母枝的顶端或顶端以下1～4个叶腋间，于翌年春季萌发抽生带花果的结果枝。

山楂叶芽异质性明显，顶叶芽肥大、饱满，延伸能力强，萌发后，往往独枝延伸生长，而且生长势很强，生长量很大。顶芽以下的2～3个侧芽也具有较强的生长能力，其余侧芽则萌发力很弱。所以，枝条下部和内膛容易光秃。

山楂隐芽多位于当年生枝的中下部叶腋间，其寿命可达数十年之久。

（三）枝

山楂枝条可分为营养枝、结果枝和结果母枝。山楂进入结果期后，凡发育适度，生长充实的营养枝，均可形成结果母枝。在营养充足时，结果枝结果后，顶芽及其下1～4侧芽当年即可形成混合芽，成为下年的结果母枝，翌年继续抽出结果枝开花结果，易连年结果。一般山楂树上7厘米左右长的结果母枝占多数，通常1个结果母枝着生1～2个结果枝，个别生长健壮的结果母枝也可着生4～5个结果枝，甚至更多结果枝。

（四）叶和叶幕

山楂单叶生长时间为1个月左右。叶幕形成的高峰期约在开花前15天，基本完成全年的营养面积。叶幕形成早，同新梢停止生长一致，有机物积累时间长。

（五）花

山楂的花序为伞房花序，着生在果枝顶端，由15～44朵花组成，单花两性花。花多在凌晨前后开放，单花期3～4天，花序中第一朵开放到最后一朵花开放3～4天，到全谢4～6天。整个花期9～21天。山楂有自花授粉结实和单性结实的特点，正常情况下自花授粉结实率可达16.5%～18.5%，异花授粉结实率达18%～20%。花朵单性结实率约为27.6%。不经授粉的果实中仅有坚硬的核，没有种仁。

山楂8月至9月才开始花芽分化，与果实发育矛盾小，花芽分化到花瓣期停止，次年萌发前雌雄花原基才分化完成。

（六）果实

山楂从开花到果实成熟需140～160天。果实生长第一期，生长量占总生长量的32.3%，第二期占28.5%，第三期占39.2%。

花后常因营养不良和授粉的关系，落花落果较为严重。初花后3～4天开始落花，一周内形成高峰，初花后2周出现幼果脱落，约1周为集中脱落期，以后基本稳定。

山楂在幼树期间，管理不当易出现大小年结果现象；而成龄大树，因树体贮备营养较多，只要结果不是过多，一般不出现大小年结果现象。

二、对环境条件的要求

山楂属植物适应性强，对环境条件要求不十分严格。抗寒，抗风能力强，一般无冻害问题。可在年均温2～22.6℃、绝对最低温-41～-1℃、无霜期100天以上、年平均降水量170～1 546毫米的气候条件下正常生长。

山楂对土壤有较强的适应性，对土壤的酸碱性反应较敏感，喜中性或微酸性土壤，微碱性土壤也可栽培。但盐碱地、地下水位过高的地方不宜栽植。

山楂比苹果、梨、桃等果树耐旱，其主要原因是山楂的根系与菌根比较发达。但在生长期保证适宜水分有助果实膨大和提高坐果率。

山楂喜光也耐阴。但在光照条件良好的环境中，可明显提高坐果率和品质。

第三节　栽培管理技术

一、关键技术

（一）育苗技术

山楂采用嫁接繁殖，其嫁接技术与苹果相同。因而培育大批高质量的砧木苗成为育苗的关键。生产上通常采用种子繁殖和无性繁殖两种方法培育砧木苗。前者的核心是促进种子发芽，而后者的关键是归圃育苗。

1. 促进种子发芽技术

由于山楂种壳厚不易裂开，种子好仁率低，一般层积技术需经两个冬天方可发芽，即第一年秋天采种层积，第三年春播种才能出苗，且出苗率较低。生产上可采取如下措施，促进种子发芽：一是提早采收，可提前到8月中下旬果实刚开始着色转红（或转黄）时（种子生理成熟但形态未成熟）采种，此时种壳尚未坚硬；二是用干湿法晒裂种壳，即先用温水浸种，冷却后继续浸泡，白天捞出种子暴晒若干小时，如此重复3～4次，可使种壳裂开；三是机械法破开种壳，如用指甲剪剪开种壳；四是及时层积。

2. 归圃育苗

利用山楂树容易发生不定芽的特点，将野生山楂根蘖苗作为砧木苗移植到苗圃里集中培育，或收集山楂根于苗圃中集中根插，然后进行嫁接。

（二）整形修剪

山楂树萌芽力中等，顶端优势、干性及成枝力都强，且层性明显。因此修剪上应注意控制上强下弱，防止内膛光秃，培养健壮枝组，及时进行更新。

1. 树形

自然条件下生长的山楂树冠多呈自然半圆形，结果部位多分布于外围。人工整形修剪的树形一般采用二层开心形、主枝自然开心形和主干疏层形等。二层开心形干高30～60厘米，树高4米左右，层间距100～120厘米，主枝5～6个，每个主枝上有侧枝2～4个，主枝开张角度60°～70°。

2. 幼树期的修剪

定干高度60～100厘米，根据采用的树形和栽培方式而定。山楂的定植缓苗期较长，定植当年生长不旺，所发枝叶全部保留，以利增加营养，促进枝干加粗。冬剪时，凡是长度在40厘米以上直立和斜生枝条，均留20～30厘米剪截，增加分枝量，短于40厘米的非骨干枝一律缓放，培养结果枝组。二三年生幼枝，主侧枝延长枝每年适度短截，注意剪口留外芽，以开张角度。骨干枝以外的枝条，如果长势很强，与骨干枝发生竞争的，或疏除、或采取别、压、拉等手段加以改造（全树枝量少时），培养成结果枝组，其他枝条一律缓放。

3. 初果期树的修剪

此期骨架已基本确立，由于枝量的迅速增加，加之开花结果，树势趋于缓和，故此期修剪要以保持树势，巩固树形，培养结果枝组、调节生长与结果矛盾为主。继续对各级骨干枝延长枝进行短截，扩大树冠，其他枝条，特别是发育粗壮、水平或斜生的枝条尽量不动，培养结果枝组，而对那些过密枝、交杈枝、重叠枝要及时疏除或回缩，对有空间的细弱、下垂的一年或多年生枝及时短截或回缩。控制背上枝，防止生长势过强。

4. 盛果期树的修剪

山楂树进入盛果期后，树势开始表现衰弱，结果部位外移，修剪的主要任务是多促发营养枝、维持树势，更新结果枝组，截、缩、疏相结合。外围新梢，有空间的尽量短截，促发营养枝，甚至可把过密的结果枝短截一部分，变结果为营养生长，弱树结果枝应控制在40%以内，强树则在50%左右为宜。外围过密枝条及时疏除，改善树冠内通风透光条件，保持叶面积指数4～5。先端下垂的骨干枝、树冠内冗长的细弱枝、连年结果的大中型结果枝组及时回缩更新。树冠内徒长枝及外围竞争枝应视空间情况合理利用。

5. 衰老期的修剪

进入衰老期，树势明显减弱，但徒长枝却能大量生长。要充分利用徒长枝，对骨干枝组进行更新。过密的、水平下垂的以及长势很弱的大枝可直接除掉，但要注意伤口保护，过大的枝可分两年疏除。经过回缩和更新，反过来又促发徒长枝，选择方向、位置适当的培养成新的主、侧枝，更新树冠，延长结果寿命。

（三）病虫害防治

1. 山楂白粉病

（1）识别与诊断　山楂白粉病是山楂树的主要病害，特别是幼苗、幼树十分严重。

它主要为害山楂嫩芽、新梢、叶片、花蕾及果实。发病初现黄色或粉红色病斑，叶两面产生白色粉状物，且较厚，呈绒毯状。新梢生长细弱，节间短，叶细卷缩，新叶扭曲纵卷，嫩茎布满白粉，严重时枯死。幼果自落花后发病，多在近果柄处出现病斑和白粉，果实随即向一侧弯曲生长，病斑蔓延至全果则脱落。稍大的幼果病部硬化龟裂，畸形，着色差。

（2）发生规律　以闭囊壳在病叶、病果上越冬。春雨后由闭囊壳放射出子囊孢子。5—6月幼果坐果后，为发病盛期，7月以后减缓，10月间停止发生。山地果园管理粗放，树弱易病，实生苗圃发生较重。

（3）防治技术　加强管理，提高树体抗病性。休眠期清扫果园及苗圃，生长季摘除病梢、叶、果烧毁。发病较重的果园，发芽前喷一次4～5波美度石硫合剂。同时对根蘖苗及附近的野生山楂树也要喷药。花蕾期、6月上旬各喷一次25%三唑酮1 000～1 500倍液、0.3波美度石硫合剂。苗圃防治可在山楂实生苗长出4片真叶时开始喷药，以后每隔半月1次，7月以后酌情停止喷药。

2. 山楂花腐病

（1）识别与诊断　主要为害山楂花、叶片、新梢和幼果，造成病部腐烂。嫩叶初现褐色斑点或短线条状小斑，后扩展成红褐色至棕褐色大斑，潮湿时上生灰白色霉状物，病叶即焦枯脱落。新梢病斑由褐色变为红褐色，逐渐凋枯死亡。幼果上初现褐色小斑点，后色变暗褐腐烂，表面有黏液，酒糟味，病果脱落。花期病菌从柱头侵入，使花腐烂。

（2）发生规律　以菌丝体在落地僵果上越冬，子囊盘于4月下旬在潮湿的病僵果上开始出现，5月上旬达到高峰，到下旬即停止发生。

（3）防治技术　可在早春深翻病园表土，深达10厘米以上，将病果埋于地下，以消灭侵染源。发病期要及时摘除病叶、病花、病果，深埋或烧毁。在发病较重又未春翻果园可于早春撒布石灰粉25千克/亩。在山楂树展叶50%和叶片全部展开两个时期，用0.4波美度石硫合剂或甲基硫菌灵700倍液分别各喷药一次，在盛花期喷布25%多菌灵可湿性粉剂250倍液一次。如展叶期间天气干旱，只在花期喷药一次。

3. 白小食心虫

（1）识别与诊断　主要为害山楂、苹果。幼虫多从果实萼洼处蛀入，只在皮下食害果肉，蛀孔处排出大量虫粪，并吐丝缀连虫粪，使其不脱落，极易识别。

（2）发生规律　在华北及辽宁等地一年发生2代，以老熟幼虫在地面结茧越冬。次年4月下旬，老熟幼虫在越冬茧内化蛹，5月中旬至6月中旬成虫出现，将卵散产在山楂果面上。7月上旬至8月中旬第一代成虫出现。8月下旬至9月下旬幼虫老熟，陆续脱果结茧越冬。

（3）防治技术　及时摘除虫果，集中处理，以减轻下代虫源。山楂采收后清扫树下的枯枝、落叶和杂草，秋季和早春彻底刮掉枝干上老翘皮，深埋或烧毁。化蛹前摘除虫果集中销毁。秋冬、早春彻底清园，连同杂草、落叶一起集中烧毁，刨树盘，耕翻树行，消灭越冬幼虫。化学防治关键是第一代幼虫初孵期。在第一代卵孵化初期（末盛期在6月中下旬，即麦收前），即当有3%的卵孵化时，可喷25%灭幼脲3号2 000倍液、50%

蛾螨灵乳油或50%辛脲乳油1 500～2 000倍液等。幼虫脱果前，可在树干及主枝基部绑草把诱集，采果后解除烧毁。还可利用天敌防治。

4. 山楂木蠹蛾

（1）识别与诊断 山楂木蠹蛾是山楂产区的毁灭性害虫。只为害山楂。以幼虫钻蛀枝干，幼龄幼虫在韧皮部及木质部蛀食；3龄后逐渐向木质间深层为害，蛀成不规则纵横隧道，并不断排出虫粪和大量木屑，堆积在蛀孔下的地面上。被害树势逐年衰弱，以致整株死亡。

（2）发生规律 以2～5龄幼虫越冬。第一年以幼龄幼虫在被害枝干的虫道内越冬，第二年以老熟幼虫在虫道内越冬。幼虫化蛹前在虫道口附近吐丝做薄茧。羽化时常将蛹壳拖至孔口。6月至8月上旬成虫羽化。卵多产在树皮裂缝内。幼虫孵化后，从树皮裂缝内蛀入为害。10月幼虫开始越冬。

（3）防治技术 秋季或早春刮树皮，消灭树体浅层越冬幼虫，及时清理带虫体的残树、枯枝，集中烧毁。在幼虫幼龄期，从蛀孔注入50%马拉硫磷乳油800倍液，然后用黄泥封闭蛀孔，可熏死幼虫。在成虫发生盛期，可用黑光灯诱杀成虫或性引诱剂诱杀雄成虫。或喷洒1.8%阿维菌素乳油2 000～3 000倍液、50%马拉硫磷乳油1 000倍液等。

（四）采收

山楂果实成熟期多在9—10月。采收方法根据用途确定。用于储藏、制罐的山楂采用手工采摘法。用于一般加工原料的山楂对采收方法不严格，可采用振落法或乙烯利催落法。

二、周年管理要点

（一）休眠期

上冻前、解冻后翻树盘。萌芽前进行冬季修剪（一般为2—4月进行）。早春（3—4月）刮树皮，将树干和大枝上的老翘皮刮掉烧毁，消灭潜在老翘皮下的梨小食心虫、卷叶蛾、星毛虫、红蜘蛛等害虫。清理果园。在3月中旬树液开始流动时，大树每株追施尿素0.5～1千克，并灌水，以补充树体生长所需的营养，为提高坐果率打好基础。刨树盘，疏松土壤，消除根蘖，改善土壤通气、水分和营养状况。萌芽前喷布3～5波美度石硫合剂防治腐烂病、枝干轮纹病、螨类和介壳虫等多种病虫害。

（二）萌芽期

除萌蘖，对幼树进行拉枝整形，以及刻伤定向发芽、发枝。展叶后喷布一次0.3%尿素。花前15～20天追肥，以氮肥为主，一般为年施用量的25%左右，相当于每株施用尿素0.1～0.5千克或碳酸氢铵0.3～1.3千克，根据实际情况也可适当配合施用一定量的磷钾肥，结合灌溉开小沟施入并进行灌水。种植绿源植物肥料，如草苜蓿、紫穗槐、三叶草等。5月上中旬、当树冠内心膛枝长到30～40厘米时，留20～30厘米摘心，促进花芽形成，培养紧凑的结果枝组。

采用灯光、糖醋液诱杀或人工捕捉金龟子。发芽后40%氟硅唑6 000～8 000倍液加10%吡虫啉可湿性粉剂3 000倍液树上喷雾，防治腐烂病、轮纹病兼治叶螨、蚜虫等。

（三）开花坐果期

花期放蜂、人工辅助授粉。小年树花期喷布一次50～60毫克/千克赤霉素以提高坐果率。大年树在幼果期喷一次赤霉素，花期不喷，以提高单果重。

花后一周树上喷布2 500倍甲氰菊酯乳油混1.5%多氧霉素可湿性粉剂400倍液喷雾，防治叶螨、蚜虫、蛾类和斑点落叶病等。

（四）果实生长发育期

雨季前维修水土保持工程，松土除草，压绿肥。果实膨大前期追肥，为花芽的前期分化改善营养条件，一般根据土壤的肥力状况与基肥、花期追肥的情况灵活掌握。施用量一般为每株0.1～0.4千克尿素或0.3～1千克碳酸氢铵，并灌水。喷0.3%尿素加0.1%磷酸二氢钾（7月一次，8月一次，以提高花芽分化质量和增加单果重）。果实膨大期追肥，以钾肥为主，配施一定量的氮磷肥，主要是促进果实的生长，提高山楂的碳水化合物含量，提高产量、改善品质，每株果树钾肥的用量一般为硫酸钾0.2～0.5千克，配施0.25～0.5千克的碳酸氢铵和0.5～1千克的过磷酸钙，并灌水。

树冠郁闭，通风透光不良的应及早疏除位置不当及过旺的发育枝，对花序下部侧芽萌发的枝一律去除，克服各级大枝的中下部裸秃，防止结果部位外移。对生长旺而有空间的枝在7月下旬新梢停止生长后，将枝拉平，缓势促进成花，增加产量。在辅养枝上进行环剥，宽度为被剥枝条粗度的1/10。抹除由隐芽萌发的过密新梢。新梢留20～25厘米摘心或短截，多数当年即能形成良好的结果母枝。9—10月山楂陆续采收。

6月下旬开始到果实采收前20天，每隔15～20天，树上交替喷施1：3：200波尔多液与50%多菌灵可湿性粉剂600倍液或70%甲基硫菌灵可湿性粉剂800倍液，防治多种病害。喷48%毒死蜱乳油1 200倍液、10%吡虫啉可湿性粉剂5 000倍液及30%桃小灵乳油1 500～2 000倍液防治桃蛀果蛾类、蚜虫等。

（五）果实采收后

采收后立即秋施基肥，以有机肥为主，加入适量磷肥和氮肥。施肥量根据土壤肥力、树势、树龄等条件决定。如10年生树株施土粪100～200千克，过磷酸钙2千克，尿素0.5～1千克。采用环状沟施或条状沟施，深40～50厘米。深翻施肥后进行灌水。喷药保护叶片。清理果园落叶、残枝、病果，焚烧或深埋。寒冷地区幼树培土防寒、树干涂白。

第十四章　无花果

第一节　优良品种

无花果属亚热带落叶果树，多为小乔木或灌木，原产地中海南岸，是世界上最古老也是人类栽培最早的果树之一。无花果树势优雅，一般不用农药，也是一种天然无公害的观赏树木。

目前，我国的无花果栽培，以新疆为第一栽培中心，主要分布在阿图什、疏附、库车、疏勒、喀什等地。陕西关中、江苏、上海也有较多栽培。山东青岛、烟台、威海、荣成、福山等地栽培也较多，被称为无花果沿海栽培中心。

无花果属于桑科榕属。此属约有600种，作为果树栽培的只有无花果一种。目前，生产应用品种主要以下几种。

一、新疆早黄

新疆特有品种，分布于阿图什、库尔勒等地。树姿开张，萌芽率高，枝粗壮，尤以夏梢更盛，应注意控制旺长。果实扁圆形，单果重50～70克，成熟时黄色，果顶不开裂，果肉草莓红色，可溶固形物15%～17%，风味浓甜，品质上等，丰产。

二、麦司依陶芬

原产于美国加州，1985年引入我国。树势中庸，枝条较易开张，枝量多，生长量大，极易丰产。夏果长卵圆形，较大，单果重80～100克，最大可达150克。果皮绿紫色。秋果倒圆锥形，中大，一般单果重60～90克，果成熟时紫褐色。皮薄而韧，果肉桃红色，肉质粗，可溶性固形物10%～15%。较甜，香味少，品质中等。

该品种不适于盐碱地种植。耐寒力差，适于长江以南冬季较温暖地区露地栽培或在北方实行保护地栽培。

三、布兰瑞克

原产于法国，是目前我国推广的优良品种之一。长势中庸，树姿半开张。连续结果能力强，丰产。 夏秋果兼用，以秋果为主。夏果呈长倒圆锥形，成熟时绿黄色，单果大者可达100～140克。秋果倒圆锥形或倒卵形，果形不正，多偏向一侧，单果重40～60克。成熟时果皮绿黄色，果顶不开裂，果实中空，果肉粉红色。可溶性固形物16%以上，风味香甜，品质优良。果实底部与顶部成熟度不一致，果皮较厚，剥食时难脱皮，所制干品，品质优良。成熟时遇雨顶部易裂腐烂。

适应性强，耐盐碱，耐寒力强，黄河以南地区可露地越冬。

四、波姬红

原产美国，1998年引入我国。树姿半开张，分枝能力强。大型果，果实长卵圆形。平均单果重80克，最大单果重110克。果实成熟期从7月下旬至10月中下旬。果皮条状褐红或紫红，有蜡质光泽，果肋明显。果肉浅红，中空。果实味甜，汁多，品质极佳。极丰产，耐寒性较强。

五、金傲芬

原产美国，1998年引入我国。树势旺，树姿开张，分枝少。平均单果重90克，最大单果重160克。果形卵圆形，果皮金黄色，有光泽，外观美。果肉淡黄色，致密。品质极上等，风味佳。极丰产，抗寒性较强。

六、日本紫果

原产日本，1997年引入我国。树姿紧凑，树势健旺，分枝能力强。果实扁卵圆形，平均单果重80克，最大单果150克。果皮深紫红色，皮薄，果肉鲜红色，致密，多汁。果实从8月下旬开始成熟持续到10月中下旬，品质极佳，丰产。

第二节　生物学特性

一、生长结果习性

无花果于栽植后2～3年开始结果，6～7年进入盛果期，经济年限可连续40～70年，寿命可达百年以上。

（一）根

无花果的根为肉质根，幼嫩的须根呈白色，成熟老根为褐色。根为茎源根系，无主根，只有数条粗大的侧根和大量的须根及不定根，根系分布较浅。根系趋肥性极强，在干旱缺水时，可下扎2～4米，土壤水分过多时，根系会因缺氧而窒息死亡。

无花果的根系在15厘米地温达到10℃时，开始生长。在地温为20～26℃时，进入生长高峰。降到8℃以下，根系停止生长。

（二）枝叶和芽

无花果生长势强，并有多次生长习性，幼树新梢及徒长枝年生长量可达2米以上。无花果的枝开张角度一般较大，麦司依陶芬枝易下垂。按枝条长度，可将无花果枝条分成徒长枝（＞100厘米）、长枝（80～100 厘米）、中枝（50～80 厘米）和短枝（＜50 厘米）。无花果的萌芽力和成枝力均较弱，因此，树冠比较稀疏，外观上骨干枝非常明显。

无花果的叶互生、厚、革质。叶片倒卵形或圆形，掌状单叶，通常5～7裂。叶面粗糙，叶背有锈色硬毛，叶脉极明显，叶落后在枝条上可留下三角形叶柄痕。

无花果一年生枝上的顶芽饱满，中上部比较饱满，基部芽多为瘪芽，第二年不萌发而成为潜伏芽。潜伏芽寿命可达数十年，骨干枝上又极易形成大量不定芽，所以无花果修剪后枝条恢复能力强，树冠容易更新。

春季在气温高于15℃以上时，地上部开始发芽，新梢生长的适温为22～28℃。萌芽后，抽生的新梢从基部3～4节起每一个叶腋处内有2～3个芽，中间圆锥形的小芽为叶芽，两侧圆而大者为花芽，花芽抽生隐头花序。

（三）花果

无花果的花为隐头花序，花托肥大，多汁中空，花托顶端有孔，孔口既是空气的通道，又是昆虫进出的孔口，在口周围排列着许多鳞片状苞片，从外部看，只见果不见花。在果实内壁密生许多小花，有1 500～2 800朵。当果实长到1.5厘米大小时，即果实形成20天左右时开花。普通型无花果的花托内只有雌花，但无受精能力，胚珠发育不完全，雌花不经授粉受精、花托膨大，即可以发育成果实。无花果的果实在植物学分类上叫聚合果。可食部分由肥厚的肉质囊状花托与其内部密生的大量有果梗的小瘦果组成。

根据无花果果实形成时期可将无花果分为春果、夏果和秋果。春果的结果部位均为上年生枝未曾结果部位，比较多的出现在生长中庸一年生枝的基部和顶部，但春果的数量很小。 当年生结果新梢叶腋内着生的果为夏果，是大多数无花果品种成龄树的主要产量。当年生结果新梢在停滞一段生长后，于6月下旬到7月上旬开始二次加长生长，形成秋梢，在秋梢叶腋内着生秋果。除春果是叶腋芽内分化花托原始体休眠越冬，第二年继续分化发育形成“春果”外，夏果和秋果都是在萌芽后抽生的新梢由基部向上，渐次形成的。据观察，无花果在芽萌发前没有花芽分化的迹象，形成花芽的唯一途径是芽外分化。即在无花果新梢生长的同时，腋芽内进行着花托分化、果实发育等过程。

无花果的果实发育可分为以下 3 个阶段。

1. 幼果期

从果粒膨大到果面绿色鲜嫩，果面茸毛明显，果实直径在1厘米左右，历时10～15天。幼果期特点是果实体积和重量增长慢，但细胞数量增长很快，因而果实组织致密紧实。

2. 果实膨大期

果面逐渐变为深绿色，果面茸毛变少，果实直径在1～3.5厘米，此期40～50天果实体积生长速率加快，果肉组织开始变得疏松。

3. 果实成熟期

果面茸毛几乎全部脱落，果实体积急增，果肉成熟变软，果大3.5～5.5厘米，此期只有4～6天。在果皮着色的同时，可溶性固形物由8%上升到14%左右。糖分积累急剧上升，果酸含量显著下降，表现出无花果特有的甘甜软糯的风味。

无花果的果实，一般从结果枝基部起依次向上逐个成熟，下一节位成熟后，临近上个节位的果实才能成熟。无花果果实自6月下旬至11月中旬相继成熟，集中采果期在7—9月。

二、对环境条件的要求

（一）温度

无花果适宜于比较温暖的气候，能耐较高的温度而不致受害，但不耐寒，冬季温度达-12℃时新梢顶端就开始受冻，在-22～-20℃时根颈以上的整个地上部将受冻死亡。

（二）光照

无花果是喜光树种，在良好光照条件下，树体健壮，花芽饱满，坐果率高，果枝寿命长，果实含糖量高。

（三）土壤

无花果对土壤条件的要求不严格，在典型的灰壤土、多石灰的沙漠性砂质土壤、潮湿的亚热带酸性红壤以及冲积性黏壤土上都能生长。其中，以保水力较好的砂壤土最适合无花果生长和结实的要求。

（四）水分

无花果不耐涝，在积水的情况下，很快就凋萎落叶，甚至死亡。无花果比较抗旱，但是由于无花果叶面大，蒸腾旺盛，尤其在新梢及果实迅速生长期需要大量水分。因此，土壤过度干旱，常限制植株的发育，使果皮粗而果实小，品质变劣，甚至使果实在成熟前过早干缩和脱落。

第三节　栽培管理技术

一、关键技术

（一）繁殖技术

现栽培的无花果多为单性结实的普通型。生产中为了更好地保持母本的优良特性，多以无性繁殖方法育苗。有扦插繁殖（硬枝、绿枝），压条繁殖（直立、水平），分株繁殖和嫁接繁殖。

无花果枝条生根容易，扦插成活率高，生产上普遍采用硬枝扦插育苗。因枝条怕冻，一定要储藏好插条。春季当日均气温达到15℃以上时进行扦插。扦插密度为30厘米×40厘米，每亩可产苗5 000～6 000株。出苗后插穗上仅保留一个新梢生长，尽可能培育成高1米左右，基部直径1.0～1.5厘米的壮苗。

（二）建园技术

鲜食无花果建园宜在距大中型城市较近，交通运输方便的市郊。无花果木质的韧度较差，易被强风摧残，应选背风园地栽植。无花果忌桑树的前茬地，更忌重茬及无花果苗圃地。

目前，我国无花果的露地栽植密度，以（2～3）米×（3～4）米为宜，可根据土壤条件和管理水平适当调整。

无花果发根要求温度较高（9～10℃），所以春季栽植效果较好。

（三）整形修剪技术

根据无花果的枝条萌发力和成枝力均较弱的特点，适宜采用多主枝自然开心形和纺锤形。

在大面积栽培地区，应用广泛的是多主枝自然开心形。这种树形具有整形容易，成形快，结果早，便于管理等优点。整形方法是定植后在60厘米处定干，培养3~4强壮主枝。当新梢长到40~50 厘米时摘心，再在每个主枝上培养2~3侧枝。第二年春对主枝延长枝中短截，促发健壮枝，这样3年即可形成树冠。采用纺锤形整形，易形成较大树冠，适宜在株行距较大情况下采用。整形方法是定干高度约60厘米。保持中心干直立生长，必要时可设立支架。在中心干上培养10~15个主枝，休眠期修剪时主枝剪留50厘米左右。主枝不分层，螺旋排列。主枝开张角度70°~90°。

庭院栽培和设施栽培的无花果树形则由原来的“自然开心形”，演化为现在普遍采用的“X”树形或“一”树形。“X”树形：主干高度50厘米，主枝4个，每株树的结果枝数控制在24~26个。“一”树形：主干高度50厘米，主枝2个，每株树结果枝数24~26个。“X”树形或“一”树形均是将主枝压平呈“X”形或“一”形，在主枝上培养结果新枝，结果枝间隔20~50 厘米。

由于无花果发枝力较弱，树冠中一般不致过分密集，所以，疏剪程度尽量从轻。由于一次枝挂果率最高，所以，对树冠上强壮的1~2年生枝尽量少短截或不短截。对过高过长枝组应及时回缩到较粗壮的分枝处，对细弱的枝组也要注意回缩更新复壮。总之要尽量培养粗壮的结果母枝，因为粗壮的结果母枝，发生的结果枝也粗壮，坐果也多，可获得较高产量。冬季受冻的枯枝及时剪除，注意选择新的徒长枝来代替。

二、周年管理要点

（一）休眠期管理

按照树形要求，自然开心形、纺锤形的主枝延长枝在饱满芽处剪留30~50厘米。当树冠达到一定大小时，主枝可回缩到有分枝处，控制树冠大小。结果枝组过长时，回缩到有分枝处，尽可能保留50厘米以下的粗壮短枝。疏除细弱枝、过密枝，留健壮枝结果。“X”树形和“一”树形的结果母枝留2~3个芽修剪即可。

萌芽前，全园喷1次4波美度石硫合剂。追施一次以氮肥为主的肥料，并灌水，满足萌芽对肥水的需要。

（二）萌芽和新梢生长期

萌芽后抹除根蘖和剪锯口处的萌芽，以及过密的、过细弱的新梢，留粗壮新梢，将新梢间距控制在20~25厘米。新梢生长期加强肥水管理，有利于新梢生长和果实形成发育。试验结果表明，在无花果所需养分中最多的是磷，氮磷钾施肥配比为0.86∶1∶0.77。鸡粪和菜籽饼对无花果新梢生长、产量提高，果实糖分的增加明显好于化肥。试验表明，当磷肥施用量达最高水平即每株225克时，无花果的生长结果表现最好。氮肥施用量以每株200~300克为宜，钾肥施用量以每株200克为宜，钙肥施用量以每株600克为好。

（三）果实发育期管理

在幼果形成后，对同时萌发的副梢及早留1小叶摘除。在生长后期应随着果实的采收，逐步摘去下部老叶，保持通风透光。每隔7~10天喷施一次叶面肥，喷施0.3%~0.5%的磷酸二氢钾、尿素。8—9月果实成熟期喷0.3%硝酸钙以增加果实硬度。当结果新梢长到一定长度或留果数达到要求，可摘心控制新梢生长，也有利于果实成熟。

（四）果实采收后管理

果实采收前后施基肥，根据树体大小和产量高低，每亩施有机肥3 000～4 000千克。越冬前清除园内的枯枝落叶和病残果，将其深埋或烧掉。将枝干涂白，幼树根茎部埋土防寒，做好越冬准备。

第十五章　李

第一节　概　述

一、栽培历史

李是蔷薇科李属植物。李树栽培范围广泛，品种丰富，在我国栽培的李树主要为中国李，栽培历史已有3 000多年，《诗经》《齐民要术》中均有栽培的记载。李树是温带果树中对气温适应性很强的树种。中国李分布于全国各地。以河北、河南、山东、安徽、山西、江苏、湖北、湖南、江西、浙江、四川、广东、陕西、甘肃、云南、贵州、湖南、湖北、福建、广西和台湾等地栽培较多。中国李不仅在中国分布广且栽培历史悠久，在朝鲜、日本等国也有较长的栽培历史，近百年来，又传至欧美各国。与美洲李杂交，培育出许多种间杂交新品种。

二、栽培现状

20世纪80年代以前李树的栽培，在我国未得到足够的重视，发展较慢，经济效益也较差。进入80年代以后，我国开展了全国性李树资源的普查、收集、保存等工作，并在辽宁熊岳建立了国家李树种质资源圃。科技工作者除对我国的名优品种进行利用外，还从国外引进一些优良品种，如日本的大石早生、澳大利亚14号、黑琥珀等。

20世纪90年代，我国李树的栽培面积、产量迅速发展。如1991年辽宁省锦西市，年产李果达30 000多万吨，成为全国驰名的李果生产基地。1995年浙江省种植面积达4 373公顷，产量24 560吨。福建永泰以“李果之乡”著称，其李果及李蜜饯加工畅销海内外。据不完全统计，1989年全国李树栽植面积达154.8万亩，产量46.8万吨，人均占有李果不足0.5千克。1996年我国李树产量205.9万吨，居世界首位。

三、栽培意义

李果中含有多种营养成分，有养颜美容、润滑肌肤的作用，李果中抗氧化剂含量高的惊人，堪称是抗衰老、防疾病的“超级水果”。李果酸甜适度，外观鲜美，不仅适于鲜食且可制成李干、罐头、果脯、果酱、果汁、果酒和蜜饯等。李果亦有较高的药用价值，有清热利水、活血祛痰、润肠等作用。李树浑身是宝，李仁含油率高达45%，李仁油是工业润滑油之一，李树的叶簇、花朵和果实均有观赏价值，李还是重要的蜜源植物，越来越受到人们青睐。

李果味酸，能促进胃酸和胃消化酶的分泌，并能促进胃肠蠕动，因而有改善食欲，促进消化的作用，尤其对胃酸缺乏、食后饱胀、大便秘结者有效。新鲜李肉中的丝氨酸、甘氨酸、脯氨酸、谷酰胺等氨基酸，有利尿消肿的作用，对肝硬化有辅助治疗效果。

四、生物学特性

落叶乔木，成树高9~12米；树冠广圆形，树皮灰褐色，起伏不平；老枝紫褐色或红褐色，无毛；小枝黄红色，无毛；叶片长圆倒卵形、长椭圆形，稀长圆卵形，长6~8（12）厘米，宽3~5厘米，先端渐尖、急尖或短尾尖，基部楔形，边缘有圆钝重锯齿，常混有单锯齿；托叶膜质，线形；叶柄长1~2厘米，通常无毛；花通常3朵并生；花梗1~2厘米，通常无毛；花直径1.5~2.2厘米；萼筒钟状；核果球形、卵球形或近圆锥形，直径3.5~5厘米，栽培品种可达7厘米；核卵圆形或长圆形，有皱纹。花期4月，果期7—8月。

李树枝广展，红褐色而光滑，叶自春至秋呈红色，花小，白或粉红色，是良好的观叶园林植物；味甘、酸，性平，归肝、肾经，具有清热、生津之功效；作为水果，李也是温带重要果树之一。

五、主要栽培品种

中国李的品种很多，按果形、果皮和果肉色泽可分为黄、绿、紫、红四大类。按果实食用期的软硬可分为水蜜类和脆李两大类。水蜜类果实完全成熟后肉质柔软多汁，硬熟时好，如南华李等。脆李类果实硬熟时肉脆汁多，风味好，软熟时风味减退，如潘园李、红美人李、白美人李、迟蜜李等。

1. 沙子空心李

沙子空心李因果肉与核分离而得名，产于贵州省沿河土家族自治县沙子镇，以南庄、永红两村为佳，是区域性特色水果，果色青灰鲜艳，果肉脆嫩，酸甜适度，营养丰富，芳香可口，2006年国家质检总局批准对沙子空心李实施地理标志产品保护。

2. 清镇酥李

清镇酥李果形微扁圆形、果顶平、顶点微凹，果皮淡黄色、皮薄、外披白色果粉、光滑，果肉厚实、淡黄色、近核处着色较深、肉质致密、汁多、酥脆，平均单果重32.3克，味甜汁多、肉质致密、酥脆爽口、有清香味、微带苦涩味，为地理标志保护产品。

3. 上关六月李

上关六月李是贵州省关岭布依族苗族自治县的特色农产品，形态美艳，入口脆爽，味道甘甜，具有清热润肺、解毒、止消渴等独特功效，是典型的无公害绿色果品，深受广大消费者的青睐，获地理标志证明商标。

4. 屏南油柰

屏南油柰是福建省宁德市屏南县的特产，被誉为“八闽珍果”的屏南油柰以其独特的口味，硕大的颗粒而深受欢迎，1996年在福州举办的福建省水果评比上荣获第一名，被评为“中国油柰之乡”。

5. 八步三华李

八步三华李是广西壮族自治区贺州市八步区的特产，贺州是著名的“中国李子之乡”。八步三华李的果实于6月中旬至7月上旬成熟，果实肉厚、皮薄、风味清甜爽口，带蜜味，有香气，色泽紫红美观，果肉离核，一般单果重45~55克，大者60~70克。

第二节　栽培管理技术

一、定植

在栽植时期选择上，北方秋栽易发生冻害和抽条现象，所以一般采用春栽。栽植株行距因地势、土壤、品种而不同，一般（3～4）米×（5～6）米。栽植穴一般直径1米左右，深度0.8～1米。挖栽植穴时必须把表土、心土分别堆放在穴的两边备用。栽植时把李树苗垂直放在穴中央，把根全部展开，然后边填土边提动树干，使根系与土壤间没有空隙而紧密结合。回填土时先填入20厘米的表土，再把心土混入肥料后填入穴内40～60厘米，边填边踩实，最上层40厘米全回填表土，回填完后栽植穴周围土面高出地面20厘米左右，幼苗栽植后立即灌足水。应该选择符合当地气候、环境的品种。李大多数的品种都是属于自花不实或者是自花的坐果率低，要想解决这个问题就要栽植一些和主栽品种花期相同的授粉树，可以混栽3～4个品种，这样有利于提高产量。

定干的果苗种植下去后要及时定型，一般采用自然开心形，在树干的60厘米处定干，留下的枝条上要留有饱满的嫩芽，便于果树更好的发展。

二、李树的管理技术

（一）水分管理

李树在一年中各个物候期都需要一定水分，萌芽前和幼果膨大期，新梢生长期应进行灌溉，入冬前需灌一次封冻水。另外，李树怕涝，故李园应修排水系统，以免遭受涝害。根据当时的天气、环境、土壤的含水量以及施肥的状况来灌水，一共可以分为5个时间段来进行：开花前、结果时、成熟时、采摘后以及冷冻后。

（二）施肥

施肥可分为基肥和追肥，基肥在秋天施最好，那个时间的地表温度高，有助于肥料的利用，为根系来年的生长提供充足营养。

基肥：基肥是能较长时间供给李树多种养分的基本肥料，一般以迟效农家肥为主，如堆肥、厩肥、作物秸秆、绿肥、落叶等。基肥秋施为好，成年李树每株施农家肥50～100千克。

追肥：花前追肥。可在李树萌芽前10天（4月上旬），株施0.5～1千克速效性氮肥或25千克腐熟人粪尿。花后追肥，应及时追施速效性氮钾肥，以减少生理落果，在5月下旬至6月中旬，株施0.5千克。果实膨大和花芽分化期追肥，应在生理落果后至果实进入迅速膨大期前（6月下旬至8月中旬），追施速效氮、磷、钾复合肥，株施0.5～1千克。果实生长后期追肥，应在果实开始着色至采收期间追肥，此次以磷、钾肥为主，速效氮肥以叶面喷施为好，叶面肥浓度为0.2%～0.3%，结合喷药进行。

（三）修剪

修剪幼树的时候要以轻剪缓放为主，多留下一些辅助枝用来缓和树势，这样有助于提高早期的产量。

在果子盛产期的时候要疏枝，将一些生长在上层和外围的过旺、过密和竞争枝都疏除掉，只保留一些中间的健壮枝条即可。

夏季修剪是指在生长季节中的修剪，一般在6月中旬至7月上旬进行，可采用下面几种方法。

摘心。在生长期间摘去枝条的生长点，具体时间应根据品种、栽培条件及目的而定。

扭梢。把新梢的先端扭伤，但不扭断，一般有利用价值的徒长枝均可用此方法抑制生长。扭梢应在新梢生长长度足够用时进行，扭伤部位要在半木质化处。

环剥。在新梢接近停止生长时进行，对旺树主干或大枝做环状剥皮、剥皮宽度为被剥梢条直径的1/10左右，促花效果明显。

拿枝。用手拿住枝条中下部，反复捏握，使枝条组织受损，呈水平或斜向生长。

（四）病虫害防治

在果树萌芽前可以喷洒3~5波美度的石硫合剂，这样既可以防病害，也可以治虫害。

（1）冬季深翻果园，可将梨食蜂幼虫埋入深处。李子树花蕾期，用20%高氯·马乳油4 000倍液，于树冠下土表杀死出土的梨食蜂成虫。

（2）谢花后，喷50%杀螟硫磷乳剂1 000倍液，防治桃象鼻虫、梨小食心虫。

（3）5月下旬发现桑白蚧分散转移时，喷药防治，可兼治蚜虫。

（4）6—7月午间捕捉红颈天牛成虫，并检查树干钩杀红颈天牛幼虫。

（五）采收

供加工用的果实以八成熟为采收适期；供生食的，以九成熟为采收适期。可分批采收。采收果实时要避免一切机械损伤。

第十六章 枇 杷

第一节 概 述

一、重要意义

枇杷为我国南部早春的重要水果，也供制罐头、蜜饯用。叶入药，具清肺止咳、和胃降气之功效，用于治肺热咳嗽、胃热呕逆。枇杷木材坚韧，可制作家具。叶大荫浓，果美而甜，树形端正，果色金灿，观赏价值高，是中原地区优良的园林绿化树种。适种于庭院、水滨、公园、小区、行道路等处，推广潜力大。

从枇杷鲜果的国内贸易现状来看，目前我国的枇杷生产发展迅猛，栽培面积和产量均呈直线上升，近几年上市的枇杷果大而整齐，品质较优，受到消费者青睐，采用套袋栽培的大果型优质枇杷，售价比不采用套袋栽培的小劣果高得多。部分地区为了节省栽培成本，没有采用套袋栽培，甚至出现果品暂时性积压，但由于枇杷的发展规模和产量相对柑橘、苹果、梨、桃等树种仍小得多，国内大多数人至今仍未尝过枇杷鲜果。假如在扩大生产规模的同时，做到套袋栽培和做好鲜果的市场开拓、营销和产后保鲜加工，枇杷生产仍有很大的发展空间，发展前景十分广阔。

二、栽培历史

枇杷原产我国，属蔷薇科枇杷属，已有2 000多年栽培历史，四川大渡河中下游地区为枇杷原产中心。主要栽培产区：浙江、江苏、福建、台湾、四川。中国是世界上最大的枇杷主产国，年产量20万吨左右，约占全球总产量的2/3。四川产区以龙泉、仁寿、双流、纳溪为主，遍及全省各地，总面积超过10万亩。仁寿县文宫区有1.5万亩而被命名为“中国枇杷之乡”。

三、栽培现状

近年来，我国枇杷栽培规模不断扩大，主要分布于甘肃、陕西、河南、江苏、安徽、浙江、江西、湖北、湖南、四川、云南、贵州、广西、广东、福建、台湾等地。我国四川汉源、泸定、会理、普格，湖北长阳、恩施等地都有野生枇杷分布。主要分布在长江以南各地。四川省近年枇杷生产发展很快，全省除甘孜州外，各地均有枇杷栽培。仁寿县文宫区在1999年被农业部命名为“中国枇杷之乡”。目前，四川省优质枇杷的生产开发正不断扩大，成为近年发展最快的伏季水果之一。国内其他省份的枇杷生产以浙江余杭的塘栖、黄岩，江苏吴县的洞庭山，福建莆田、云霄，安徽歙县最为集中。其他如湖南沅江、长沙、新化，浙江衢州、德清、温州，福建福州、福清、连江，湖北阳新、武汉、京山、长阳、恩施、宜昌，江西安义、临川，广东丰顺、五华、潮安、曲江、乐昌、中山，广西桂林、柳州，陕西秦岭以南的西乡、石泉、紫阳、宁强等县，重庆市附近及万州区，台湾台中县、苗栗县、南投县，以及云南、贵州、海南等省均有栽培。有的省份已将枇杷列为重点发展的果树种类，发展枇杷生产已成为当地农民脱贫致富的一条途径。

四、主要种类和品种

枇杷是亚热带常绿果树，属蔷薇科枇杷属，普通枇杷栽培品种均属此种。枇杷分为：红肉类，果肉色橙红或橙黄，生长强健，易栽培，产量高，果皮厚，肉质较粗，耐储运，适于加工也可鲜食；白肉类，果肉白色，生长较弱，果皮薄，肉质细，品质好，适于鲜食，栽培较难，产量较低，成熟期多雨易裂果。枇杷主要优良品种如下。

（一）大五星（龙泉14号）

果实圆形或卵圆形，萼孔开张多呈五角星形，平均单果重62克，最大单果重100克，5月中下旬成熟。该品种开始结果早，果大，肉厚，品质优，耐储运，需较好的肥水及土壤管理，防止非正常落叶，适时采收。

（二）龙泉1号

果实卵圆形，平均单果重58克，5月中下旬成熟。该品种对叶斑病、日烧病的抗性较强，不易裂果，果锈极少，鲜食加工皆宜，耐储运、丰产性好。不足之处是果肉较薄，未成熟前味较酸。

（三）龙泉5号（77-1）

果实卵圆形，平均单果重53克，5月中下旬成熟。

（四）龙泉6号（80-1）

果实圆形，平均单果重50克，质地细嫩，味浓甜，5月上旬末至5月中旬成熟，丰产、早果，较抗病。

（五）早红1号

果实圆形，单果重31~38克，4月下旬至5月上旬成熟。

（六）早钟6号

果实倒卵形或纺锤形，平均果重40~50克，最大果重70.5克，4月下旬至5月初成熟。该品种早结、优质、丰产性好，为当前推广的早熟大果型品种。不足之处是果脐周围绿色，成熟前遇雨外观欠佳，使用药剂不当，嫩叶易发生药害。

其他枇杷优良品种：解放钟、白梨、太城4号、大红袍、夹脚、白玉、洛阳青、茂木、田中、森尾早生、大房、房光等。

第二节 栽培管理技术

一、园地选择

气候条件应满足年平均气温>15℃，绝对最低气温>-5℃，最低月平均气温>5℃。年降水量800~1 400毫米为宜。以土壤pH值5.5~7.5，土层深厚，土质疏松，保水保肥力强，排水良好，地下水位100厘米以下的砂壤土为佳。

二、苗木培育

枇杷繁殖一般多用嫁接法，少量苗木也可应用小枝高压法。砧木用枇杷本砧，近缘植物石楠也可应用。枇杷种子没有休眠期，应随取随播，或洗净暂时放在干沙中阴藏，否则很快会失去发芽能力。幼苗怕干热和日晒，出苗后需搭荫棚。培育1~3年后即可供嫁接用。接穗宜选用1~2年生枝，无论春梢或夏梢，只要生长充实，都可应用。

嫁接一般采用枝接法。小砧木用切接或切腹接，大砧木多用劈接或皮下接。时期以春梢萌动前后为最好。接穗随接随采，或在接前预先剪取，除去叶片，存于湿润河沙内待用。1~2年生的小砧木还可进行贴皮芽接，以节约接穗、提高效率并延长嫁接时间，成活率也很高。枝接时，接合部下方宜保留部分砧木叶片或留有吸水枝，以利成活。

三、栽植

（一）定植穴的准备

定植前挖好定植穴。按株行距挖长宽深各80~100厘米定植穴或同样宽深的定植沟。挖出的表土和底土分开堆放，穴内施腐熟的厩肥、土杂肥30~50千克，磷肥1~2千克。土杂肥与表土混合后回填到定植穴的底层，磷肥、厩肥和底土混合后填入中、上层，回填后筑定植墩，高出地面20~30厘米。

（二）定植时间

分春植和秋植两种。春植应选择在2—3月进行，秋植一般在9月中旬至10月中旬定植为宜。

（三）定植密度

根据品种特点、土壤及栽培管理水平等因素确定适宜密度，一般株行距（4～5）米×（5～6）米。

（四）定植方法

选用适宜当地环境的抗逆性强、商品性好的优良品种。将苗木放于定植穴的中央，舒展根系，扶正苗木，填土压实。栽植深度以土壤下沉后，根颈部与地面相平为宜。苗木栽好后应立即浇足定根水，用秸秆或塑料薄膜覆盖树盘。栽植一般用二年生嫁接苗，庭院中用大苗栽植也甚相宜。苗木应带土或沾泥浆，并剪去部分叶片（保留半叶），以减少水分蒸腾。栽后立即浇水，1~2周内如无降雨，应持续灌水至成活。栽植期在冬暖地区宜在秋季，北方较冷地区宜在春季萌芽前，另外，在5—6月梅雨季节内也可栽植。枇杷根系浅，叶片大，多风地区栽植后应在株旁立支柱防止倾倒。

四、土壤管理

在果实膨大前期和采果后灌水，秋冬季根据土壤墒情酌情灌水，可结合施肥，采取沟灌、穴灌、滴灌和喷灌。高温干旱时在树盘下覆草。成年果园在4—9月可用杂草或作物秸秆等覆盖树盘，在秋季施肥或扩穴改土时一并压入园中，既可培肥土壤，又可在夏季保持土壤湿润，降低地温，有利于植株生长。冬季覆盖树盘则有利于枇杷越冬。冬季全园中耕一次，以10~20厘米深为宜。在果实成熟期间若降雨过多，易造成果实着色不良和裂果，因此在多雨季节或果园积水时应及时排水。幼果发育时期遇春旱，应适当灌水。夏季干旱对花芽分化和花穗的生长发育有严重影响，尤其是8—9月，如天气干燥均应灌水抗旱。

（一）深翻扩穴

苗木定植后，应逐年扩穴培肥，施入有机肥料或种植绿肥。深翻扩穴宜在秋季或冬季进行。

（二）间作和覆盖

幼龄枇杷园，行间可间种豆科作物、蔬菜、绿肥等低矮秆作物，绿肥应在盛花期翻压。

成年果园可用作物稿秆或地膜等进行覆盖，也可种植绿肥或实行生草栽培，刈割的草可作为覆盖物，也可在秋季施肥或扩穴培肥时一并翻压入园中。

五、施肥管理

施肥原则，推行测土配方施肥，提倡有机肥与化肥配合施用，有针对性地补充中、微量元素肥料。枇杷花芽在夏秋之际开始分化，经3个月左右开花。为使花芽分化良好，花穗粗壮，成年结果树在采果前后的夏梢抽生期及开花前应分别施肥。

（一）幼树期施肥

幼龄枇杷根系不旺，幼年果园施肥应薄肥勤施，在各次梢抽发前后施好促梢肥和壮梢肥，每年6~8次，速效化肥和腐熟人畜粪配合施用。每亩施纯氮（N）3~3.5千克，磷（P_2O_5）2~2.5千克，钾（K_2O）3~3.5千克。

（二）结果树管理

施肥量依树龄、树势和结果量、土壤肥力情况而定。中等肥力枇杷园全年参考施肥量为：每亩施纯氮（N）15~20千克，磷（P_2O_5）8~12千克，钾（K_2O）15~20千克。全年施有机肥不少于2 500千克。

1. 壮果肥

3月下旬，以P、K为主，配合有机肥和适量的N肥，促进果实膨大，提高产量与果实品质。于树冠滴水处开沟施入，株施氨基酸有机复合肥0.75千克。

2. 采果肥

5—6月，采果前后，夏梢抽发前施用。一般以速效肥和迟效肥相结合，施肥量为全年最多的一次，约占全年施肥总量的50%~60%，挂果树多施。丰收年份，此次肥料提前在采果前施入，以利树势恢复和早发夏梢，防止大小年。重施采果肥，增施磷钾肥，提倡使用枇杷专用肥。在生长期，通过叶面喷施补充氨基酸肥、微量元素肥料。

3. 花前肥

10月上旬，以迟效肥料为主。这次肥是抽穗后开花前，促使开花良好，提高坐果率和增加防寒越冬能力。于树冠滴水处开环状沟施入，株施复合肥0.5千克。

4. 施肥方法

土壤施肥，挖深度和宽度30~40厘米的穴或沟，多点穴施或放射状沟施。叶面施肥，在展叶期、花期、果实膨大期和采果后，各喷1~2次叶面肥，根据树体的缺素情况喷施微量元素。最后一次根外追肥应在采果前30天进行。

六、整形修剪

（一）整形

主干分层形的树体结构：主干高40~60厘米，层数2~3层（因现推广的是密植栽培），层间距50~80厘米，主枝数第一层3~4个，第二层与第一层相同，第三层2个主枝，全树共有主枝8~10个。各主枝有副主枝2~3个。其具体步骤如下。

第一年：栽植后苗高在60厘米左右时，在春季顶芽抽生后，任其向上直伸，自顶以下各腋芽所抽生的枝条选留3~4个，使向四周斜生开展。其余萌蘖，应及早除去。

第二年，主干顶芽继续向上延伸，自顶芽附近抽生的3~4个枝条和上年一样留作第二层主枝，让其自然斜伸，但要求和第一层主枝错开，不使上下重叠。第一层主枝除保留主枝延长枝外，其下所生3~4个侧枝，选留1~2个作副主枝。其余及早除去。同级副主枝要在同一方向，以免互相交叉。

第三年：和第二年处理一样，使发生第三层有主枝2个，第二层主枝春季萌芽后，除顶端延长枝外，再选留侧方新梢1~2个作为副主枝，其余新梢均除去。第一层主枝除保留主枝延长枝外，其余所发新梢，应选留第二个副主枝，其余均抹除。在主枝副主枝的先端上年所生春梢中，如见有花蕾，应立即摘除，以利继续延伸。

第四年：自第三年以后，每年按上述方法继续培养主枝和副主枝。以免树冠层数多、树形过高，管理不方便，最后保留2~3层的分层树冠。

（二）修剪

枇杷修剪比较简单易行，一般以轻剪为主，修剪可在10月结合疏花进行最为适宜，亦可结合疏果和采收后补修剪。主要疏除密生枝，剪除病虫枝、交叉枝和重叠枝，短截无叶枝，回缩下垂和衰弱枝等。

七、花果管理

（一）疏花疏果

1. 疏花穗

冬季无冻害的地区，当花穗过多时，可疏除树冠上部骨干枝上长梢和弱枝上的花穗。依据植株生长势的强弱和栽培水平，将新梢和花穗保持2:1或1:2的比例，一般在10月下旬至11月中旬进行。

2. 疏花蕾

枇杷由顶枝形成的花穗大，花量大，应将花穗上过多的支轴及花蕾除去，以节约养分。疏蕾时期宜早，一般在花穗支轴分裂后即可进行。其方法因品种而异，花穗小的品种保存中部2~3个支轴，除去基部支轴及顶轴。花穗大的品种留下部2~3个支轴，把上部支轴全部除去。

3. 疏果

在无冻害的地区，幼果发育过程中，就可进行疏果。疏果应先疏冻害果、病虫果，再疏密生果。一般每穗留果数，按树势、品种和栽培措施而定。壮树和果小的品种多留，弱树和果大的品种则少留。一般大果种留2~3个，中果种留3~5个，小果种留5~8个。

（二）套袋

套袋时要结合最后一次疏果，以“留大去小，留健去弱”为原则，疏掉多余幼果。疏果后，对全园进行一次全面的病虫防治（重点防治灰霉病、炭疽病和黄毛虫、红黄蜘蛛等）。施药后待药液干后即可进行套袋，袋口果柄处松紧度以雨水不能渗入为度，不宜过紧。一般用专用果袋，采用单果套袋和整穗套袋均可。

（三）果实采收与包装

1. 采收

在果实呈现出该品种的固有色泽时采收。一般应分期分批采收，若要长途运输则应适当早采。采收时应采用二次剪果法，用果剪带果柄轻轻剪下，尽量避免擦伤果面茸毛，轻摘轻放，防止碰伤、捏伤、刺伤果实。采收时间宜在上午或阴天为好，避免在雨天或高温烈日下采收。

2. 包装

实行分品种、分级包装，包装容器的四周及底部应垫有细软衬垫材料。包装过程中应轻拿轻放，防碰撞、日晒雨淋等。

八、病虫害防治

坚持“预防为主，综合防治”的植保方针，优先采用农业防治、物理防治和生物防治技术，配合使用化学防治技术。

（一）农业防治

禁止从疫区引入种苗、接穗；因地制宜选用抗病虫害的优良品种和砧木，培育壮苗，加强田间管理，科学施肥，冬季清园，树干涂白，合理修剪，剪除病虫枝、枯枝，并集中烧毁。

（二）物理防治

果园安装频振杀虫灯、黑光灯，放置糖醋盆，树干上绑缚稻草等诱杀害虫；人工捕杀枝干钻蛀性害虫。

（三）生物防治

保护利用天敌，利用性诱剂诱杀食心虫、桃蛀螟等害虫，选用生物农药防治病虫害。

（四）化学防治

加强病虫害预测预报，选择最佳防治时期，3月下旬枇杷叶斑病、炭疽病、黄毛虫等开始发生，应在春梢萌芽展叶期用1∶1∶100波尔多液、50%多菌灵800倍液、70%甲基硫菌灵1 000倍液、2.5%甲氰菊酯2 000倍液，喷雾防治。提倡使用高效、低毒、低残留，与环境相容性好的农药，交替使用不同的农药，每种有机合成农药在每个生产年度内只允许使用一次，不得随意提高农药使用浓度，严格执行农药安全间隔期，推广使用新型喷药器械。

第十七章　板　栗

板栗原产我国，是重要的木本粮食树种之一。板栗果实营养丰富，可生食，炒食及煮食；也可磨成栗粉，制作糕点；还可作烹调原料。板栗木材是优良的建筑和家具用材。板栗适应性强，较耐干旱和瘠薄，栽培容易，管理方便。

第一节　优良品种

板栗属壳斗科栗属，多年生落叶果树，乔木。又名大栗、魁栗。栗属植物在全世界有十几种，其中，供果树栽培的有板栗、锥栗、茅栗、日本栗等，板栗是主要栽培种。

一、燕山红栗

产于北京怀柔，河北迁西、遵化等地，为当地主栽品种。因坚果明亮又叫明栗。单粒重6.7～9.2克，圆形，果皮赤褐色，富光泽，毛茸少；果肉含糖量高，质地细腻，糯性，有香味，品质优。9月下旬成熟，出籽率为40.8%。

二、红油皮栗

产于河北抚宁。坚果中大，平均重11.3克；果皮红褐色，有光泽；果肉味甜，品质上等。9月中旬成熟，丰产，抗病虫力强。一般40年生大树，株产30～50千克。

三、明拣栗

产于陕西长安。坚果大小整齐，如同挑拣出来，且果皮光亮，由此得名。果扁圆形，重约10克。9月中旬成熟，丰产，品质佳，是西北地区畅销品种。

四、紫油栗

产于河南确山。为实生优良单株，结果早。坚果较大，单粒平均重16克；果皮紫褐色；果肉淀粉含量高。耐储藏，9月下旬成熟。

五、红光

山东最早的无性繁殖良种，栗实大，平均粒重10克左右，丰产、果皮深红色、光泽、品质优，在山东沿海抗抽干。

第二节 生物学特性

一、生长结果习性

板栗实生树为高大乔木，寿命较长，但结果较晚，需7～8年；嫁接树则为3～5年。

（一）根系

板栗根深，主根深可达4米，但大多数根系分布在20～80厘米的土层内，水平根扩展可为冠径的3～5倍，强大的根系是板栗抗旱耐瘠薄的重要因素。侧根、细根发达；须根前端常有白色菌丝呈分枝状，这种菌根叫外菌根，是板栗树适应性强的重要原因。

（二）芽

板栗芽有混合花芽、叶芽和隐芽3种。

混合花芽分完全混合花芽和不完全混合花芽两种。完全混合花芽多数品种着生在枝条的上端，芽体肥大、饱满，芽形钝圆，茸毛较少，外层鳞片较大，部分品种在枝条的中下端也能形成完全混合花芽。完全混合花芽翌春萌芽后抽生的结果枝，既有雄花序也有雌花序。不完全混合花芽一般着生于完全混合花芽的下部或较弱枝的顶端及下部，芽体比完全混合花芽略小，萌发后形成雄花枝。

叶芽着生在结果母枝的中下部或其他弱枝上，较瘦小，多数品种不经短截不萌发或萌发成弱枝。

隐芽着生在枝条基部，芽体瘦小。板栗隐芽寿命长，可用于老树更新。

（三）枝

板栗的枝条可分为营养枝、结果枝、结果母枝和雄花枝4种。

发育枝由叶芽萌发而成，不着生雌花和雄花。长度为10～20厘米的发育枝，顶芽及以下数芽可形成花芽，变为结果母枝。而10厘米以下的纤弱发育枝不能形成花芽，翌年生长甚少或枯死。30厘米以上的徒长枝通过合理修剪，3～4年后也可开花结果。

结果母枝由生长健壮的雄花枝、发育枝和结果枝转化而成，多数位于树冠外围。典型的结果母枝自下而上分为基部芽段（4节）、雄花序脱落段（盲节9～11节）、结果段（1～3节）和果前梢（1至若干节）。第一年的结果枝，在正常情况下，大部分应成为第二年的结果母枝。结果母枝的状况，是翌年产量的主要依据。

结果枝是由结果母枝上完全混合花芽萌发抽生，具有雌雄花序能开花结果的枝。生长健旺的结果枝可当年形成花芽，成为下年的结果母枝。

雄花枝大多比较纤弱，除叶片外只有雄花序，一般不易成为结果母枝。

（四）结果习性

板栗是雌雄异花。雄花序为柔荑花序；雌花通常3朵聚生于外被带刺的总苞中，通常一个总苞中有3粒种子，果实充分成熟后总苞开裂，种子脱出。板栗属坚果类果树，种子为其食用部分。

二、对环境条件的要求

板栗生长一般要求年平均温度为10～14℃。板栗树较抗旱抗寒，冬季气温不低于-20℃的地区都能生长，结果良好。年降水量500～1 000毫米的地方最适合板栗生长。

板栗喜微酸性土壤，pH值在6左右生长结果良好。板栗适宜在山坡或山坡下部生长，但板栗为喜光树种，尤其开花期需要充足光照。板栗树在肥沃或瘠薄的土壤上均能生长，但以土层深厚、排水保水良好、地下水位不太高的砂土、砂质壤土和砾质壤土最适宜。板栗树不抗涝，不宜在低洼积水地方栽植。

第三节　栽培管理技术

一、关键技术

（一）建园技术

板栗多品种混栽能提高产量。生产上应根据主栽品种来确定花期相近的授粉品种，主栽品种与授粉品种的比例为（4～6）：1。板栗根系损伤后愈合能力很弱，移栽时不可伤根太多。

（二）整形修剪技术

由于板栗是壮枝结果，一般强壮结果母枝的上部有1～4个芽能抽生出结果枝，而中部抽生的雄花枝脱落后成为“盲节”，基部芽多不萌发，致使板栗树结果部位每年外移一段，树冠内膛极易光秃。修剪时应注意防止结果外移，及时更新。

1. 常用树形

可采用疏散分层形、开心形、变则主干形等。其中变则主干形干高70～100厘米，主枝4个，均匀分布在四个方向，层距60厘米左右，主枝角度大于45°，每一主枝上有侧枝2个，第一侧枝距主枝基部1米左右，第二侧枝着生在第一侧枝的对侧，距第一侧枝40～50厘米，完成树形后树高4～5米。

2. 不同年龄时期修剪技术

幼树以整形培养树冠为主，对生长量过大的枝条，当新梢长到30厘米时进行夏季摘心，促生分枝，投产前一年达到树冠紧凑呈半圆头形，树形开张。枝条先端的三杈枝、四杈枝或轮生枝通过抹芽疏枝处理，或用“疏-截-缓二”的方法进行处理。为控制极性生长，应注意疏直留斜，疏上留下，疏强留中。及早疏除徒长枝、过密枝及病虫枝，其余枝条尽量保留。

结果期树修剪的任务是充分利用空间，增加结果部位，保证内膛通风透光。具体应根据树势短截弱枝，培养健壮的更新枝，及时控制强旺枝，疏除过密枝、纤细枝和雄花枝。具体要处理好以下几类枝条。

（1）结果母枝的培养和修剪　树冠外围生长健壮的1年生枝，大都为优良的结果母枝，对这类结果母枝适当轻剪，即每个2年生枝上可留2～3个结果母枝，余下瘦弱枝适当疏除；树冠外围长20～30厘米的中壮结果母枝，通常有3～4个饱满芽，抽生的结果枝当年结果后，长势变弱，不易形成新的结果母枝，对这类结果母枝除适量疏剪外，还应短截部分枝条，使之抽生新的结果母枝；长5～10厘米的弱结果母枝，营养不足，抽生的结果母枝极为细弱，坐果能力也差，对这类结果母枝应疏剪或回缩，以促生壮枝。结果母枝留量以每平方米树冠投影面积留枝8～12个为宜。

（2）徒长枝的控制和利用　成年结果树上的各级骨干枝，都有可能发生徒长枝，如放任生长，会扰乱树形，消耗养分，因此应适当选留并加以控制利用。在选留徒长枝时，应注意枝的强弱，着生位置和方向。生长不旺的徒长枝，一般不用短截，而生长旺盛的徒长枝除注意冬季修剪外应在夏季进行摘心，也可通过拉枝、削弱顶端优势，促使分枝扩大树冠，第2年从抽生的分枝中去强留弱，剪除顶端1～2个比较直立强旺的分枝，保留水平斜生的。衰弱栗树上主枝基部发生的徒长枝，应保留作更新枝。

（3）枝组的回缩更新　枝组经过多年结果后，生长逐渐衰弱，结果能力下降，应当回缩使其更新复壮。如结果枝组基部无徒长枝，则可留3～5厘米长的短桩回缩枝，促使基部的休眠芽萌发为新梢，再培养成新的枝组。

当枝头出现大量的瘦弱枝和枯死枝时，表明此枝已衰老变弱，应及时采用“缩放结合”的轮替更新修剪方法，按照“强放弱缩”的原则修剪；树冠外围的强壮结果母枝任其继续结果，对外围的“香头码”“鸡爪码”等弱枝进行回缩修剪。回缩修剪前，应先培养大、中、小不同年龄的“接班枝”，以便于及时恢复树势。对于非常衰弱，已经不能抽生结果枝的大枝，一般都回缩到有徒长枝或有副休眠芽萌发的生长枝的地方，以便用这些枝条重新培养骨干枝。其徒长枝的选择和利用与结果树的修剪相同。

（三）花果管理技术

1. 防止空苞技术

空苞就是板栗总苞中没有果实。一般减少空苞的措施如下。

（1）选配好授粉树，并辅以必要的人工授粉　要求授粉树所占比例不低于10%。

（2）施硼肥。每隔4～5年施1次硼肥　在板栗盛花期喷洒0.1%～0.2%的硼酸（硼砂）加0.3%尿素溶液，也可以于开花前株施入0.25千克硼砂。春旱及时灌水或进行地面覆盖，减少土壤对硼的固定，可相对增加土壤速效硼含量。

（3）去雄疏蓬。

（4）加强综合管理。

2. 人工授粉

板栗花期长，从6月上旬至6月下旬，开花授粉时期可持续20天，对人工授粉极为有利。应选择品质优良、大粒、成熟期早、涩皮易剥的品种作授粉树。当一个枝上的雄花序或雄花序上大部分花簇的花药刚刚由青变黄时，在早晨5时前采集雄花序制备花粉。当一个总苞中的3个雌花的多裂性柱头完全伸出到反卷变黄时，用毛笔或带橡皮头的铅笔，蘸花粉点在反卷的柱头上。也可采用纱布袋抖撒法或喷粉法进行授粉。

3. 去雄和疏蓬

板栗的雄花和雌花的花朵数比为3 000：1，试验证明，留5%～10%的雄花序即足够自然授粉之用。时间宁早勿晚，在雄花序长到1～2厘米时，保留新梢最顶端4～5个雄花序，其余全部疏除。人工去雄不但节约树体养分，还可促进正在分化的雌花的发育，利于增产。

疏蓬越早越好，疏除病虫、过密、瘦小的幼蓬，一般每个节上只保留1个蓬，30厘米的结果枝可以保留2～3个蓬，20厘米的结果枝可以保留1～2个蓬。

此外，生产上还常采用疏除母枝多余芽、果前梢摘心、短截粗壮枝、短截摘心轮痕处（特别是在3月下旬至4月上旬芽萌动时短截），或4月中旬喷50毫克/千克赤霉素等对促进雌花的发育形成，均有良好或一定的作用。

（四）采收

板栗成熟的外观标准是幼栗蓬由绿变黄，再由黄变为黄褐色，中央开裂，栗果由褐色完全变为深栗色，一触即脱落，即是栗果完全成熟的标志。

板栗采收方法有两种，即拾栗法和打栗法。

拾栗法就是待栗充分成热熟，栗蓬开裂，经微风吹动或人工轻轻摇动，就会自然脱落或振落。为了便于拾栗子，在栗苞开裂前要清除地面杂草或铺塑料膜。采收时，先振动一下树体，然后将落下的栗实、栗苞全部捡拾干净。一定要坚持每天早、晚各拾一次，随拾随储藏。拾栗法的好处是栗实饱满充实、产量高、品质好、耐藏性强。

打栗法就是分散分批地将成熟的栗苞用竹竿轻轻打落，然后将栗苞、栗实捡拾干净。采用这种方法采收，一般2～3天打一次。打苞时，由树冠外围向内敲打小枝振落栗苞，以免损伤树枝和叶片。严禁一次将成熟度不同的栗苞全部打下。

打落采收栗苞应尽快进行“发汗”处理，因为当时气温较高，栗实含水量大，呼吸强度高，大量发热，如处理不及时，栗实易霉烂。处理方法是选择背阴冷凉通风的地方，将栗苞薄薄摊开，厚度以20～30厘米为宜，每天泼水翻动，降温“发汗”处理2～3天后，进行人工脱粒。

（五）主要病虫害防治

1. 栗胴枯病（栗干枯病、栗疫病）

（1）识别与诊断　栗胴枯病是世界性病害。我国栽培的栗树多为抗病品种，但各产区均有不同程度的发生。主要为害主干及主枝，少数在枝梢上也有为害。发病初期，在主干或枝条上出现圆形或不规则的水渍状病斑，红褐色，组织松软，病斑微隆起，有时从病部流出黄褐色汁液，内部组织呈红褐色水渍状腐烂，有浓烈的酒糟味。待干燥后病部树皮纵裂，内部枯黄的组织暴露。发病后期，病部失水，干缩凹陷。

（2）发生规律　由风、雨水、昆虫传播至健康植株。嫁接树的接口易发病。土层浅薄、单纯施氮肥、树势衰弱时，发病较重。遭日灼、冻害的易发病。降水多，发病多；降水少，发病相对少。密植园发病高于稀植园。

（3）防治技术　选育抗病品种，从丰产性能好的良种中筛选抗病品种。消灭病源，刨死树，除病枝，刮病斑，集中烧毁。减少发病诱因和侵染入口，避免机械损伤，伤口涂石硫合剂、波尔多液予以保护。防止虫害。树干涂白防日灼。高寒地区树干培土或绑草保温，解冻后及时解除。加强检疫。病斑涂药，涂前先刮去病部被侵害的组织，用毛刷涂抹农抗120的10倍稀释液。4月上旬开始，每半个月涂1次，共涂3次。

2. 栗红蜘蛛（针叶小爪螨）

（1）识别与诊断　叶片被害后，失绿部分不能恢复，叶功能减弱，甚至丧失，造成当年减产，并对贮备营养的积累产生负面影响，殃及翌年的生长和雌花形成。

（2）发生规律　北方产区每年发生5～9代。以卵在1～4年生枝干上越冬，尤以1年生枝条芽的周围及枝条粗皮、缝隙、分杈处为多。越冬卵孵化盛期在5月上旬末。防治的关键时期是越冬卵孵化期。

（3）防治技术　萌动期刮去粗老皮后，全树喷5波美度的石硫合剂。重点喷1年生枝条和粗老皮及缝隙处。一般可控制全年为害。5月中旬越冬孵化盛期用5%氟虫脲乳油40倍液涂抹树干。其方法是：先在树干的中下部环状刮去15厘米左右宽的表皮，露出嫩皮，然后涂药两遍，再用塑料薄膜内衬纸包扎。有效控制期约50天。5月下旬用0.3波美度的石硫合剂做全树喷雾，重点喷叶片。保护食螨天敌，如草蛉、食螨瓢虫、蓟马、小黑花蝽等，利用天敌灭虫。

3. 栗瘤蜂（栗瘿蜂）

（1）识别与诊断　幼虫主要为害新梢，春季寄主芽萌发时，被害芽逐渐膨大而成虫瘿，有时在瘿瘤上着生有畸形小叶。

（2）发生规律　1年发生1代。以幼虫在芽内越冬。4月上旬越冬幼虫开始活动。随着萌芽，叶片、新梢、雄花序部位均出现瘤体。6月中下旬达到羽化盛期。8月初芽内孵化出幼虫，并取食嫩梢和叶原基，并在其中越冬。

（3）防治技术　一是注意识别长尾小蜂寄生瘤，冬春修剪树体时要加以保护，或收集移挂于虫害较重的树上放飞；二是4月摘除树上瘤体，冬春修剪时，疏除树冠内的弱枝群；三是化学防治，6月中旬成虫羽化盛期用25%灭幼脲3号胶悬剂2 000～3 000倍液喷雾。

二、周年管理要点

（一）休眠期

11月中旬至翌年2月，刮除干枝粗皮、老皮、翘皮及树干缝隙，树干涂白，浇封冻水。大树冬季整形修剪。密植栗园早春整形修剪。栗园春季耕翻，喷10～12倍松碱合剂或3～5波美度石硫合剂，可杀死栗链蚧、蚜虫卵，兼治干枯病。843康复剂原液防治栗干枯病。结合修剪，剪去病虫害枝或刮除病斑、虫卵等。

（二）萌芽期

3月下旬施促花肥，每亩折合纯氮肥12千克、纯硼肥2千克，并浇水。早春枝条基部叶在刚开展由黄变绿时，根外喷施0.3%尿素加0.1%磷酸二氢钾加0.1%硼砂混合液。清耕栗园要及时除草松土，行间可间作矮秆一年生作物，宜种植绿肥，翻压肥田或划割覆盖树盘保墒。4月中下旬剪除虫瘿、虫枝，黑光灯诱杀金龟子或地面喷50%辛硫磷乳油300倍液防治金龟子，树上喷50%杀螟硫磷乳油1 000倍液防治栗瘿蜂。5月上中旬喷48%毒死蜱乳油1 000～2 000倍液加50倍机油乳剂防治栗链蚧等，除病梢或喷0.3波美度石硫合剂防治栗白粉病等，60%辛硫磷1 500～2 000倍液防治槐尺蠖。

（三）开花坐果期

5月中旬施保花接力肥，每亩折合纯氮、磷、钾分别为6千克、8千克、5千克，浇开花水。雄花序约5厘米长时喷施0.3%尿素+0.1%磷酸二氢钾+0.1%硼砂混合液。5月中旬进行夏季修剪，剪去雄花枝、果前梢、旺梢，主枝延长枝摘心，以壮梢保花。5月下旬栗园中耕覆草。6月性激素诱杀或50%杀螟硫磷乳油1 000倍液防治桃蛀螟。人工辅助授粉。夏季修剪，疏栗蓬。7月上旬树干绑诱虫草把。

（四）果实膨大期

7月中下旬，施增重肥，每亩折合纯氮、磷、钾分别为5千克、6千克、20千克，浇增重水（视土壤含水量确定）。7月中旬开始捕杀云斑天牛成虫，并及时锤杀树干上其圆形产卵痕下的卵。8月上旬叶斑病、白粉病盛发前喷1%波尔多液或0.2～0.3波美度石硫合剂。10%吡虫啉可湿性粉剂4 000～6 000倍液或1.8%阿维菌素乳油3 000～5 000倍液喷雾，防治栗透翅蛾成虫、栗实象甲成虫、栗实蛾成虫、桃蛀螟等。浇增重水。采收前1个月和半个月间隔10～15天喷2次0.1%的磷酸二氢钾。9月剪除秋梢，整平清理园地，准备采收。采收后3～5天叶面喷肥0.3%尿素液。

（五）果实采收后

10月施基肥，每亩施土杂肥3 000千克和纯氮5千克、浇养树水。清理蓬皮及栗实堆积场所，捕杀老熟幼虫及蛹。11月上旬清理栗园落叶、残枝、落地栗蓬及树干上捆绑的草把，集中烧毁。

第十八章　蓝　莓

第一节　概　述

中国作为当前全球58个蓝莓生产国中的主要贡献国之一，蓝莓商业化栽培始于2000年，发展至今仅20多年的时间，历经了研究阶段（1983—1998年）、规模化种植试验示范阶段（1999—2005年）和快速发展阶段（2006年以后），目前栽培范围遍布全国从南到北、从东到西的27个省份。

一、蓝莓栽培概况

我国蓝莓商业化种植起步较晚，只有20多年的历史，产业化发展走的是“引进、消化吸收和利用”之路。到目前为止，生产上主栽品种均为从国外引入。自20世纪90年代以来，国外培育的蓝莓新品种超过85%申请了专利保护。特别是随着中国加入国际知识产权公约，国外培育的新品种开始申请中国的植物新品种保护。2013年，我国农业部发布首个蓝莓植物新品种特异性、一致性和稳定性测试指南。2013年开始至2020年共申请越橘属植物新品种权223项，获批87项。获批的87项越橘属植物新品种权中，国外相关机构获批39项，占总获得新品种权数的44.8%，国内获批48项，占55.2%。

截至2020年底，全国蓝莓栽培面积6.64万公顷，总产量34.72万吨，鲜果产量23.47万吨。其中栽培面积超过4 000公顷的省份有7个，依次为贵州（15 000公顷）、辽宁（7 800公顷）、山东（7 333公顷）、四川（6 667公顷）、安徽（6 667公顷）、云南（5 000公顷）、吉林（4 000公顷）；总产量达1万吨的省份有9个，依次为贵州（8.5万吨）、四川（5.0万吨）、安徽（4.0万吨）、辽宁（3.5万吨）、山东（3.3万吨）、云南（3.0万吨）、吉林（1.5万吨）、湖北（1.1万吨）、江苏（1.0万吨）。由于各产区蓝莓的栽培品种与生产目的不同，鲜果比例差异较大。贵州以兔眼品种为主，鲜果比例只有30%；四川和安徽近几年以加工为目标的蓝美1号快速发展，鲜果比例为60%；而山东、辽宁和云南几乎全部为鲜果产出。

我国早熟蓝莓以其鲜果商品率高和市场价格高等优势在全年市场供应上具有极其重要的地位，日光温室和冷棚栽培模式的应用实现了蓝莓优质早熟鲜果的供应，因此，这两种设施栽培模式成为当前北方的重要种植方式。到2020年底，全国日光温室栽培面积2 010公顷，产量15 185吨。其中，辽宁省位居第一，栽培面积和产量分别占全国的63.0%

和56.6%；山东省位列第二，面积和产量分别占全国的27.0%和32.0%；江苏省位列第三，面积和产量分别占全国的6.6%和6.5%。全国冷棚栽培面积705公顷，产量7 510吨。山东省位居全国第一，产量和面积分别占全国的71.0%和66.6%；辽宁省位居第二，面积和产量分别占全国的17.7%和20.0%。吉林省和黑龙江省由于冬季严寒，设施生产加温成本高等因素制约，蓝莓的设施生产较少。

二、蓝莓品种结构及其变化

全国蓝莓栽培品种呈现出南方产区的多品种化，北方产区的优化稳定的状态。近十年来，全球蓝莓育种南高丛育种异常活跃，而北高丛育种滞后。据统计，新培育的蓝莓品种中超过85%为南高丛品种，随着新品种的引进和种植者对新品种的追求，南方产区呈现出多品种种植的生产状态。

南方产区栽培蓝莓品种涵盖了南高丛、兔眼和北高3个品种群。南高丛品种有奥尼尔、密斯梯、雷格西、绿宝石、珠宝、明星、卡米尔、苏西兰、蓝雨、蓝美1号、天后、法新、云雀、盛世、追雪、布里吉塔、奥扎克兰，以及国外企业种植的L系列和OZ系列。兔眼品种有灿烂、沃农、顶峰、泰坦、巴尔德温、园蓝、乌达德和粉蓝。利用高海拔地区北方气候特征种植的北高丛品种有瑞卡、蓝金、蓝丰和北陆。

北方地区蓝莓品种经过十几年的优化，逐渐稳定成熟。辽东半岛和胶东半岛露地生产的品种为瑞卡、北陆、公爵、醉婆、蓝丰、雷格西和利伯蒂。长白山产区为瑞卡、蓝金、公爵、北陆和醉婆。北方设施栽培的主要品种有公爵、蓝丰、雷格西、奥尼尔、绿宝石、薄雾和H5。

三、市场前景

蓝莓又称越橘，是杜鹃科越橘属植物，由于果实呈蓝色，原产美国和主产美国而俗称“美国蓝莓”，国内也有人称之为蓝浆果。蓝莓平均单果重0.5～2.5克，最大重5克，果实色泽美丽、悦目、蓝色并被一层白色果粉，果肉细腻，种子极小，可食率100%，具有清淡芳香，甜酸适口，为一鲜食佳品。蓝莓果实中富含各种维生素（A、B、C）、熊果苷、花青苷和SOD、蛋白质、食用纤维及丰富的K、Fe、Zn、Ca等矿质元素，是营养价值较高的浆果类果树。蓝莓果实除供鲜食外还有较高的药用价值及营养保健功能，具有防止脑神经衰老、增强心功能、明目及抗癌功效，被国际粮农组织列为人类五大健康食品之一，被誉为“21世纪保健浆果之王”，发展前景非常广阔。

全球多个国家向中国出口蓝莓鲜果，总进口量从2012年的499吨增加到2020年的22 045吨，7年间增加了44倍，其中智利和秘鲁为主要来源地。秘鲁由于其特殊的气候条件，9月至12月的果实成熟期填补了全球蓝莓鲜果的空白期，形成了独特的产品优势。从我国进口数据分析，2016年开始从秘鲁进口只有1吨，2017年骤然增加到4 998吨，2019年达到11 919吨。秘鲁蓝莓鲜果进口量剧增的主要原因是：9—12月为我国本土蓝莓鲜果的空窗期，智利蓝莓鲜果供应时间为12月中旬至翌年3月，而秘鲁是当前我国9月至12月蓝莓市场的唯一供应国。国外进口鲜果的快速增长预示着中国蓝莓鲜果的市场潜力。

四、主要栽培品种

目前，国内蓝莓鲜果依据果实横径大小分为4级，依次为特级果、大果、中果和小果。分级标准因栽培模式不同而异，南方大棚和北方温室分级标准为特级果≥22毫米，大果为18～22毫米，中果为15～18毫米，小果为12～15毫米；露天生产分级标准为特级果≥18毫米，大果为15～18毫米，中果为13～15毫米，小果为10～13毫米。

（一）辽东半岛和胶东半岛露地生产蓝莓品种

1. 公爵

以其早熟、果大且均匀、果粉好、成熟期集中、品质佳、耐储运等优点仍然是这两个产区的主导品种。由于公爵果实具有成熟期集中的特性，可以剪串采收，不仅可以提高果实的商品性，销售价格高于盒装散果，而且可以降低采收成本。

2. 蓝丰

统治我国北方露地蓝莓生产近20年、全球近60年的中熟品种，但由于蓝丰果实成熟期正是雨季，出现果实变软、裂果和储运困难等问题，导致鲜果商品率大幅度下降和收购价格降低，而逐渐不被种植者欢迎。然而，这一品种是否被淘汰还需要谨慎评估和实践的检验。

3. 醉婆

中熟、果大且均匀、果粉好、鲜食品质佳、果实硬、耐储运、成熟期集中，符合剪串采收要求，丰产性极强的特点使醉婆成为了一个替代蓝丰的优秀品种。

4. 利伯蒂

晚熟、果大、果粉好、品质佳、耐储运、丰产和适应性强，成为辽东半岛地区最近三年来最受欢迎的一个新品种。而这一品种在胶东半岛地区栽培存在果实成熟期与辽东半岛中熟品种竞争，由于果实成熟期正是雨季、导致商品性降低，缺少市场竞争力。特别是利伯蒂遗传了亲本布里吉塔的缺点，在胶东半岛地区因为没有越冬防寒措施，在小气候条件较差的种植园（如西坡地、高岗地），由于花芽冻害发生严重的授粉受精不良、果实发育受阻、果实变小、品质变差等问题。因此，这一品种在胶东半岛地区谨慎种植。

5. 雷格西

在品种群分类上，雷格西属于南高丛品种，其有75%的北高丛血缘。这一品种一直作为南高丛品种推荐在南方产区应用。但经过生产实践，雷格西在胶东半岛的南部露地（如苏北和日照）、中北部的冷棚和小气候条件比较好的露地、辽东半岛的日光温室同样表现出适应性强、管理容易、早产丰产、果实品质佳、鲜果市场价格高的特点。成为北方产区一个热点老品种。

辽东半岛和胶东半岛产区的传统品种北陆和瑞卡由于市场竞争力差，将逐渐淘汰更新。

（二）长白山产区蓝莓品种

雨热同季、昼夜温差大、土壤酸性和有机质含量高和同一品种的区域晚熟特性使长白山产区成为我国蓝莓生产中最佳晚熟优势产区。但是，由于该区域大部分地区无霜期低于130天，导致大部分优质大果型的北高丛品种存在花芽形成量少，产量低等问题。如蓝丰和利伯蒂花芽形成量只有山东的1/3，辽东的1/2，不适宜本区域栽培。因此，传统的北陆品种一直占据着这个产区的主导地位。2016年以来，公爵、瑞卡和蓝金3个品种在这个产区推广。但由于2017—2018年和2018—2019年冬季少雪，导致严重的冻害抽条，2020年春季花期连续的阴雨导致严重坐果不良，使这3个品种的优势远没有表现出来。从生长、花芽形成和树体剩余的未受冻花芽结果情况来看，这3个品种果实商品性状均超越传统品种北陆。尤其是公爵表现出大果、品质极佳、耐储运、区域晚熟（7月下旬成熟）、适宜“剪串”和销售价格高等明显优势。2019年，吉林农业大学引入醉婆种植，表现出结果枝木质化好、极强的花芽形成能力、早产丰产、果实品质极佳、成熟集中、适于剪串等特性。果实成熟期为8月初至8月中旬，目前在长白山地区栽培具有不可替代的区域晚熟优势。

（三）北方蓝莓生产品种选择建议

根据品种的区域表现，建议北方产区按照种植区域选择蓝莓品种。胶东半岛露地生产南部区域选择公爵（早熟）、醉婆或蓝丰（中熟）和雷格西（晚熟）；中北部区域选择公爵（早熟）、醉婆或蓝丰（中熟），小气候条件好的园区或冷棚可以考虑雷格西。辽东半岛露地生产选择公爵（早熟）、醉婆（中熟）和利伯蒂（晚熟）。长白山产区新品种选择公爵（早熟）、醉婆（中熟）；传统品种选择瑞卡（早熟）和蓝金（中熟）。

第二节　栽培管理技术

一、园地选择与定植

（一）园地的选择与准备

园地土壤pH值4.3～5.5，最适宜pH值为4.3～4.8。土壤有机质含量在8%～12%，土壤疏松、通气良好，湿润但不积水。园地选择好后，在定植前一年结合压绿肥进行深翻，深度以20～25厘米为宜，深翻熟化，以利蓝莓的生长。

1. 调节土壤的pH值

蓝莓喜欢酸性土壤，是在所有果树当中要求土壤pH值最低的一类，其中，北高丛蓝莓要求土壤的pH值为4.3～4.8，兔眼蓝莓以pH值4.3～5.3生长最好。如果土壤pH值过高，施用硫黄粉和酸性草炭土可降低到比较合适的范围。

2. 土壤pH值的调整方法

如果土壤的pH值在5.5以下，用已经调整好的酸性草炭土等有机资材（每立方米草炭内均匀混入1～1.5千克硫黄粉处理3个月以上，pH值可调至3.5～4.0）调整即可，可降低土壤pH值1.0左右。如果土壤pH值在5.5～7.0之间，需要施用硫黄粉进行调整，同时增加土壤的有机质。用硫黄粉调整土壤pH值，要在种植前3～4个月进行。方法有全面施用和局部施用两种方式。全面调整就是对种植园全面改良，将硫黄粉全面均匀地撒在土壤表面，结合深翻拌入土壤表层。生产上通常以调整土壤的pH值到4.5为基准，一般土壤每平方米降低pH值1.0，需要施入100克硫黄粉。而局部施用法就是仅在种植穴内进行土壤酸度调整，通常种植穴的直径为60厘米，深度为50厘米左右。视原来土壤的pH值状况，一般每穴硫黄粉的施入量在80～150克，施入后要均匀搅拌。如果土壤的pH值在7.0以上，栽植蓝莓的难度较大，需加大施用硫黄粉和添加土壤有机质来解决，具体方案需专业人员会诊后确定。如果土壤pH值大于7.5，同时灌溉用水的pH值也大于7.5，这样的地块种植蓝莓容易失败，最好不选用种植蓝莓。

3. 增加土壤有机质

栽植蓝莓的土壤有机质最好在8%以上，否则就需要增加有机质，最好的材料是草炭（泥炭），草炭最好事先用硫黄粉处理。一般东北地区的草炭pH值多在5.0以上，每立方米施用硫黄粉1千克可降低草炭pH值到4.0以下，栽植时要均匀拌入穴内。其他有机质是指粉碎后的作物秸秆、稻壳、麦壳、树叶、锯屑等，经发酵后可作为栽植蓝莓的较好资材。

（二）定植

土壤翻耕深度以20～25厘米为宜，整好地后进行起垄栽植，垄高25～30厘米，垄宽为1.2～1.5米，垄背中间栽植一行，株行距根据栽植品种确定。

1. 定植时期

春栽和秋栽均可，北方地区一般都在春季定植，秋季定植冬季管理不当容易遭受冻害。春季栽植通常在3—4月苗木新芽萌动前栽植，一般选用2～3年生的苗木，这样的苗木成活率较高。苗木的高度一般在30厘米以上，但因品种而异。判断苗木优劣的指标不仅仅是高度，更取决于根系和枝条的粗壮程度，优质苗木的根系发达、枝条粗壮、有基生枝出现。

2. 挖定植穴

栽植苗木时，需要在事先准备好的栽植床上（垄背上）挖深度20～30厘米、宽度50～80厘米的定植穴。在定植穴内填入一些湿的酸性草炭土或事先配制好的栽植土，然后再将苗木栽入并将根系展开，让添进的混合草炭土等包围在苗根周围，并向上轻轻提苗1次，以便使根系充分与种植土壤结合，最后覆土至与垄面相平。定植前应进行土壤测试，如缺少某些元素可将肥料一同施入，同时在定植穴周围覆盖10～15厘米的有机物，如锯末、稻壳、碎稻草、碎玉米秸、腐叶土、树皮等有机物。地表覆盖具有调节地温、防止地表水分蒸发、保持土壤水分、抑制杂草生长并促进根系生长等作用。

3. 株行距

栽植蓝莓的行间距离因品种、土地状况和管理方式而异。一般高丛蓝莓的行距在2.0～2.5米，如果考虑到机械作业可扩大到2.5～3.0米。兔眼蓝莓的株行距较北高丛蓝莓大一些，为2.5～3.0米。即使是植株较小的矮丛蓝莓和一些半高丛、南高丛蓝莓的种植行距也要保持2.0米的行距，这样便于作业管理。一般在较贫瘠的土壤上种植株距可小一些，在较肥沃的土壤上可大一些。北高丛蓝莓的株距一般在1.0～2.0米，南高丛和半高丛蓝莓的株距在1.0～1.5米，兔眼蓝莓的株距在1.5～2.5米。

4. 授粉树搭配

兔眼蓝莓自花不实，必须配置授粉树，可选用高丛蓝莓品种。高丛蓝莓和矮丛蓝莓自花结实率很高，但配置授粉树可提高果实品质和产量。配置方式采用主栽品种与授粉品种1：1或2：1比例栽植，1：1式即主栽品种与授粉品种每隔1行或2行等量栽植，2：1式即主栽品种每隔2行定植1行授粉树。

（三）土壤酸度调整

种植后第2年，有些地块可能会出现土壤pH值上升的情况，需要定期检测土壤pH值的变化。如果土壤的pH值上升，需要施用硫黄粉进行调整。硫黄粉可结合春季施肥施入。

二、肥水管理

（一）施肥

蓝莓是寡肥性植物，对肥料比较敏感，施肥过多会由于土壤盐基浓度过高而伤害根系，造成株死亡。肥料种类有两种，一是以农家肥为主的有机肥，二是化肥。化肥以硫酸钾型的复合肥为好，切忌使用氯化钾型复合肥。追肥可以用硫酸铵及磷酸二铵，其中硫酸铵还可以降低土壤pH值。通常在春季施足有机肥，夏季采完果后再补充一些化肥即可。栽植后第一年，施用化肥不当会造成植株枯死，可施用有机肥和硫酸钾型复合肥（如N：P：K为15：15：15型复合肥）。3—4月栽植后可施用农家肥300～500克混加硫酸钾型复合肥30克于土壤表面，距离树木根部20厘米以外环状施入，结合地表覆盖压在覆盖物下面。5—6月追肥1次，每株追施硫酸钾型复合肥40克，距离树木根部30厘米以外环状施入。栽植后第二年，施肥量是种植后第一年的1.5～2倍，当年可施肥2次，第1次在春季发芽后的3—4月，每株施农家肥1千克混加硫酸钾型复合肥50克；第2次在6月，每株追施硫酸钾型复合肥80克，距离树根部40厘米以外环状施入。成龄树每年施肥2次，第1次在春季发芽后的3—4月，每株施农家肥2千克混加硫酸钾型复合肥100克；第2次在8月中上旬进行，每株追施硫酸钾型复合肥100克，距离树木根部40厘米以外环状施入，施肥后最好浇一次透水。

（二）水分管理

蓝莓的生长需要排水良好的土壤，如果土壤水分过大需要及时排水。蓝莓属于须根系，没有主根粗大的根系，它的吸收根部分细如头发丝，而且分布很浅，一般分布在5～20厘米土层内，所以蓝莓也是抗旱力最差的果树树种。如果水分不足则需要灌溉，灌溉在种植当年尤为重要，特别是少雨干旱季节，一般有条件的地方4～5天灌溉1次。在降雨少需经常灌溉的地区，最好安装节水灌溉设施，其中以滴灌为最好。保障充足的水源和灌水条件是蓝莓成功栽培的关键。

（三）除草

有地表覆盖的情况下，会有效地控制杂草的生长，特别是覆盖的当年很少有杂草生长，第2年后会有杂草生长，要及时除掉，特别注意在杂草结实前除掉。没有覆盖的作业道会生出很多杂草，要及时除掉。国外一些地方采用的“生草法”可以应用到作业道上，即在作业道上播种一些草坪用的草种，然后定期修剪，剪掉的部分可以铺在栽植床上用于地表覆盖。没有地表覆盖的地块，由于蓝莓的根系比较浅，离地表很近，中耕除草会伤及根系，除草的深度不要超过3厘米。杂草一定要在小的时候清除，长成大草拔出时容易伤及树木的根系。

三、光照等气候因子对莓蓝生产的影响

蓝莓是一种对周围环境条件要求较高的水果。适宜栽种于土质疏松、湿润、气候适宜的条件下。气候因子对蓝莓生产的影响很大，其中以光照、温度等气候因子对其影响最大。

（一）光照

蓝莓是一种长日照作物，需要较长的光照时间和光照强度，才能满足其生长。在冷棚或暖棚生产时，一定要保证其光照条件才能达到高产、高质。如果在50%以上遮阴的地方种植蓝莓，其产量将会大大减少。所以，对于种植园周边的高大树木要及时修枝透光或者伐除，在选地时也要尽量避开有树荫遮盖的地方。

（二）温度

蓝莓对温度的要求也很高。低于7℃一般就不再生长进入休眠。蓝莓在冬季一般也落叶，一些小苗要做好防冻工作。在产果期间，温度过高则会使果品质量下降，因此温室生产时一定要控制好温度。另外，蓝莓也需要一定的需冷量才能进行花芽分化。

四、修剪

（一）高丛蓝莓的修剪

栽植当年要剪掉地上部分的1/2左右；栽植后第2年不修剪，但要除掉全部花芽、瘦弱枝条和病虫伤害的枝条；栽植后第3年和第2年相同，如果让其少量结实，可在强壮的枝条上保留少许花芽；栽植后第4年，树高达到120～150厘米，可以进入结果期。但要注意千万不要结实过多，以防压弯枝条和影响果实的品质。剪枝要剪掉瘦弱和有病虫害的老枝；短缩旺盛的枝条，以控制树高；剪掉密集的结果枝，保留全株花芽的50%左右，以确保良好树势的形成和果实的品质。修剪要在休眠期结束前进行。

（二）兔眼蓝莓的修剪

前3年和高丛蓝莓相同，但要注意由于兔眼蓝莓树势生长旺盛，为了保证将来形成较强壮的结果枝，对于生长较高大的强壮枝条要进行短缩修剪。不用刻意剪掉结果枝，但要剪掉过密的基生枝。修剪一般在休眠期进行，但是在生长季8月下旬左右时如果一些品种的枝条生长过于旺盛，应该及时修剪以控制树高，增加来年的产量。

五、病虫害防治

（一）蓝莓溃疡病

也叫茎腐病，发病后蓝莓枝条的颜色出现异常，上面布满了红褐色病斑，这主要是冬天防寒越冬的时候，由于温度较低或者被防寒物裹在里面因湿度比较大而形成的，整个枝条并没有完全死掉，而是形成一块块的病斑。如果进一步发展病枝会逐渐死掉，但是不会传染给其他健康枝条。该病在比较寒冷的北方地区经常出现，但危害不是很大，一般是在某一株的个别枝条出现，春天修剪时应该剪掉。

（二）蓝莓缺素症

蓝莓是杜鹃花科植物，需要pH值4.3～5.5的酸性土壤（最适宜pH值4.3～4.8），如果

土壤偏碱就容易造成土壤中的铁、镁等营养元素被络合，根系就很难吸收，从而产生缺素症。叶片黄化是蓝莓缺铁缺镁的典型表现，它的主要特征是叶片呈黄色，只有叶脉是绿色的。如果缺素症状持续下去，就会出现叶片发焦（因为整个叶片没有叶绿素，不能进行光合作用，就出现焦边现象），慢慢树势越来越弱最后死掉。蓝莓出现黄化的根本原因并不是土壤缺少铁和镁，而是土壤pH值偏高和干旱，影响了蓝莓对这些营养元素的吸收，所以治疗蓝莓缺素症的方法就是进行土壤调酸和适当灌溉。具体做法是：每一棵蓝莓用1.5千克草炭土加2两硫黄粉，搅拌均匀后撒在蓝莓的根系附近，盖上秸秆等覆盖物后浇透水，大概1个月后蓝莓就能缓过来。

（三）虫害

由于蓝莓喜欢酸性土壤，其叶片也呈酸性，大多数害虫不喜欢取食，所以蓝莓很少发生虫害。但是食叶类黄刺蛾、蛀干类天牛、金龟子的幼虫蛴螬等也为害蓝莓。蓝莓备受人们推崇的是其保健价值，所以蓝莓种植尽量不使用农药，发现害虫应及时进行人工扑杀。

（四）鸟害

蓝莓的果实酸甜可口，麻雀、喜鹊、乌鸦和斑鸠等喜欢取食。防鸟的最好办法是架设防鸟网，网目为20毫米左右，要全园架网，以方便作业。方法是在园内均匀布设支柱，在支柱上布设铁线，把网铺在铁线上。

六、采收技术

（一）高丛蓝莓

由于果实成熟期不一致，一般采收需持续3～4周。果实鲜销时，采用人工采摘。采收后放入塑料食品盒中，再放入浅盘中运输到市场。尽量避免挤压、暴晒。

（二）矮丛蓝莓

矮丛蓝莓果实成熟期较长，但先成熟的果实不易脱落，所以可待全部成熟时一起采收。矮丛蓝莓果实较小，人工采摘比较困难，使用最多而且快捷方便的是梳齿状人工采收器。使用时，采收器沿地面插入株丛，然后向上捋起，将果实采下。果实采收后，清除枝叶、石块等杂物，装入容器。

第十九章 钙 果

钙果又名欧李，为蔷薇科樱桃属的欧李的一种，多年生小灌木。因果实含钙量高，又称高钙果，被誉为第三代新型水果。欧李别称山梅子、小李仁等，分布于我国东北、华北和西北等地区。欧李品种农大钙果3号、4号和5号是由山西农业大学杜俊杰教授等科研人员由野生欧李选育而成的。它的果实具有三重补钙功效，被称为“补钙之星”“水果之王”。果实可鲜食，还可制果汁、果脯、罐头等，种子入药，中药称为“郁李仁”，治疗消化不良、腹泻、肠胃停滞等疾病；春季花朵繁茂，入秋后果实鲜红，可用于绿化，根系发达耐旱，是固沙保土的优良品种。

一、园地选择

钙果耐旱、耐寒、耐瘠薄，抗逆性极强，各种土质都符合其生长要求，并能在土层浅薄贫瘠的山岭坡地上生长结果，但如果选择背风向阳、土层肥沃深厚的砂壤土或肥水充足的其他平地建园，生长更加良好，果个也会大幅度甚至成倍增大。

二、苗木定植

落叶后至萌动前均可栽植，当年可有部分树苗挂果，株行距1米×1米或0.5米×1米，亩栽666~1 332株。划线挖穴，穴长、宽、深各30厘米。有条件的最好按行向挖深、宽各40~50厘米的通沟，生熟土分开堆放，每亩施优质农家肥5 000千克，并掺150千克硫酸钾三元复合肥，也可混入粉碎了的秸秆或杂草，然后与熟土掺拌好回填沟内，放大水。等水干后，把准备好的苗木，按大小分类栽植，栽苗时填土踩实，深度保持原苗的根茎部位，切记不要深栽。

三、肥水管理

在定植后的当天要立即浇水一次，此次浇水后5~7天内再浇水一次，土表稍干后，立即松土，并覆盖地膜，经常将钙果植株旁边的杂草铲除。5月底至6月上旬每株追尿素20~50克，8月上旬追氮磷钾复合肥50~100克，9月下旬采集后施有机肥20千克，果树专用肥300克，以保证丰产稳产。

四、整形修剪

栽后的苗木，其地上部分要适当短剪，宜采用丛状整形。粗度小于1毫米以下的分枝彻底疏除，枝条长于30厘米的分枝短剪到25~30厘米，苗木的主干一般保持30~40厘米，最上端大约有5～10厘米的发育不充实区剪掉。地下部萌出的根蘖一般在第一年保留1个，离母株最好远一些，第二年保留1～2个，以后视主丛枝的发育情况定苗。主丛枝一般3～5年进行彻底更新，新的主枝以新长出的根蘖为主进行培养，结果枝可随意结果，也可短剪到15～20厘米，视枝条的粗度而定。

五、疏花疏果

钙果很易成花，一般基生枝从基部第三节起往上均可开花结果，每节可开2～8朵花，大部分有花3～5朵，因花太多，需疏掉一些花蕾或花朵，最后保持30～40厘米的健壮枝有果25个左右（2个枝），15～20厘米的中庸枝有果10个左右（5～10个枝），较弱的枝有果5个左右（10个枝），每株总有果150～200个，可株产1～1.5千克。

六、病虫害防治

钙果的病虫害较少。病害防治可在发芽前喷一次3波美度石硫合剂，虫害主要是蚜虫，一般用高效氯氟氰菊酯或吡虫啉就可防治。

第二十章 草 莓

一、露地草莓栽培技术

露地栽培又称常规栽培，是指在田间自然条件下，不采用保护地设施（如塑料大棚、小棚等）的一种栽培方式。即秋季定植草莓苗，在露地生长，当年完成花芽分化，越冬后，第二年夏季收获。目前，我国草莓栽培以露地栽培为多。

（一）栽植技术

1. 栽植制度

一般采用两种栽植制度，即一年一栽制和多年一栽制。

（1）一年一栽制　头年秋季定植，翌年收获一茬果后耕翻掉草莓植株，另择田块重新栽植秧苗。一年一栽制能提高土地利用率，增加经济收入，产量较高，果实较大，品质好，病虫害少。在菜田多或人多地少的城市郊区采用较多。

（2）多年一栽制　栽后连续收获几年才更新土地。这种栽植方式，稍能节省人工，但产量低，品质差，病虫害多，经济效益不高。一般在土壤杂草少，地下害虫不多，劳力较缺，大面积集中栽培时采用较多。栽培草莓，特别是从外地引种时，常因秧苗质量差，第一年产量不高，第二年才获得较好产量。也有的品种，如荷兰的汤美拉可连续3年保持高产。但一般草莓长到第三年已明显衰退，产量低，品质下降，病虫害发生多，经济效益降低。所以露地栽培草莓以二年一栽较为适宜。

2. 园地选择

草莓具有喜光性，但也耐荫蔽；喜水，也怕涝；喜肥和怕旱等特点。栽植草莓应选择地面平整，阳光充足，土壤肥沃，疏松透气，排灌方便的地点。地下水位较高的水田，可开挖沟渠栽植。山坡地可修成梯田或采用等高栽植。草莓可与其他作物合理间作或轮作。草莓园应选择与草莓无共同病害的前茬。有线虫为害的葡萄园和已刨去老树的果园，未经土壤消毒不宜栽种草莓。风口地带或易受寒流、霜冻危害的地方，也不宜种植草莓。草莓采收期用工集中，建立商品生产基地时，应根据当地劳力情况，合理安排种植面积，选择离城市近，交通方便，并有加工条件的地点，以免造成不必要的经济损失。

3. 土壤准备

栽草莓前要耕翻土壤，深30厘米左右。整地质量要高，无土块，要求沉实平整，以免栽植后浇水引起秧苗下陷，影响成活。如果园地杂草多，可在耕翻前半月左右，每亩用10%草甘膦0.5千克，加入50升，喷洒杂草茎叶，待草枯死后再耕地。结合翻地施入基肥，农家肥是草莓优质丰产的基础，一般每亩施腐熟优质农家肥不少于5 000千克，另加50千克过磷酸钙和50千克氯化钾，或者加50千克氯化钾，或者加50千克氮磷钾三元复合肥料。如土壤缺素还应补充相应的微肥。草莓栽植密度大，生长周期短，在基肥充足的情况下，第二年春季补充适量化肥就可满足植株生长结实要求。连作的草莓地施肥更困难，因此基肥一定要充足。施基肥要全园撒施均匀，然后耕翻土壤，使肥土充分混合。

翻耕时间宜早，最好伏前晒垡，使土壤熟化。按照定植要求整畦打垄。北方一般采用平畦栽植，畦长10~20米，畦宽1.2~1.5米，畦埂高15厘米左右。平畦栽植的好处是灌水方便，中耕、追肥、防寒等作业比较容易。缺点是畦不易整平，灌水不匀，局部地段会湿度过大，通风不良，果实易被水淹而霉烂。南方由于雨水多，地下水位较高，宜采用高垄栽培。垄高30厘米，垄畦面宽1~1.3米，垄畦底宽1.4~1.7米，畦沟宽40厘米。如覆盖地膜，则应把畦宽减少到70~75厘米。高垄栽培的好处是排灌方便，能保持土壤疏松，通风透光，果实着色好，质量高，果实不易被泥土污染，缺点是易受风害和冻害，有时会出现水分供应不足。作好畦垄后可灌1次小水或适当镇压，以使土壤沉实。

4. 品种搭配和选择

草莓自花授粉能结果，但异花授粉的增产效果明显，因此，除主栽品种外，还应搭配授粉品种。例如，以宝交早生作为主栽品种，授粉品种可搭配春香、明宝和明晶。1个主栽品种可搭配2~3个授粉品种。主栽品种占的种植面积不少于70%，其余为授粉品种。为了延长供应期，可采用早、中、晚熟品种搭配栽植。大面积栽植时，品种不少于3~4个。主栽品种与授粉品种相距一般不宜超过20~30米。同一品种应集中配置在园内，以便于管理和采收。在栽植面积大、地势又起伏不平的情况下，应把早熟和中早熟品种栽在较高地点，因高地春季土温升高较快，有利于根系提早活动，又能减轻晚霜危害。

选择草莓品种考虑的因素如下。

（1）地区适应性　适于北方寒冷地区的品种一般休眠期长，但在暖地栽培则表现为类似长日照四季结果型草莓的特性，匍匐茎发生少，开花结果期长。所以越往南越应选择需要低温时间短，生理休眠浅的早熟品种。在北方还需要抗花期晚霜危害的品种；在南方则需要抗夏季高温干旱的品种。同时，所选品种应对当地多发病虫害具有较强的抗性。

（2）栽培目的　鲜食或加工对品种的需求不同，即使是兼用型品种，对不同的加工制品也有不同要求。

（3）栽植形式　保护地栽培或露地栽培均各有适宜的品种，盆栽宜采用株型小的四季草莓。

5. 秧苗准备

秧苗质量是栽后成活和高产的基础。对匍匐茎苗要求无病虫害，有较多新根，根茎粗度在1厘米以上，至少有4片展开的叶，中心芽饱满，叶柄短粗，叶色浓绿，植株鲜重30克以上，地下部根重约占全株的1/3。不能用叶柄长的徒长苗。如果采用老株的新茎苗，必须具有较多的新根，否则栽后很难成活。

起苗前先割除老叶，留2~3片心叶，就近栽植最好随起苗随栽苗，要保护起出的秧苗根系不干燥，适当淋水保湿，也不能将根系长时间浸泡在水里。需长途运输的秧苗，从园地起出后，将土抖掉，适当疏除基部叶片后，每50株捆成一捆，然后用水浸湿根系，随即放入浸过的蒲包、草袋或塑料袋中扎好，再置于筐、箱等盛器中待运。对依靠外地或远距离供应秧苗者，要事先把栽植园地平整好，做到地等苗。秧苗运到后，要检查质量，可适当用水浸根系或蘸泥浆，置于阴凉处，随即栽植。

6. 栽植时期

草莓的栽植时期，因地而异，要根据作物的茬口、秧苗生育状况、温度和湿度的高低以及栽植后秧苗是否有充分的生长发育时期等因素综合考虑。生产上一般在秋季栽植，因秋栽时间长，有大量当年生匍匐茎苗供应，此时土壤墒情好，空气湿度大，缓苗期短，成活率高。栽植时气温过高会影响生长，以气温在15~20℃为宜。黄河故道地区和关中地区适宜的定植期在8月下旬至9月上中旬。掌握适期偏早的原则。栽植晚虽成活率高，但缩短了生育期，越冬前不能形成壮苗，影响翌年产量。春季栽植成活率比较高，在北方省去了越冬防寒措施。但春栽利用冬贮苗或春季移栽苗，根系容易受损伤，单株产量比秋栽苗要低。栽植时间应在土壤化冻时进行。采用冷藏苗，栽植时期可根据计划采收期向前推60天左右。

7. 栽植方式

根据栽后对匍匐茎处理方法不同而采取不同的栽植方式。

（1）定株栽植　按一定株行距栽植，在果实成熟前随时将长出的匍匐茎摘除，以集中养分，提高产量与品质。采收后，保留老株，除去长出的匍匐茎。第二年结果后，保留匍匐茎苗，疏去母株，按固定株行距留健壮的新匍匐茎。这样就地更新，换苗不换地，产量较稳定。

（2）地毯式栽植　定植时按较大株行距栽种，让植株上长出的匍匐茎在株行间扎根生长，直到均匀地布满整个园地。也可让匍匐茎在规定区域扎根生长，延伸到行外的一律去除，形成带状地毯。在秧苗不足、劳力少的情况下采用这种栽植法。第一年由于苗数不足产量较低，翌年可获得高产。

垄栽时大多数在垄台上栽植，以适应地膜覆盖。也有栽在垄沟内的，如山东省烟台市一些地方在垄沟内栽苗，垄台上行走，生长期垄沟灌溉时，将肥料随水施入，在春季或秋季破垄施入农家肥。

8. 栽植方法

（1）栽植密度　株行距要根据栽植制度、栽植方式、土壤肥力、品种等决定。一年一栽制株行距宜小；多年一栽制应适当加大。株型小的品种如戈雷拉，密度可增加。一般宽1.2~1.5米的平畦，每畦栽4~6行，行距20~25厘米，株距15~20厘米。垄栽时，北方采用低垄种植，垄高15厘米，垄宽50~55厘米，垄沟宽20~25厘米，株行距与畦栽基本相同，或者株距适当减少。每亩草莓的株数应掌握在1万株左右。保护地栽植密度可适当缩小。

（2）栽植方向　栽苗时应注意草莓苗弓形新茎方向，草莓的花序从新茎上伸出有一定规律性。通常植株新茎略呈弓形，而花序是从弓背方向伸出。为了便于垫果和采收，应使每株抽出的花序均在同一方向，因此栽苗时应将新茎的弓背朝固定的方向。平畦栽植时，边行植株花序方向应朝向畦里，避免花序伸到畦埂上影响作业。

（3）栽植深度　栽植深度是草莓成活的关键。栽植过深，苗心被土埋住，易造成秧苗腐烂；栽植过浅，根茎外露，不易产生新根，引起秧苗干枯死亡。合理的深度应使苗心茎部与地面平齐。如畦面不平或土壤过暄，浇水后易造成秧苗被冲或淤心现象，降低成活率。因此，栽植前要特别强调整地质量，栽植时做到“深不埋心，浅不露根”。

（4）操作方法　先把土挖开，将根舒展置于穴内，然后填入细土，压实，并轻轻提一下苗，使根系与土紧密结合，栽后立即浇1次定根水。浇水后如果出现露根或淤心的植株以及不符合花序预定伸出方向的植株，均应及时调整或重新栽植，漏栽的应及时补苗，以保证全苗和达到栽植的高质量。

二、高效农业观光草莓园的建造以及草莓种植管理技术

在当前农业生产结构调整的关键时期，发展高效农业是总的趋势，其中设施草莓种植给农民带来了较高的经济效益。随着设施草莓的大发展，更高端的农业观光草莓园将有更广阔的发展前景。

（一）大棚建造

1. 草莓园选址

农业观光草莓园必须建在离城区较近的地方，交通方便，沟渠配套，周边种植观赏性的花草树木，配套儿童玩耍区域和成人休息区域，创造舒适的环境。

2. 大棚建造

大棚建造可选智能温室、连栋大棚或简易的双层大棚。由于采取立体栽培模式，智能温室大棚和连栋大棚的高度都能满足要求，简易大棚需建造跨度达10米以上、高度达3米以上的双层保温棚。大棚南北走向，棚内建立体草莓种植架及配套草莓种植槽。

智能温室。智能温室属高端设施栽培，可建玻璃温室，也可建PC板智能温室，配套设施有内外遮阳系统、通风系统、水帘侧窗系统、风机湿帘降温系统、雨水排水系统、配电及电动控制系统、供暖及保温系统、喷灌系统等。

连栋大棚。连栋大棚多采用PC板薄膜建造，四周立面采用优质阳光板，顶部采用优质无滴膜覆盖，采用顶开窗或侧开窗，设遮阳系统和双层保温系统、电控系统等，特殊寒冷天气四周可加保温棉，也可增设锅炉加温。

简易大跨度大棚。简易大跨度大棚采用镀锌钢管建造，由专业厂家按客户需求定制，选择10~15米大跨度大棚，高度3.0米及以上等不同规格，钢管厚度2.5毫米，坚固耐用，使用寿命达10年以上。零配件采用镀锌板冲压成型，防腐性能强，大棚边缘直立型，双层膜结构，配边侧卷膜通风，冬季温度低时顶部和侧面可加保温棉，也可增设锅炉加温或用燃烧块加温。

3. 草莓立体种植槽的建造

根据大棚的形状建造合理的立体草莓种植架，配套草莓种植槽，多采用“A”形立体种植架，一个架上5个长条形种植槽，可选用塑料种植槽，经济实惠，主体为“A”形种植架，搭配立柱形种植架和悬挂式盆栽种植，便于客户满意时连盆购买，可带回家

种植，观赏加食用。立体栽培的优点很多，可以充分利用阳光，节约土地面积，美观且利于采摘，采摘过程中不伤草莓秧，也增加了密度，一般保护地草莓的栽植密度为13.5万~16.5万株/公顷，改立体基质栽培模式，密度可以提高到18.0万~22.5万株/公顷。

4. 基质准备

栽培时采用基质，可以不受土壤条件限制，能够连年大棚种植，并克服土传病害的影响，生产的草莓可以保持上等品质。基质栽培是现代农业发展的必然趋势，草莓的根系固定在有机或无机基质中，基肥可直接拌入基质中，可通过滴灌或撒施固体肥料于基质中进行追肥。常用的无机基质有蛭石、珍珠岩、岩棉、沙、膨胀陶粒、炉渣等；有机基质就地取材，有泥炭、稻壳炭、树皮、锯木屑、棉籽壳、堆沤肥等，也可用腐熟的鸡粪、腐熟的牛粪、细土按1：1：1的体积比自制，用土杂粪作为基质可减少基肥和追肥用量。

（二）品种选择及育苗

1. 当前主栽品种

选择个大、果红、味甜、外观艳丽、抗病性强、早熟的品种，如丰香、红颜、女峰、章姬、矮丰、幸香、甜宝、甜查理、宁玉、日本一号等，一个草莓园至少选2~3个品种，以利于提高授粉率、增加观赏性，保证果实可以持续采摘。特别是要选用部分休眠浅的早熟品种，如宁玉、日本一号、丰香等，最早可以提前到11月初上市，抢占市场先机。

2. 育苗

育苗时最好选择组培脱毒苗，可以大大减少病害的发生。采用大棚避雨育苗的方式，育苗质量好，病害轻。将大棚两边裙膜揭开，利用顶膜避雨，四周加防虫网，温度高时加盖遮阳网降低温度，可提高繁苗系数和育苗质量。

3. 移栽

安装好草莓立体栽植槽，加入培肥基质，为提早上市，需移栽经过假植的苗，8—9月移植，移植后加盖遮阳网遮阴，早熟品种可提前到11月上市。选健壮无病害苗于阴天或傍晚栽植，定植株距30厘米，以槽栽为主配合盆栽，四周和过道是挂盆栽区域，既可增加美观性，又可作为盆景出售。移植后3~5天于根部施腐植酸生根肥（福根），用量15桶/公顷。

（三）栽培管理

1. 肥水管理

可用大量元素水溶肥滴灌或固体肥料拌入基质中施肥，氮：磷：钾配比为3：0.6：3.5，现蕾后定期追肥，每月1次，直至收获结束。初花期和盛花期叶面喷施0.2%硫酸钙+0.2%硫酸镁溶液。

2. 蜜蜂辅助授粉

大棚放蜂传粉是草莓种植的一项关键技术，放蜂可以提高草莓的授粉率，减少草莓畸形果。在草莓初花时将蜂箱放置于大棚内向阳处，棚室内蜂箱放置密度为15箱/公顷，保持棚内温度15~25℃。注意给蜜蜂补充营养，即4份蜜+1份水（或2份白砂糖+1份水）搅拌均匀；保持棚室通风；放蜂后不再使用农药，必须用药时把蜜蜂连箱移出棚外，等棚内农药消散无毒性时再放回；做好出口防护，防止蜜蜂逃出。

3. 补光及增施二氧化碳

冬季正值草莓开花结果期，连续阴雨，多日不见阳光的天气给大棚植物生长造成不利影响。而植物补光灯就是利用太阳光的原理，以灯光代替太阳光给植物提供光照的一种灯具，建议在草莓大棚内安装，以避免长期阴雨的影响。

二氧化碳是植物光合作用必不可少的元素，在设施大棚内增加二氧化碳量是增产和提高品质的一项重要措施。可采取多种方式补充二氧化碳，目前常用的有二氧化碳发生器和固体颗粒气肥。增施二氧化碳可以提高产量10%~20%，但是增施二氧化碳必须在晴天进行，阴天无效。

4. 病虫害防治

经常摘除草莓老叶、黄叶、水平生长叶，疏花疏果，以增加通风透光性，减少病虫害的发生。观光园内很多游客会即采即食，因而开花前可使用农药防治，花后不可使用农药。草莓常发病害有炭疽病、白粉病、灰霉病，开花前可用枯草芽胞杆菌、嘧霉胺防治1~2次。开花期开始放蜂，禁止用药。控制病害可以采取调节室内温湿度等方式进行，降低室内湿度是减少病害的有效措施，初见发病株可拔除带出棚外。虫害主要有蚜虫、红蜘蛛、甜菜夜蛾等，前期可用苦参碱、吡虫啉等防治，放蜂前也可用色板、糖醋液诱蛾等物理方法防治，放蜂后禁用。

5. 采摘与包装

草莓在成熟采摘时应根据需求，掌握采摘成熟度，长途运输时应采八成熟果，短途运输应采九成熟果，现场观光食用采完全成熟果。观光农业园要注意创造品牌效应，应设计精美的草莓包装盒，容量为1.0~2.5千克，不能设计太大的包装盒，以免压伤草莓，材质可选用纸盒、塑料盒、泡沫盒、编织篮、塑料篮等。

参考文献

北京农业大学，1982. 果树昆虫学. 北京：农业出版社.

北京市果树产业协会，2007. 梨有机栽培新技术. 北京：科学技术文献出版社.

北京市果树产业协会，2007. 苹果有机栽培新技术. 北京：科学技术文献出版社.

北京市农业学校，1991. 果树栽培学各论：北方本. 北京：农业出版社.

曹家树，秦岭，2004. 园艺植物种质资源学. 北京：中国农业出版社.

陈建国，1998. 山地成龄低产柿树综合开发. 中国果树（5）：39–41.

丁之恩，1999. 板栗空苞形成机理. 林业科学，35（5）：118–123.

封锦宏，1999. 柿矮化密植整形修剪技术. 中国果树（4）：33.

耿玉韬，1996. 苹果优质高产关键技术. 郑州：河南科学技术出版社.

河北农业大学，1987. 果树栽培学各论. 北京：农业出版社.

黑龙江省佳木斯农业学校，江苏省苏州农业学校，1989. 果树栽培学总论. 北京：中国农业出版社.

黄宏文，2001. 弥猴桃高效栽培. 北京：金盾出版社.

姜林，邵永春，1998. 日本柿子的品种组成及栽培管理技术. 北方果树（2）：44.

李道德，2001. 果树栽培：北方本. 北京：中国农业出版社.

李秀根，2001. 梨新优品种及实用配套新技术. 北京：中国劳动社会保障出版社.

栾景仁，梁丽娟，1997. 柿树丰产栽培图说. 北京：中国林业出版社

马骏，蒋锦标，2006. 果树生产技术：北方本. 北京：中国农业出版社.

苏彩虹，郭创业，1995. 甜柿的生物学特性及品种介绍. 山西果树（3）：24–25.

王田利，2004. 柿树周年管理历. 河北果树（4）：56.

吴光林，1986. 果树整形与修剪. 上海：上海科学技术出版社.

萧秀丽，周瑞礼，高建波，1999. 果树主要病虫害识别与综合防治. 济南：山东科学技术出版社.

张玉星，2003. 果树栽培学各论：北方本. 3版. 北京：中国农业出版社.

章镇，王秀峰，2003. 园艺学总论. 北京：中国农业出版社.

郑智龙，张慎璞，张北合，等，2011. 果树栽培学：北方本. 北京：中国农业科学技术出版社.

中国农业百科全书总编辑委员会果树卷编辑委员会，1993. 中国农业百科全书：果树卷. 北京：中国农业出版社.